乌 杰
系统科学文集

第八卷
系统哲学基本原理

人民出版社

目　录

前　言

　　纵观人类文明进程,从早期人类关于世界的零散的形而上学的观察,到20世纪以来关于世界的系统的科学探索,再到结合现代经验科学而建立的综合性的世界系统普遍原理的哲学研究,显示了建立一个全新的哲学体系的重要性。从思想史、科技史、哲学史也说明了这个新哲学产生的必然性。美国著名的系统哲学家拉兹洛曾毫不犹豫地预言,21世纪的哲学是系统哲学,它将以其综合性的特质统一20世纪的多元哲学。

　　系统哲学是以系统科学为基础的,是关于系统的普遍本质和最一般规律的学说。它是在马克思主义哲学与自然辩证法的基础上,结合现代科学的研究成果和新的理论成就,从哲学角度考察客观系统物质世界的一门学科;是对辩证唯物主义哲学的补充、丰富、完善和发展,是对传统哲学范式的一种超越,是现代辩证唯物主义哲学的新形态。系统哲学作为哲学研究上的一个新领域,对理解世界的演变有着重要的作用与意义。

　　钱学森教授曾在1986年1月7日撰文指出:系统学(系统科学)的建立,实际上是一次科学革命,它的重要性不亚于相对论,或量子力学。

　　爱因斯坦说过:与其说我是个物理学家,不如说我是哲学家。因此想当哲学家,要先当物理学家;想当物理学家,要先当系统哲学家。而"系统哲学"正是在这种时代背景下诞生的,它的重要性不言而喻。

　　这本《系统哲学基本原理》是以2013年版的《系统哲学》一书为框架,做了通俗化的解读,它适合于大学生、研究生和教师及决策者、实践者的阅读和研究;是一本很合时宜的、极其重要的和不可或缺的教科书与参考书。

　　太原理工大学的杨桂通教授,清华大学的吴彤,广东中山大学的张华夏,山西省政府的廉毅敏、董玉明,内蒙古党校的金瑞,太原科技大学的李忱,内蒙古大学的赵东海等同志对书稿框架、结构、内容进行了认真的讨论与研究。

　　本书编写分工如下。绪论:王金柱;第一章:王金柱;第二章:连宇、盛立民;第三章:王金柱;第四章:景剑峰;第五章:连宇;第六章:盛立民;第七章:孙兵、景剑峰。

　　应该说这本书的出版,是许许多多真诚地关心系统哲学事业发展的同志共同努力的结果。内蒙古大学中国系统哲学研究中心(哲学学院)的王金柱、盛立民、景剑峰,内蒙古大学公共管理学院的连宇;太原科技大学中国系统哲学研究中心的李忱、毛建儒、卫郭敏、孙兵;深圳大学中国系统哲学研究中心的徐海波、刘超荣以及内蒙古党校的金瑞、郭文祥、徐贵恒、马桂英、李彤宇等同志做了大量认真的编写工作,并从不同方面,以不同方式,对此书给予了热情的关心与支持,这里表示衷心的感谢!

　　全书由我统一修改定稿。

　　我们祝福系统科学、系统哲学的推广普及,这是中国范式的未来与希望。

乌　杰

2013 年 11 月 10 日于内蒙古呼和浩特市

绪　论

　　系统哲学是在马克思主义哲学与自然辩证法的基础上,结合现代科学的研究成果和新的理论成就,从哲学角度考察客观系统物质世界的一门学科。系统哲学是对辩证唯物主义哲学的补充、丰富、完善和发展,是对传统哲学范式的一种超越,是现代辩证唯物主义哲学的新形态。系统哲学作为哲学研究上的一个新领域,对理解世界的演变有着深远的意义。

　　纵观人类文明进程,从人类早期关于世界的系统的形而上学探讨,到20世纪以来关于世界的系统的科学探索,再到融合现代经验科学发现而建立的综合性的关于世界的系统的普遍原理的哲学探讨,显示了建立一个全新的哲学体系的重要且可行的历程。

　　美国著名的系统哲学家拉兹洛曾毫不犹豫地预言,21世纪的哲学是系统哲学,它将以其综合性的特质统一20世纪的多元哲学。那么,系统哲学究竟是什么,有什么特质,有什么必然性,我们必须回答这些问题。为此,我们须先了解中外学者的基本观点和看法,以把握系统哲学的核心内容,进而在此基础上得出一般性的结论。

一、关于系统哲学

1. 国外学者的观点

　　(1)路德维希·冯·贝塔朗菲,美籍奥地利理论生物学家和哲学家,在创立一般系统论时曾对系统论进行哲学思考。系统哲学，如果用库恩在《科学革命的结构》中的解释来表述，系统的概念构成一个新的"范式"；或者是一种"新的自然哲学"，一种"把世界作为一个巨大有机体看待的"有机世界观，它同机械论世界中的盲目的自然规律以及世界过程形成鲜明的对照。

因而，系统哲学的内容涵盖以下几个方面：首先，是系统本体论。系统哲学必须发现"原始的本性"，就是系统的含义是什么，以及系统在观察到的各个层次的实体中是怎样实现的。其次，是系统认识论。逻辑实证主义的认识论是由物理主义、原子主义的思想以及知识的"照相理论"所决定的。用现代知识的观点来看，这些似乎都过时了。我们应该同样考虑在生物科学、行为科学和社会科学中产生的问题和思维模式，而不局限于物理主义和原子主义。较之于经典科学的分析过程，对多变量有机整体的研究需要相互作用、交感、目的论等新的范畴，尽管在认识论、数学模型和技术上还存在许多问题。而且，知识不是对"真理"或"实在"的一种简单的逼近；它是知者和被知者之间的一种相互作用，因而依赖于诸如生物的、文化的、语言的等多种因素。这就导致一种"透视哲学"，对它来说，尽管承认物理学在自己领域和相关领域的成就，但物理学不是垄断性的认识方式。与还原论所断言的"实在只不过是一堆实物粒子、基因、反射、冲动或其他类似的东西"的理论相反，我们把科学看成是一种"透视"，即人类对利用其生物的、文化的和语言的天赋和约束所创造出来的他所"投射"的宇宙的一种"透视"，甚至是对由于革命和历史他所适应了的宇宙的一种"透视"。最后，是系统价值论。这种系统哲学虽然要涉及人和世界的关系，要涉及价值论，以及哲学上的那些常研常新的问题。如果自然是一个有机整体的等级结构，人的意象将与它在一个以物质粒子为终极的唯一"真实"的实在并由偶然事件统治的世界中不同。当然，符号、价值、社会实体和文化的世界是非常"真实"的某种东西，更确切地说，它在等级结构的秩序中的嵌入，有助于消除斯诺（C.P.Snow）的"两种文化"的对立，即科学和人文学科、技术和历史、自然科学和社会科学或以任何形式对应的"两种文化"的对立。这样,宇宙就成为一个由人参与的递阶体系,两种"实在"就可以沟通,因而"两种文化"之间也就架起了桥梁。

(2)欧文·拉兹洛,匈牙利系统哲学家,沿着贝塔朗菲指引的方向,确信系统科学"给了我们这样一种理论工具,它能确保科学信息和哲学意义的相互关联,延伸成一种一般系统哲学"①。由此,他写出了《系统哲学引论——一种当代思想的新范式》,这是系统哲学研究较早出版的专门性论著。他在书中声言:"对于那些深入思索的和有条理的心灵来说,当今可用的最首尾一致因而也就最具普遍性的范式就是系统范式",被阐述为一般系统论并应用于人类经验的这一范式构成了一个被称作系统哲学的研究领域。他的系统哲学思想被看作是"一种哲学的系统思想的代表",为当代哲学方面的系统研究开辟了一片肥沃的土壤。他认为,系统哲学体系应当有四个构成因素:第一,有序整体性;第二,自稳定性;第三,自组织性;第四,等级结构性。拉兹洛不仅建立了较完整的系统哲学体系,而且把它推广到自然科学、思维和社会文化领域,取得了丰硕的成果。

拉兹洛具体论述了系统哲学的理论内容,他指出:系统哲学同其他哲学一样,首先要建立关于存在的理论,即本体论;其次是关于认识的理论,即认识论;再次就是关于价值的理论,即价值论。"存在"有广泛的包容性,既包括外部世界,也包括人和人类社会,包括个人的行为和社会集体的行为,这就是为什么系统哲学包括价值理论的原因所在。从关于人类社会发展的理论出发,我们可以建立关于人与外部世界关系的理论。所以,我们以系统哲学本体论作为起点建立系统哲学的认识论。这种哲学不同于那些试图从人的意识中推论出关于外部世界规律的哲学,它是一种实在论的唯物主义立场,其对立面是唯心主义。我们必须研究认识者与认识对象的关系,或者说研究主体与客体的关系,这就要建立在某种本体论的基础上。所以,又要回到上面的所述的,系统哲学主要有两个部分——本体论和认识论。但是应

---

① 欧文·拉兹洛:《系统哲学引论——一种当代思想的新范式》,钱兆华等译,商务印书馆1998年版,第7页。

当注意,这里讲的本体论,其基本规律不仅是关于"存在"的规律,更是演变的规律;其基本范畴不仅是"存在",更是"过程"。这些规律不能采用已有的科学表达方式来表达;只有从现代物理学、宇宙学、化学、生物学等自然科学,并且现在越来越多地从社会科学中援引术语方能表达这些规律。现在,我们已不必零零散散地通过各门哲学来阐述这些规律,而可以从各门科学的发展中概括共同规律,形成综合哲学。这里,普通的、一般的规律是关于整个物质世界的进化规律,进化规律存在于整个世界的发展过程中。19世纪以来,许多学科采用系统、进化、过程等来表达这些规律。这些表述适用于物质规律,也适合于生命规律和社会规律,而且它们又都是关于系统的规律,也就是说,它们适用于物质系统、生命系统和社会系统。物质系统、生命系统和社会系统不是相互割裂的,而是在相互联系中发展的。我们致力于寻找、发现这三个领域中周期性的、重复出现的最一般的规律,概括起来,就是一般进化规律,这也是系统哲学的基本规律。拉兹洛认为,当代人类是生物社会文化系统而不仅仅是个生物系统。如果一个人既适应它的生物环境,又适应它的社会文化环境,以及环境的所有特点,那么他便实现了自己的价值。拉兹洛就把价值判断标准同系统与环境之间的相互作用状况紧密联系了起来。正如他所说:"当我们想到人类价值评判主体的所有生命功能都要依赖于这种与环境的相互作用时,价值便表现出其至高无上的重要性。作为主体的人是动态的开放系统,他们作为主体的人必须在与环境的相互交换和相互作用中保持其生理和心理的同一性。"[①]他把作为系统的主体与其周围环境(客体)之间的相互作用看作是系统哲学的价值规范,即把价值看作是一种主体与客体的相互作用和适应的过程,从而使他的价值论同其本体论和认识论一起,构成了一个以系统论为主线的、相互联系、相互依赖,并具有逻辑自洽性的哲学体系。

(3)M.邦格(Bunge M),加拿大哲学家,他把系统概念作为他系统哲学

---

① 欧文·拉兹洛:《系统哲学讲演集》,闵家胤等译,中国社会科学出版社1991年版,第128页。

的基本范式,并以此为基础来描述世界。他把整个世界看成是一个由相互联系的子系统组成的大系统,提出"系统主义哲学",视之为一种科学的本体论,并以此讨论了世界的系统图景。邦格指出:系统世界观是某种哲学传统的继续并与现代科学协调一致。但这里不要与流行的"系统哲学"混淆起来。流行的"系统哲学"是整体论的一种翻版。按照这种观点,所有的事物都是一个系统,并且在所有的层次上存在与变化的方式基本上是一样的。我们的系统主义哲学既非整体主义也非原子主义;它承认世界上出现的性质、种类和模式的多样性,并通过运用某种形式工具,避免了传统哲学的含混不清。

邦格指出:所有的具体事物不是一个系统就是某一个系统的组成部分,除宇宙之外,所有的系统都是某种其他系统的子系统;宇宙是一个系统,即宇宙是这样一个系统,所有其他事物是它的组成部分。所有的系统都参与这样那样的过程中,在任何系统中所有的变化都是有规律的;因为所有的系统都作用或被作用于另一些系统,所以它的存在是它所不能自主的;宇宙作为一个整体,它的存在是自在的,它是唯一的绝对的存在;宇宙在时间上是无始无终的;它永恒地持续下去,虽然它的任何一部分都不是这样。邦格认为,在宇宙发展的现阶段存在着五种类型的系统:物理系统、化学系统、生物系统、社会系统和技术系统。邦格最具特色的东西是,他认为系统主义哲学乃是一种本体论。

此外,佩珀(Stephen Pepper)的系统哲学、鲍威尔(N.Bower)的过程论系统哲学和怀特(Jay D.white)的现象学系统哲学也都富有新意。除专业哲学家外,许多科学家如普里高津、哈肯等也参与了系统哲学的建构工作,近年来,有关复杂性问题的哲学研究成为系统哲学的关注热点。

贝塔朗菲等关于系统哲学的观点尽管存在着差异,在某些方面甚至还严重对立,但在它们之间也有不少共同的东西:系统哲学是在系统科学的基础上产生的一门新的科学哲学。系统哲学是一种新的世界观,系统哲学要研究系统演变的规律,这种规律是物质系统、生命系统和社会系统的共同规律。系统哲学的内容包括三个方面:系统本体论、系统认识论、系统价值观。

这三个方面相互联系、相互作用,构成一个有机的整体。

2. 国内学者的观点

(1)钱学森,著名科学家,以系统论架构马克思主义哲学与系统科学的联系。他认为,从马克思主义哲学到系统科学的桥梁,可以称为"系统观",或"系统论",它将成为辩证唯物主义的一个组成部分。钱学森的系统论虽是关于系统科学的哲学,但不同于西方的系统哲学,因为系统论是马克思主义哲学的组成部分,系统论的研究要在马克思主义哲学的指导下进行;同时,系统论如同自然辩证法等一样,是马克思主义哲学深入系统科学的一门具体哲学。系统论与马克思主义哲学也有一种相互作用,这种相互作用一方面表现在马克思主义哲学对系统论的指导,另一方面则是系统论对马克思主义哲学的丰富和补充。不仅如此,系统论还推动了马克思主义哲学的发展。这种推动包括形式和内容两个方面,仅就内容而言,系统论为马克思主义哲学增添了许多新的东西。系统论、系统科学、马克思主义哲学之间的关系是多元互动的。系统论是开放的,因为系统科学是不断发展的。为了适应系统科学的发展,系统论要不断地进行新的哲学抽象和概括。不仅如此,系统论还需要不断地调整它的各组成部分的关系。这里的调整或是统一或是深化。系统论的开放性,也使马克思主义哲学成为开放的。

(2)乌杰的系统哲学观点。乌杰指出:系统哲学是马克思主义哲学与自然证法基础上,结合现代科学的成果和新的理论成就,以客观系统物质世界作为研究对象的一门哲学的科学。系统哲学是对辩证唯物主义哲学的补充、丰富、完善和发展,是对传统哲学范式的一种超越,是现代辩证唯物主义哲学的新形态。它旨在准确、科学地表述系统物质世界的辩证发展规律,深刻、全面地揭示自然界、人类社会、思维领域系统运动的本质特征和普遍联系,并从整体上考察系统事物的生灭转化过程和系统内外的辩证关系。

乌杰的系统哲学可概括为以下几个方面:第一,系统哲学是以马克思主义哲学与自然辩证法为基础的。这里的马克思主义哲学,包括辩证唯物主义和历史唯物主义。第二,系统哲学是在系统科学研究成果的基础上产生的,但系统哲学的科学基础还是开放的,系统哲学不是局限于系统科学的研究成果,是要不断地吸纳和概括最新的研究成果。第三,系统哲学的研究对象是系统,当然,对客观系统物质世界的研究,不是从科学的角度而是从哲学的角度来进行的。第四,系统哲学是对辩证唯物主义哲学的补充、丰富、完善和发展。这实际上是说系统哲学属辩证唯物主义的谱系。这里的系统哲学不同于西方的系统哲学。因为西方的系统哲学从马克思主义哲学那里吸纳了某些成分,但从整体上看却是"另立炉灶"、"另辟天地"。不但如此,它们在很多方面与马克思主义哲学是对立的。第五,系统哲学是现代辩证唯物主义哲学的新形态。这与上一个方面紧密相连,是对上一个方面的进一步说明。它至少有以下几层含义:一是系统哲学是对辩证唯物主义哲学的继承。这就是说,系统哲学与辩证唯物主义哲学,在基本观点、基本原则上是一致的。二是系统哲学是对辩证唯物主义哲学的补充、丰富和完善。这表明系统哲学已不同于辩证唯物主义哲学。因为系统哲学带来了很多变化。当然,这里的变化还只是一种量的变化。三是系统哲学是对辩证唯物主义哲学的发展。正是由于发展,系统哲学才成为辩证唯物主义哲学的新形态。当然,辩证唯物主义的新形态并不始于系统哲学。这一点很清楚,辩证唯物主义自诞生以来,由于世代的变化、科学的发展,在革命领袖、诸多学者的努力下,产生了一个又一个的新形态。系统哲学也属于新形态,而且是一种实现了全面飞跃的新形态。第六,系统哲学的目的是准确、科学地表述系统物质世界的辩证发展规律,深刻、全面地揭示自然界、人类社会、思维领域系统运动的本质特征和普遍联系,并从整体上考察系统事物的生灭转化过程和系统内外的辩证关系。这里概括地讲就是:用新的概念和范畴,用新的原则和方法,从整体上揭示系统事物的本质特征和普遍联系,揭示系统事物的辩证发展规律。关于辩证发展规律,辩证唯物主义哲学早已分析和探讨过,但由于时代的局限、科学的局限,存在诸多的问题。系统哲学在某种程度上解决了这些问题。具体地说,它对辩证发展规律的表述更加准确、更加科学、更加深刻了。打个比喻,以前的表述像是门捷列夫的元素周期律,而系统哲学的表述则像是 20 世纪原子结构发现的元素周期律。

乌杰还对系统哲学能否存在进行了论证,指出:无论自然界、人类社会,还是人的思维,无不表现为系统。系统还是一个总体性的概念,有着最大的包容性和覆盖面。系统概念同物质概念、矛盾概念是同等意义上的概念。例如,大家都承认世界是物质的,但我们又知道物质是系统的,因此,系统和物质显然就具有同等意义,只是它们反映了人们观察角度不同而已。所以,我们完全可以说没有系统的物质和没有物质的系统都是不存在的。再例如,人们都肯定矛盾具有普遍性,然而我们又看到,事物中凡有矛盾存在的地方,必然也有系统存在。自然界有矛盾,自然界也是系统;社会中有矛盾,社会也是系统;思维中有矛盾,思维也是系统。由此可见,系统概念同矛盾概念一样,都具有最普遍的意义。因此,在系统概念基础上可以形成系统哲学。

乌杰的论证表明,在系统概念的基础上可以形成系统哲学。当然,系统哲学的形成还有其他一些根据。这些根据概括起来就是:首先,系统科学本身需要哲学。这里的"需要"包括三个方面:一是任何科学都需要进行哲学提升,系统科学也不例外。二是系统科学的探索需要哲学。系统科学由于它的横断性、交叉性、综合性,会涉及很多的哲学问题。如果它不在哲学上有所突破,它的形成是不可能的,它的发展更是不可能的。三是系统科学是一个开放的系统,它需要不断探索新的问题。在这个过程中,哲学可以起到指导作用。概而言之,系统科学需要哲学,而与系统科学相连的哲学就是系统哲学。其次,系统哲学是在系统科学的基础上形成的,因此它有它自己的独立性,有它自己的特色。正是这种独立性和特色,使它具有不可取代的地位。这就是说,它是哲学中的一朵奇葩,它有自己的领地,它有自己的作用,它有自己的队伍。这是系统哲学得以存在的基础。最后,系统哲学是在实践的推动下形成的,它一旦形成,又对实践产生巨大的反作用。这一点已经很清楚了。当今世界,不管是社会改革还是社会发展,都离不开系统哲学,都离不开系统哲学的指导。例如,在我国的改革中,有人提出"顶层设计"的问题,"顶层设计"最核心的观念就是整体性思维,而系统哲学就是讲整体性思维的。系统哲学还在方法论上实现了突破,这些突破有助于对社会问题的分析,有利于对社会问题的解决。这在实践中更有价值。

国内其他学者关于系统哲学的论述具有共同的研究对象和基本一致的理论倾向,绝大多数人认为,系统哲学是研究系统的普遍本质和最一般发展规律的学说。系统本体论、系统认识论、系统价值论和系统方法论是这种哲学研究的主要内容。关于方法论,贝塔朗菲将之归于系统认识论下,国内有些学者则把系统方法论作为一项单独的内容,因为系统方法本身有着特殊的性质和作用。

国内学者黄小寒对系统哲学的独立性进行了如下论证。首先,系统哲学与系统科学哲学不同。系统科学哲学是对系统科学所蕴含的哲学问题的思考,它的哲学考察主要局限在系统科学的领域。系统哲学的研究不仅涉及系统科学哲学的领域,而且具有更广泛的哲学历史背景。其次,系统哲学也不同于自然哲学。系统哲学具有丰富的哲学内涵,它远远超出了对自然系统进行哲学研究的范围。系统哲学是对自然、社会和人类思维系统的哲学思考。再次,系统哲学与科学哲学也不完全相同。科学哲学主要回答科学是什么、科学是怎样发展的、科学的结构怎样等等问题。系统哲学虽然也涉及其中的部分问题,贡献了科学方法论,但系统哲学探讨的问题不只这些,它的问答逻辑远远超出了科学哲学的领域。系统哲学就像它的名字一样,是一种对各类系统思考的思维范式。最后,在历史上,一些哲学家或哲学流派也曾接触过系统哲学所思考的一些问题,但侧重的角度不同,探讨的广度和深度也无法与之相比,有些论述也并不完全等同于今天的系统哲学。目前远没有任何哲学能够完全取代它所研究和回答的问题,哲学界也无法回避与否定它所阐述的基本内容。系统哲学是在建构先前没有过的一种理论,可以说,它在某种程度上填补了哲学研究中的一项空白。

基于上述的考虑,我们简单谈谈系统哲学与其他学科的联系:首先,系统哲学与系统科学哲学的联系。在某种意义上说,二者是同一个东西。因为系统哲学也是要探讨系统科学中的哲学问题,而且这是系统哲学的核心。离开系统科学中的哲学问题,系统哲学就不称其为系统哲学。当然,系统哲学要比系统科学哲学的含义广。这里至少可指出以下几点:一是系统哲学的研究领域不仅仅限于系统科学。二是系统哲学有更加广阔的科学背景。三是系统哲学有更加广阔的人文背景。四是系统哲学在哲学的某些问题上实现了革命性的突破。例如,在系统哲学产生前,有所谓还原论和整体论的争论。系统哲学终结了这种争论,从而使哲学在这个问题上获得了突破性的进展。五是系统哲学在诸多领域产生了广泛而深远的影响。例如,它改变了科学的图景,它使人们的思维方式发生了革命性的转变。其次,系统哲学与自然哲学的联系。系统哲学也是一种自然哲学。因为系统是自然的系统,系统科学最初研究的就是自然的系统。当然到后来系统科学的研究范围扩大了,不仅要研究自然的系统,还要研究社会的系统、思维的系统。特别需要指出的是:自然是以系统的方式存在的。这就是说,自然以及它的组成部分都是系统,都是以系统的方式存在的。自然和系统的这种关系,使自然哲学和系统哲学紧密相连,在某种情况下甚至是合二为一的。再次,系统哲学与科学哲学的联系。系统哲学属科学哲学,因为它是以科学的一个门类——系统科学为基础的。在系统哲学研究的过程中,需要借鉴或借用科学哲学的概念、范畴和方法。特别需要指出的是,系统哲学还担当着这样一个角色:它是联系科学哲学和人文哲学的桥梁。这个角色只有系统哲学可以担当,这是系统哲学的一种特别的功能。最后,系统哲学与它以前的系统哲学思考的联系。在系统哲学产生以前,一些哲学家或哲学流派就对系统哲学的一些问题作过思考。这种思考对系统哲学至少起了如下的作用:一是提供了相关问题的材料,二是起了借鉴和启发的作用,三是有些内容直接进入了系统哲学的理论体系之中。可以这样说,在系统哲学产生和发展的过程中,大量吸收了它以前的相关研究成果。这是系统哲学的另一渊源。这一渊源与系统科学的渊源一起,构成了系统哲学发展的两个"轮子"。正是这两个"轮子"的相互作用,推动了系统哲学的发展。

钱学森和乌杰等关于系统哲学的共同观点:系统哲学是以系统科学为基础的,以马克思主义哲学为指导的,关于系统的普遍本质和最一般规律的学说,是现代辩证唯物主义哲学的新形态。系统哲学的研究内容包括:系统本体论、系统认识论、系统价值论和系统方法论。

二、系统哲学的含义

1. 系统哲学的理论内容

从关于人类社会发展的理论出发，我们可以建立关于人与外部世界关系的理论。所以，我们以系统哲学本体论作为起点建立系统哲学认识论和价值论。这种哲学不同于那些试图从人的意识中推论出关于外部世界规律的哲学，它是一种实在论的唯物主义立场，其对立面是唯心主义。因为唯心主义试图从人的心理出发去解释整个外部世界，如胡塞尔、罗素和维特根斯坦就是这样做的。我们知道，那种哲学是有局限性的，因为我们不可能通过自己的精神世界就获得关于外在世界的认识。我们必须研究认识者与认识对象的关系，或者说研究主体与客体的关系，这就要建立在某种本体论基础上。所以，又要回到上面所述的系统哲学主要有三个部分——本体论、认识论和价值论；正如贝塔朗菲所指出的，重要的不仅在于研究实体的构成成分，更在于研究它们如何进化发展。现在，我们已不必零零散散地通过各门哲学来阐述这些规律，而可以从各门科学的发展中概括共同规律，形成综合哲学。

首先，系统哲学要建立关于"存在"的理论，即本体论。"存在"有广泛的包容性，既包括外部世界，也包括个人和人类社会，包括个人的行为和社会集体的行为。系统哲学不仅是关于"存在"的规律，更是演变的规律，其基本范畴不仅是"存在"，更是"过程"。在这里，辩证法进入系统哲学的本体论。这就是说，系统哲学的本体论不仅是唯物的，也是辩证的。其次，系统哲学要建立关于认识的理论，即认识论。这种认识论必须研究认识者与认识对象的关系，或者说研究主体与客体的关系。这里的研究是建立在本体论基础之上的。这表明，系统哲学的认识论与本体论是不可分的，只有在本体论的基础上,才能开展认识论的研究。系统哲学的认识论,不仅要研究实体的构成成分,更要研究它们如何进化发展,后一种研究显然是重点。这表明,系统哲学的认识论已从静态转向动态。系统哲学的认识论向动态的转移,就是要研究系统演变的规律。这些规律不能采用已有的科学表达方式来表达,只有从现代物理学、宇宙学、化学、生物学等自然科学,而且现在越来越多地从社会科学中援引术语来表达这些规律。对系统演变规律的研究形成综合哲学。这里的综合哲学有两重意义:一是对系统规律的研究依赖多学科的力量,依赖多学科力量的集合;二是系统规律是物质系统、生命系统和社会系统的共同规律。系统规律的综合性要求进行综合研究,这种研究涉及三个领域:物质系统、生命系统和社会系统。具体地说就是:要努力寻找、发现这三个领域中周期性的、重复出现的最一般的规律。这是一项艰巨的任务,因为它涉及方方面面的知识。不仅如此,还有一个综合是否得当的问题。如果综合不得当,就可能使系统规律变成空洞的甚至歪曲的东西。这种东西会因为人们的抛弃而走向历史的终结。再次,系统哲学要建立关于价值的理论,即价值论。"存在"有广泛的包容性,既包括外部世界,也包括个人和人类社会,包括个人的行为和社会集体的行为,这就是为什么系统哲学包括价值理论的原因所在。价值判断表示的是一种主体和客体的相互作用的状态,是一种对人与周围世界关系的认识。同样,价值也是主体—环境相互作用的状态在价值评论主体上的表征。系统价值论的核心在于:事实与价值的融合。这种融合存在于具有感知力和认识力的人类身上。价值表示系统在与它相关的环境的相互作用过程中所获得的适应状态。最后,建立系统哲学是要求人们用系统的和辩证的观点去观察问题,解决问题。从一般意义上讲,方法论就是关于认识世界和改造世界的根本方法的学说和理论。系统哲学认为,世界的本质是物质的,物质世界是系统的,系统物质世界是按照固有规律不断发展变化的,用这个世界观去观察问题、研究问题、解决问题,就是系统哲学的方法论。系统方法还包括系统整体方法、系统结构方法、系统层次方法、系统序性方法、系统协同方法、系统工程方法、系统优化方法和系统开放方法。方法论的典型特征就是"系统范式"。

2. 系统哲学的理论性质

（1）系统哲学是一种新的哲学范式。古典科学总是企图把观察对象的种种元素孤立起来，然后，希望通过概念或实验把它们重新放在一起以产生整体或系统并成为可以理解的东西。现在，我们懂得，对于理解整体或系统来说，我们需要的不仅是理解其元素，还需要理解它们之间的相互关系。这需要根据它们自身的方法和特点来对我们的观察对象进行考察。事实证明，在"系统"的某些一般方面存在着对应性和同型性，这种类似性或同型性——有时令人吃惊地——出现于其他一些完全不同的"系统"中，这就是一般系统论的领域。因而，一般系统论的任务是科学地探究"整体"和"整体性"，而"整体"和"整体性"不久前还被认为是超越于科学范围的形而上学的概念。用库恩的话来说，"系统"概念构成新的"范式"；或者用我的话说，"新的自然哲学"。这种新"范式"或"自然哲学"同机械世界观的盲目自然法则和白痴所述莎士比亚式的故事的世界过程相反，它是一种"把世界当作一个巨大组织"的有机世界观。①

分析，是哲学探究的流行模式，是一种风险较小的努力，而综合的哲学复活，是一种比较冒险的做法。今天人们需要把新的可靠的经验信息引进哲学；需要克服在知识的应用中使用拼凑的方法，不要把这种方法作为一种保卫自己的手段并以此来防备因为对自然系统的相互关联无知所造成的灾难；需要具备洞察这个世界上一般的存在模式的能力，并以此为工具解释现世人生的残酷事实的意义。所有这些都要求具有理性的系统思想方法的复兴。米勒指出，一般系统论的术语使我们能够比较容易地认识存在于不同类型和层次上的系统的共同点；反之，专门语言则把思想范围限制在学科的界限内。它们掩盖了不同类型之间和不同层次之间重要的共同性，并且使

---

① 参见欧文·拉兹洛：《系统哲学引论——一种当代思想的新范式》，钱兆华等译，商务印书馆 1998 年版，第 10 页。

得一般理论变得很困难,因而,系统的概念可以被用科学领域的元语言来考虑。对于这样一种哲学需求,今天已经被世界许多地方的进步思想家所认识。在苏联,布劳伯格、萨多夫斯基和尤金用一种"系统哲学"去解释系统世界景象的特点,并且解决方法论和认识论的问题。在西方世界,人们也提出了许多类似要求。贝塔朗菲指出:任何视野宽阔的理论都含有世界图景,在科学方面,任何主要的发展都会改变世界观,我们正在寻找一种新的基本观点——世界是个组织。我们需要扩充传统物理学系统;我们需要一些适用于同生物的、行为的和社会的万物打交道的概念和模型;我们也同样需要一些抽象的模型;这些模型在被用于不同的现象领域时,借助于它们结构形式方面的同构性就能够在不同学科之间和所有现象中起作用。因而,系统哲学,成为当代思想的一般理论范式。

(2)系统哲学是马克思主义哲学的新阶段。拉兹洛首先指出,系统思想作为一种哲学,比马克思主义的创立要晚,它是20世纪形成的。可以说,系统思想是20世纪的马克思主义方式的思想。在19世纪,马克思把自己的理论称作辩证唯物主义。在马克思的理论中,关于事物辩证发展规律的见解来自黑格尔哲学,马克思主义哲学关于存在的概念直接来源于19世纪的物理学。那时的物理学认为原子是终极的存在。马克思把这两者结合起来,认为自然界既是物质性的,又是按照辩证规律运动的,因而形成了关于自然界发展的一般理论,即辩证唯物主义。马克思把这种理论应用于研究人类历史,把社会发展也看成为辩证的过程,这样就形成了关于社会发展规律的理论,即历史唯物主义。今天,在系统科学研究中,发展出系统哲学,所做的事情正是马克思一百多年前所做的同类事情。我们从马克思、恩格斯、列宁和其他辩证唯物主义哲学家的研究工作中得到很大教益,这就是他们所强调的应当将科学发展的最新东西整合起来、提炼上升,应用于研究、解决社会问题。马克思主义思想不是封闭的教条,不是已经成为完全绝对的东西,它还要继续发展。正如科学哲学家指出的,随着科学的发展,哲学也必然要发展。所以,"辩证法"在今天就发展成为新的哲学思想形式,即系统的进化规律。现代科学对"物质"的理解已有了新的发展,认为物质是在时间、空间中的相互作用的产物。因而辩证唯物主义的理论内容也应当有所改变。可以设想,用马克思的方法看待当代科学,就会用系统的观点看世界,发展出系统哲学。所以,把系统哲学看作是马克思主义类型的哲学更合理些;但这不是说系统哲学的基础是马克思主义的理论本身,而只是应用了与马克思同样的研究方法和思维方式。正是在这一意义上,拉兹洛把系统哲学称为 20 世纪的马克思主义类型的哲学。① 立足于哲学史、科学史和思想史的考察,系统哲学从形成基础、理论渊源、创立时间、哲学范式、哲学旨趣以及理论内容来看,与马克思主义哲学既有同一性,又有差异性。马克思主义哲学与系统哲学二者相互借鉴和吸收,不排斥提出马克思主义的系统哲学,所以这些关联恰恰说明这两种哲学形态的独立性。

(3)系统哲学是马克思主义哲学的新形态。系统哲学是对系统科学领域理论的哲学反思和提炼。系统哲学在自身的理论语境和视角下,具有独特的概念、规律、基本原理和方法,有自身的理论语言和稳定的理论体系。系统哲学提出并形成了一系列不同于传统的观念,并且对传统哲学的相关议题作出了细致的、较为深入的讨论,使它们更加深刻、开阔。因此说,系统哲学是一种新的哲学形态。系统哲学是近二十多年来刚刚诞生的一种新的哲学形态,其基本概念、基本范畴、基本规律和基本原理都是在现代科学成果的基础上发展和总结出来的,同时还融进了当代社会实践的新成果;因此,系统哲学一方面为马克思主义哲学的基本概念、范畴、规律和原理更为精确化、科学化和具体化提供了哲学上的依据,另一方面也为马克思主义哲学体系增添了新的概念、新的范畴、新的规律和新的原理,使马克思主义哲学体系更加完善,更加合理,更具活力。系统哲学与马克思主义辩证哲学存在密切联系,这种联系一方面是学理上的,另一方面是来自于意识形态方面的。马克思主义辩证哲学确实为系统科学提供了直接的思想资源,但在中国的思想环境中讨论二者的关系更多的还是和意识形态相关联。系统论出

---

① 参见欧文·拉兹洛:《系统哲学讲演集》,闵家胤等译,中国社会科学出版社 1991 年版,第 279—281 页。

现后,西方理论界就有一种看法,认为系统哲学取代了马克思主义哲学;而苏联理论界则力图把系统思想归之于马克思主义哲学的大旗下。中国1978年改革开放后,开始大量地翻译、介绍和研究系统科学及其哲学。在20世纪80年代的中国,系统科学与哲学的传播和研究适应了当时在精神层面和实践层面打破教主义、僵化思维对新知识、新思想、新理论、新方法的渴求,出现了持续的"系统热";其中引人注目的问题就是系统哲学与马克思主义的关系问题,当时西方和苏联的看法都进入国内,国内理论界也形成诸如"桥梁说"、"问题说"、"挑战说"、"部分说"、"独立说"等不同看法,这些理论论争在当时的思想解放中发挥了积极作用,也逐渐形成了中国的马克思主义的系统哲学研究范式,即系统哲学是对马克思主义哲学有关原理的丰富和深化。

系统哲学是在马克思主义哲学与自然辩证法的基础上,结合现代科学的研究成果和新的理论成就,以客观系统物质世界作为研究对象的一门哲学的科学。系统哲学是对辩证唯物主义哲学的补充、丰富、完善和发展,是对传统哲学范式的一种超越,是现代辩证唯物主义哲学的新形态。它旨在准确地、科学地表述系统物质世界的辩证发展规律,深刻地、全面地揭示自然界、人类社会、思维领域系统运动的本质特征和普遍联系,并从整体上考察系统事物的生灭转化过程和系统内外的辩证关系。

三、系统哲学的历史必然

1. 思想发展的必然

从科学与哲学发展的历程看,哲学先于科学,为科学的发展开辟了道路,而一旦科学兴起后,立足于科学的哲学对世界的思考会更加深邃。系统科学与系统哲学的关系也是如此,人类对于世界系统特性的哲学思考可以追溯到文明的源头,并随着历史的展开而渐趋丰富,大致经历了古代朴素系统观、近代机械系统观、辩证的系统观,这些哲学思考与科学发展相伴随,不仅是系统科学形成的思想资源,也是系统哲学的思想渊源。

古代人类在认识自然和利用自然、从事社会实践的过程中形成了朴素系统观,这在几个有代表性的古代人类文明中都有体现。古希腊人的朴素系统观思想最为充分:泰勒斯认为宇宙处于循环变化中,赫拉克利认为"世界是包括一切的整体",德谟克利特把宇宙当作一个系统来看;亚里士多德则把朴素系统的思想推向高峰,提出"四因论"来解释事物变化的原因,以"整体大于它的各部分的总和"来强调系统的整体性。中国古代文化中也有着丰富的系统思想,体现在农业、军事、工程、医药、天文等方面。比如阴阳、八卦、五行观念来探究宇宙、自然、社会和人事,《老子》对"道生一,一生二,二生三,三生万物"的自然演化的思考,《孙子兵法》对于战争及其基本要素的分析,《黄帝内经》对人体内部各组成部分的分析。中国古人在生产和生活中也不时体现出系统思考的智慧,比如战国时代秦国李冰主持的都江堰工程、北宋丁谓重修皇宫计划、明永乐年间用"群炉汇流"铸造大钟。总的看来,古代不少思想家有着丰富的系统思想的智慧,许多具体的社会实践活动也蕴含着系统思维。

文艺复兴以后,出现了培根、伽利略、牛顿、笛卡尔等有开创性贡献的思想家和科学家,沿着他们的认识路径,发展起来一系列的学科和理论,出现了近代科学。近代科学的鲜明特征是还原论,还原论作为一种方法在各学科中的应用取得了不菲的成就,但其中不足也是显而易见,表现为否定整体观、不承认演化、看不到层次性、把物质和运动分割开来等,这种还原论随着科学的发展越来越显露出其局限性和不足。建立在近代自然科学基础上的哲学不可避免地有着自然科学的影子,具有机械性和形而上学性的特征。尽管如此,近代科学家和哲学家的身上仍然不乏系统思想。当然,他们的系统思想也呈现出机械性特征:哥白尼提出日心说是一个简单和谐的天体系统,蕴含着机械的整体性思想;笛卡尔认为宇宙是一部大机器,生命机体也是一部精密的机器,它们都是按力学规律运动的机械系统;莱布尼茨认为"单子"是事物的元素,并且是组成复合物的单元实体,"宇宙是一个被规范在一种完善秩序中的统一体",他的单子论和现代系统论比较接近,但也有强烈的机械整体观;拉美特利认为无论动物还是人体,都是各种自动机器集合的系统。不能否认还原论的方法与机械系统观在细节上与古代朴素的、整体自然观相比的优越性,但进入19世纪,随着自然科学从分门别类地研究即成事物转向关注事物在自然界所发生的变化时,这种思维方就成为科学和哲学进一步认识世界的障碍,这就需要思想上和方法上的突破,其结果就是与还原论科学不同的科学成果的问世以及辩证系统观的出现。

辩证系统观的思想可追究溯到康德,康德的"星云假说"和"三大批判"的哲学思想就蕴含着辩证系统观。辩证法大师黑格尔对辩证系统观表达得更为充分,他第一次把整个自然的、历史的、精神的世界描述成一个过程,认为"世界不是一成不变的事物的集合体,而是过程的集合体",恩格斯盛赞"这是一个伟大的基本思想"。黑格尔还认为一切存在都是有机整体。他的哲学体系就是用系统方法构造起来的,一环扣一环地描述了"逻辑学"、"自然哲学"、"精神哲学"的辩证发展历程。尽管他的论述充满思辨和臆测的东西,但其中也有着丰富的系统思想。19世纪后半期,自然科学发展迅速,特别是自然科学的三大发现,揭示了客观世界的联系和转化,从科学上冲破了当时占统治地位的形而上学思维方式。马克思、恩格斯吸收德国古典哲学的辩证法,也充分吸收自然科学发展中的新思想,将辩证系统观自觉地应用于理论创造中。他们在自己的著作中,多次从哲学高度明确使用系统概念和体现系统思想的一系列概念。他们应用辩证系统思想,提出一系列具有开创性意义的思想和理论。马克思创立了历史唯物主义,指出社会形态是完整的有机体,人类历史的发展、社会的更替是一个自然历史过程,并且细致解剖了资本主义社会,这是辩证系统思想的成功应用。恩格斯在总结自然科学新成就的基础上第一次明确表达了辩证自然观,即整个自然界的物质处于永恒的产生和消灭中,处于不间断的流动中,处于无休止的运动和变化中。无疑,马克思、恩格斯将辩证系统观推向了更高层次。

透过整个人类思想进程,可以洞见系统哲学产生的历史脉络。人类对物质世界的最初认识,是习惯于从事物总体方面来观察的。当人类文明发展到一定程度,又产生了用分析的方法代替综合的方法,侧重于分析事物的各个部分,然后再把对事物各个部分的认识相加起来作为对整个事物的认识。随着科学技术的发展,前两种认识方法都不能满足人类认识和改造世界的需要,于是人类的认识方式发展到了新的阶段,即从事物的内部有机联系,从一事物同另一事物的外部联系来辩证地系统地看待客观世界,这就进入了系统辩证思维阶段。正是沿着这样一条"浑浊整体—分析—系统整体"的认识道路发展着,人们对客观世界的认识大体上经历了上述阶段,进而形成了我们今天所说的系统哲学思想。

2. 科技发展的必然

20世纪的自然科学发生了两次革命。一次是20世纪初以物理学为首的革命。这场革命使人们的视野由宏观世界扩大到微观世界,使人们的视线由注重简单的关系转向了注重对象的复杂结构,形成了微观结构思想,成为人们研究对象的新范式。我们可以把20世纪初的科学称为"结构科学",把这场科学革命称为"结构科学革命"。

随着结构科学研究的深入,人们很快发现了这样一种令人惊奇的现象:世界上许多不同性质的系统都有类似的结构和功能,它们的行为都是合目的性行为。对此,不仅传统的分析方法无法解释,结构分析方法亦难以应对。于是,以贝塔朗菲、维纳、香农等为代表的一大批科学家便开始转向研究一般系统。20世纪40年代中期以后,以一般系统论、控制论、信息论、对策论为代表的一般系统科学陆续问世,并逐渐为人们所承认。到了20世纪五六十年代便形成了声势浩大的"系统运动"。这便是20世纪的第二次科学革命——系统科学革命。到20世纪60年代末至70年代初,以普里高津和哈肯为代表的一批科学家进一步发现了另一种系统共象,即许多不同性质的系统的组织结构的形成和演变都服从相同的规律。于是,系统科学革命进到了一个新的阶段。在这两次科学革命以及他们所带来的成果中,显现出丰富的系统思想和方法。系统哲学主要就是对这些思想和方法的概括和总结。

20世纪人类的实践活动也是系统哲学产生的重要基础。20世纪40年代发生了人类历史上第三次技术革命——信息革命。这次革命的核心是电子计算机的诞生和运用。前两次技术革命解决了动力问题,这次技术革命则进一步解决了控制问题。这样,人类的生产工具就成为由工作机、动力机和电脑控制装置所构成的复杂系统。生产工具的系统化和高效化带来了生产和管理的系统化和复杂化。许多复杂的技术工程相继涌现,形成了前所未有的高度系统化、社会化的现代生产系统。与此相伴随,许多技术系统理论和管理系统思想也相继涌现,毫无疑问,都为系统哲学的产生作了重要奠基。

系统科学的发展,并以之为坚实基础,必然产生新的哲学观。20世纪以来,人类的活动范围大大扩展,人们认识处理的对象越来越多样化、复杂化,科学发展的广度和深度超过了历史上的任一时代,特别是第二次世界大战后全球联系加强,经济全球化,要求人们进行系统、整体、综合、多样化的思维。另一方面,科学在其发展过程中转向对不同观察系统的动态过程的研究,加深了人们对世界整体性、系统性的认识;同时,科学在其发展过程中逐步形成众多边缘学科和交叉学科,突破了传统学科分类的局限性,提供了把传统学科联系起来的纽带,使科学理论出现整体化的趋势,尤其是20世纪50年代前后产生并逐步形成发展起来的系统科学技术群,以其横断性使科学的整体化达到新的水平,进一步揭示了世界的整体性、系统性。系统哲学正是建立于新兴的系统科学的基础上,对系统科学提供的基本成果进行多方面的综合与反思,并且随着科学的深入而实现哲学认识的全面展开和深入。

3. 哲学发展的必然

系统哲学的基础是系统科学,但它属于"哲学",从哲学史来考察系统哲学,会更深刻地理解系统哲学。哲学是一门非常古老的学问,它在人类试图理性地把握世界的文明开始时期就已出现,体现为一种力图全面地、整体地认识世界的知识方式和思维特征。这在西方哲学和中国的古代哲学中都有深刻体现。

从近代哲学的发展来看,由于英国的培根、霍布斯、洛克,法国的狄德罗、霍尔巴赫,德国的费尔巴哈,以及他们的集大成者马克思和恩格斯对唯物主义的研究、提倡和改造,使之成为时代精神的精华。在唯物论的蓬勃发展中,又出现了以康德、费希特、黑格尔为代表的辩证法哲学进路。其后,在马克思、恩格斯等对辩证法的批判地改造、发展、提倡下,辩证法哲学进一步成为近现代精神的时代精神的精华。历史地看,德国古典哲学的辩证法后来走向脱离科学的思辨,为科学和哲学发展所抛弃;马克思主义哲学强调实践,强调以科学为基础,但其理论旨趣在于社会变革,其影响也主要在社会科学领域,对于自然科学的影响并不大。真正和自然科学密切联系,并且在自然科学的哲学思维层面发生影响的是实证主义及后来兴起的分析哲学,但分析哲学只是提供有关某个术语的意义的分析,而把成为我们现代危机根源的种种问题都排除在哲学之外;分析哲学能够净化和分析信息,以明其意,但把一切信息归之于逻辑分析使分析哲学成为一项令人厌烦且毫无意义的事业。① 为了能够真实地把握世界,就要从分析哲学的流行模式中跳出来,向综合哲学回归,要求具有理性的系统思想方法的复兴。

拉兹洛令人信服地论证的现代"分析的"哲学正处在"离开存在的自我分析"的危险之中。然而,由于对一系列我们目前危机的根本问题,从现代技术的"大机器"的危险到自然的"生态系统"的失衡,到大量的心理的、社会的、经济的和政治的现实问题,全都漠不关心,这种分析显得有些令人厌烦,甚至相当轻薄。拉兹洛说,我们需要的是一种"综合"的哲学。就是说,这种哲学能从现代科学的各种发展中接受新的输入,并试图走哲学中的另一条道路,即努力把专门化知识的宝贵片段拼聚成一个首尾一致的整体画面——这也许是一项冒险的事业。我们观察到的宇宙表现为一个相互联系

① 参见欧文·拉兹洛:《系统哲学引论——一种当代思想的新范式》,钱兆华等译,商务印书馆 1998 年版,第 12 页。

的自然系统,而不是其组成部分被专门学科描述无遗的总和;而且无视这一基本的事实,将会导致可怕的后果。各种系统科学已经证明,存在着揭示一般秩序的概念、模型和不变性,而且这一般秩序超越常规科学中不同程度上的特殊秩序。这让我们意识到,这种观点也是由我们人类的局限所决定和限制的一种对实在的"透视";现代科学中出现的这些新的概念、范畴和结构集中在一起,围绕着像整体、系统这样的具有普遍性的不变性,也围绕着对这种不变性的具体阐述。拉兹洛指出:它代表了一种综合哲学的观点,这种综合哲学的材料来自经验科学,问题来自哲学史,而概念来自现代系统研究。而且,如果我们目前困难的很大一部分是由于把现代人封闭在各个不同的、密封的阶段之中——把人作为一个人类学的、心理学的和经济学的单位,而忘记人是一个活的经验的整体——的话,那么,以它们所共有的术语综合不同的方面和透视而形成的这些新观念,可能会对解决当前人类面临的问题作出有力的贡献,而墨守成规的分析哲学正因为把这些问题排除在外,而变成了不结果实的花朵。

20 世纪初,相对论、量子力学等科学理论的出现,预示着人们思维方式的变化,随之兴起的机体理论、生态系统理论、系统论、控制论、信息论、耗散结构理论、突变论、协同学、全球学等理论来看,都显示出新的哲学的兴起,就是以系统为研究对象,以揭示系统存在、系统联系、系统过程、系统进化的规律和特性所形成的具有普遍意义的系统哲学。哲学历程表明,系统哲学在事实上已成为我们时代的一朵灿烂的精神之花,并且结出了前所未有的丰硕成果。

而已经兴起的系统科学对哲学分析潮流以巨大冲击,促使哲学向综合潮流急剧地发生转变。系统哲学就是这一转变的产物,系统哲学的形成和发展标志着哲学的综合时代的来临。这样看来,系统哲学的出现有着人类哲学发展的内在逻辑,它是向着人类古代整体性哲学思维的回归,但却是更高层次的回归,是建立在具有整体性特质的现代系统科学基础上的哲学的回归。系统哲学潮流的出现不是历史的偶然现象,而是现代时代精神的重要体现。

四、系统哲学的使命

　　系统哲学作为时代精神的精华,它的产生和发展已经深刻地改变了现时代人们的世界图景。在两百多年前,笛卡尔哲学广为传播,自那时起,科学知识就划分成两部分:一部分是自然科学,另一部分是人文科学。由于人属于人文科学的研究对象,这样就把人从自然中隔离出来,形成了"两种文化"之间的鸿沟。之后,为在"两种文化"的鸿沟之间架起桥梁,西方哲学的众多流派都希望能够提出普遍透视的观点。可是众多哲学学派,譬如占统治地位的实证主义哲学和分析哲学,都不能发挥这样的作用。从 20 世纪中期起,一般系统论和系统哲学兴起,目的就是要担负起这种历史使命。在系统哲学看来,物质系统、生命系统和社会系统不是相互割裂的,而是在相互联系中发展的。我们致力于寻找、发现这三个领域中周期性重复出现的最一般的规律,概括出来就是一般进化规律,这是系统哲学的基本规律。对这些规律的研究的综合,就形成了一般进化论理论。一般进化论理论是系统哲学的基础。经验科学具有一种独一无二的属性:公开进行实验检验和公开进行批判;因此,它们提供了一种最可靠的经验的世界观:集中注意的是科学发展前沿阵地上的最新成果,特别是新兴的复杂性科学的成果,把它们整合起来,提炼上升为系统哲学,再用以研究和解决社会科学和社会实践中的问题。至于系统论,拉兹洛认为只是进行这种工作的"概念工具",他强调指出:在当代,如果要发展出一种科学的世界观,除了依靠复杂性科学之外,没有第二条路可走。思维方式的变迁从来都是具有彻底的革命性意义的,它标志着一个民族的崛起与振兴。正如怀特海所言:伟大的征服者从亚历山大到恺撒,从恺撒到拿破仑,对后世的生活都有深刻的影响。但是,从泰勒斯到现代一系列的思想家则能够移风易俗,改革思想原则。比起后者的影响来,前者就显得微不足道了。这些思想家个别地说来是没有力量的,但是最后却是世界的主宰。

　　随着进一步的发展,必将对人类的发展产生更加深远的影响。从我国的情况看,系统哲学的深入研究必将极大地推动马克思主义哲学的发展。马克思主义哲学的基本原理并没有过时,实践证明它们仍然具有普遍的真理性和有效性。时代在不断前进,科学和人类文化在不断更新,马克思主义哲学也必须不断从现代科学和社会实践中汲取营养,不断丰富自己的有机体系,不断改变自己的形式才不会使自己成为脱离时代和实践的抽象理论。马克思主义系统哲学的研究正是这一工作的具体化。可以预料,随着系统哲学研究的深入,我们将会发现和总结出更多的辩证唯物主义的新范畴、新规律和新的方法论原则。因而,马克思主义的自然观、认识论、社会历史观等必将呈现出一个全新的面貌,更具有时代特征和强大的实践指导功能。它可以指导我们更好地认识世界和改造世界。今天我们的工作重心已发生了转移,现代化建设的问题日益突出。生产、科技的社会化,交流的国际化,思想意识的多样化,因而对系统哲学思维的需要也成为一种现实的需要,而系统哲学正是它的理论化的表现。因此,随着中国的改革、开放和社会主义现代化进程,一方面它对系统哲学的需要会日益增强;另一方面也会有力地促进这一进程。系统哲学可以更好地指导今天的改革、开放和社会主义现代化建设。

　　系统哲学更能适应当今世界进程中对哲学的需要,实现在方向和侧重上的转换。当代世界是一个多样化、复杂化的世界,人类的活动范围大大扩展,社会的联系越来越广泛,科学发展的广度和深度超过了历史上的任何一个时代。从世界范围看,系统哲学的研究必将推进人类文明的发展。随着现代科学和新技术革命的深入发展,人类的科学、生产、经济和文化的发展和交流将越来越具有系统性和全球性。这就需要人们具有系统观察问题和处理问题的世界观和方法论,因而系统哲学将会显示出巨大的威力。它之所以显得重要,是因为人类文化的发展日趋全球化和一体化,而全球化的研究要想获得成功,就必须借助于新的世界观和方法论,而这只能是以辩证唯物主义作基础的系统哲学。所以,我们或许可以预言,21世纪作为世界观和方法论的哲学是系统哲学,而作为具体热点问题的哲学将是文化哲学。

因此,在今天认识世界和改造世界的活动中,如果没有系统、整体、多样化的思维,不仅无法适应这个世界,更难以有效地改造它。当代系统论的出现,各种系统工程的大规模应用,世界范围内"系统热"相继兴起,以及许多人对系统思想的日益重视,都深刻地说明人们已逐渐认识到了这个问题。所以,面对今日世界,我们一定要有新的世界观、方法论和认识论。因此,通过系统哲学的探讨将会使我们更加自觉地认识到这一点,以指导自己的活动。

第一章　系统思想的历史演化

第一节　古代朴素的系统思想

一、中国古代的系统思想

最早的整体思想来源于古代人类社会实践经验。人们自从有了生产活动以后,由于不断地和自然界打交道,客观世界的系统性便逐渐地反映到人的认识中来,自发地产生了一些朴素的系统思想。作为古老的农业国家,我国从殷商时代,在畜牧业和农业发展的基础上,产生了阴阳、八卦、五行等观念,来探究宇宙万物的发生和发展,从而开始了最早的对系统的思考与实践。《管子·地员》篇《诗经·七月》等著作,对农作物与种子、地形、土壤、水分、肥料、季节诸元素的关系,都做了较为辩证系统的叙述。著名的军事著作《孙子兵法》从天时、地利、将帅、法制和政论等各方面对战争进行了整体的分析。医学著作《黄帝内经》也强调了人体内部各系统的有机联系,生理现象和心理现象的有机联系,自然环境与身体健康的联系,并且主张治疗与调养、治疗与防病的结合。

这种朴素的系统思想在哲学上的反映就是把自然当作一个统一的整体,也就逐渐形成了对整体的哲学认识,而朴素的整体思想在古代希腊哲学和古代中国哲学中以朴素辩证法的形式表现出来。在我国古代哲学中,关于整体问题的哲学论述也很多。春秋战国时期的许多思想家都强调自然界的统一。《易经》以人们在自然界中能够感觉到的人和自然物,作为世界的万物之源,两仪生四象,四象生八卦,八卦生万物。也就是天、地、雷、火、风、泽、水、山。天地之母,产生雷、火、风、泽、水、山六个子女,认为金、木、水、火、土是构成世界万物的基本因素,五行八卦构成了自然界。《易经》的朴素的系统观主要体现在以下几个方面:首先,《易经》把世界看作一个由基本要素组成的系统整体;因此,从整体上把握这个由基本要素组织起来的系统世界,不仅包括把握它的组织结构,也包括把握其运动变化。其次,《周易》把世界看成是一个由基本阴阳关系所规定的多层次系统整体。在中国古代思维中,阴阳观念的起源是很早的。阴阳的观念产生以后,在《周易》中得到了发展。《周易》从整体上把握世界,世界又是有层次的,这也反映了它的原始朴素的系统整体思想。《周易》把世界看成一个动态的循环演化的系统整体。在《周易》世界系统体系中,这个层次体系被看作是某种演化的结果。因此,《周易》体系,作为一种层次系统模式,实际上也是当时对世界的生成演化的看法,同时也就是世界生成演化的模式。

在中国传统思维中,阴阳五行学说对于中国古代社会各个方面都产生了重要的影响,对于中国古代的科学技术具有极为重要的影响。八卦说含有天地生成万物的观念,五行说则吸收了这种思想,将其发展为元素生成万物的观念。《尚书》中,《洪范》篇比较系统地记载了早期五行说的思想,这里已经初步萌发了五行相克相生的思想,但是五行还没有与阴阳结合起来,而且五行并非仅仅是作为自然系统的构成元素提出来的,同时也是作为某种功能属性提出来的。到了春秋战国时期,五行学说明确起来,并逐渐与阴阳学说结合为一体。到了汉代,阴阳五行说已经得到了很大的发展,以此为基础的各种各样的具有五行统一性的自然系统和人事系统被构造出来。从阴阳五行学说对中国古代科技的影响中,我们可以特别提及它对中医理论的影响。奠定中医理论的基础是《黄帝内经》,按照中医的阴阳五行学说,人体是一个有机的和谐整体,当阴阳失调时人就会生病。《黄帝内经》把人的身体结构看作是自然界的一个组成部分,人的养生规律与自然界的规律是密切相关的,提出了"天人相应"的医疗原则,主张把生理现象与自然现象相联系来治疗疾病,从自然现象、生理现象和神经活动三者结合起来考察疾病的根源。可见,中医理论体现着朴素的系统思想。

道是中国哲学的最基本的范畴之一。殷周时期,"道"字首见于金文,其原始意义为道路,后来其含义逐渐扩大,在《尚书》和《诗经》中的道是为道理和方法。到春秋战国,诸子蜂起,百家争鸣,道家也形成了,成为其中一家。道家的创始人是老子,他以道为其学说的最高范畴。老子认为,道为万物的本体及本原。《老子》第一章写道:"道,可道,非常道;名,可名,非常名。无名,天地之始;有名,万物之母。"虚而无形的道是万物赖以存在的根据,又是派生万物的本原,天地万物都由道演化而来。道具有形上性、实存性和运动性。道亘古存在,独立不改,但又运动不息,是一切运动变化的根源。因此,道不仅是对于天地万物的一种整体性的表述,而且是对于天地万物自发生成和发展的一种概括。庄子继承和发扬了老子的道为产生万物的实在本体的思想。道存在于万物的发展变化之中,是万物发展变化所必须遵循的规律。道是事物的本原,又是事物的法则,而且是处于自发的不断运动之中的。天道的运行是不停息的,所以万物得以生成。道家的系统思想,尤其是关于系统自发自组织的思想,受到当代系统思想家的高度重视。荀况在《天论》中也从不同的角度和方面提出了认识和解释宇宙万物的萌芽系统模式。在《天论》中,荀子说:"星队(坠)木鸣,国人皆恐,曰:是何也?曰:无何也,是天地之变,阴阳之化,物之罕至者也。"荀子用自然界本身的变化来说明罕见的自然现象,认为宇宙万物的变化只是自然界本身的变化。荀子更进一步地发展了朴素的整体思想,并以整个自然为基础,解释自然界的变化发展,也是古代朴素唯物主义的整体思想。

理学是中国传统文化继汉文化之后的又一次重建,如果说汉文化的重建是中华本土各地区、各学派、各民族文化的综合创造;那么,理学的建立,则是外来文化和中国传统文化融合和再创造的产物。周敦颐是宋明理学的奠基人,他的《太极图说》中,把阴阳五行学说以及道家的思想融入他的儒家解易系统,实际上这也是在思想史上首次将道家和道教的无极观念引入儒家的解易系统。周敦颐还首次在思想史上创造性地提出以阴阳动静来解释太极和两仪的关系,从而为儒家构成了一个整体的、分层次的、多阶段自发演化发展的天地人系统模式论,使得中国传统的系统思想推进到一个新的高度。宋代著名的变法家王安石进一步发展了五行学说,他认为五行是由"太极"而生。他在《原性》一书中说:"太极生五行,然后利害生焉"。而关于太极,王安石并未作过多解释。倒是在《洪范传》中,他明确提出五行是由天地所生,那么"太极"是不是就是天地不得而知。王安石所说的天是自然之天,由此可以看出,王安石的思想继承了前人的思想。前文提到,老子对于宇宙万物的生成说过:"道生一,一生二,二生三,三生万物。"只不过老子认为"一"是世界的本原,而"一"由道所生。王安石则把老子的"道"发展成为自然之天地。如果说老子所提出的"道"仍是一种神秘主义解释的话,那么王安石的自然之天地则做了自然主义的解释。王安石以五行来说明世界的整体性,更难能可贵的是,王安石还依据五行的变化来说明万物运动和变化的问题,他认为构成宇宙万物的金、木、水、火、土是由天地之间的阴阳二气运动变化而成的:"寒生水,热生火,风生木,燥生金,湿生土。"同时,五行之间也具有相生相克的功能,由此而构成了一个象征着宇宙万事万物既相互联系又相互制约的五行生克系统世界。但是,王安石的思想并没有摆脱古代哲学家以某种微观不变的简单事物作为世界本原的通病,虽然王安石将世界的本原进一步发展为自然之天地,但是王安石的思想仍然是一种朴素的整体思想。

另外,在中国的古代的生产和军事中亦有丰富的系统思想。《孙子兵法》是中国现存最早的一部完整的兵法,为春秋时期孙武所作,成书时间据《史记》记载约为公元前 500 年左右。其中含有丰富的系统运筹思想。在《孙子兵法》中,系统思想体现在该书从全面战略高度来讨论战争、注意战略与战术的结合,用动态系统运筹的观点对战争进行了淋漓尽致的分析;同时,强调了信息和控制对于战争的重要性。中国古代,不仅自发地运用系统概念考察自然现象,而且还用这种观点来指导自己的实践,指导对自然的改造,因而在许多工程中采用了系统方法,创造了许多著名的系统工程。都江堰,就是其中的一个防洪灌溉系统工程。

二、西方古代的系统思想

在西方传统思维中,特别是在近代科学中,分析的方法长期占有突出的主导地位,可是其中也不乏系统思维方法,也有许多系统思想的东西闪闪发光。米利都学派的泰勒斯、毕达哥拉斯,以及后来的赫拉克利特、德谟克里特都在他们的哲学思想中阐述过系统整体的观念。

古希腊的哲学家、辩证法的奠基人赫拉克利特也曾说过:"世界是包括一切的整体。"这些古希腊的哲学家在对世界本性的认识中都坚持了某种微观不变的简单性观念:泰勒斯把世界的本原归于水,认为水作为世界的本原是始终如一的;毕达哥拉斯认为世界的本原是数,万物的变化都离不开数;赫拉克利特认为宇宙处于永不止息的变化状态中,而火则是万物的根本基质和灵魂的本质;德谟克利特则以原子作为世界的本原,万物变,而原子不变。在这里我们不难看出,这些古希腊的哲学家都是以某种微观的,甚至具体的、简单的事物作为世界的本原,但是不可否认的是:他们在对一般事物的存在方式、运动状态和变化机理的论述方面,仍然阐明了很多关于整体性的思想。泰勒斯肯定万物不仅生于水,而且复归于水。这是对宇宙万物作了统一性的整体解释,只不过是这样的整体观建立自微观不变的简单性原则基础上,并且把水作为唯一本原具有猜测性、非科学性。赫拉克利特认为宇宙处于永不停息的变化状态中,并说"人不能两次走进同一条河流,因为新而又新的水不断地往前流动"。他认为世界是一团永恒的活火,不断地变化,永不停止。他的学说不仅看到了整体性的存在方式,而且还阐释了流动变化的辩证法思想。当然,赫拉克利特的整体观仍然是建立在"火"这个微观不变的简单性原则基础上的。

柏拉图的老师苏格拉底注重道德哲学,反对研究自然,他认为可以通过问答和批评讨论来揭示事物的真谛,奠定了辩证方法的系统运用。柏拉图继承了老师的学说,创立理念论来对抗原子论。柏拉图认为几何学表达了理念界的永恒的完美性,世界是有层次的,首先是可见世界与可知世界是两个不同层次,几何体——两种三角形是物质世界的真正组成要素。在柏拉图那里,理念也是一个等级系统,也就是从具体事物的理念,到数学和科学的理念,再到艺术和道德的理念,直至最高级的善的理念。

亚里士多德是古希腊哲学的集大成者,是古希腊最伟大的体系哲学家。亚里士多德设想了一个球层结构的多层次宇宙系统,比较完整地描述了天旋地静的宇宙图景。亚里士多德是欧洲思想史上第一个把许多门科学系统化的哲学家。他提出了"整体大于它的各个部分总和"的命题,这一命题主要用于表明整体与部分相区别的一种整体性理念。亚里士多德在《形而上学》中写道:"在一个意义上这些部分先于具体的整体,而在另一个意义上则并非如此。因为如果它们与整体分开,它们甚至于不能存在。"亚里士多德以手为例来说明整体大于部分之和,他说手只有在活人身上才能称为手,而如果在死人身上并不是真正意义上的手,只是名称叫手罢了。同时,亚里士多德运用"四因论"来说明事物生灭变化的原因,四因是指质料因、形式因、动力因以及目的因。为了说明变化的世界,亚里士多德提出了"四因论",这四个原因可以用艺术家创作作品时来解释:形式因。如果以艺术家创作作品来解释形式因,形式因就是艺术家头脑里的艺术作品。进一步说就是一种理念,是并未产生的东西,并没有实际存在的东西,也就是说是指事物到底是什么。质料因。就是指艺术家所造艺术品的东西,这是具体的,也是世界存在发展的物质因。这两个原因的关系正如柏拉图的理念,认为所有的形式都是永恒的,但不在物质之外,而在物质以内。动力因。也就是造成艺术品所要借助的东西,也就是那个使变化者变化,动者运动的事物。目的因。显而易见,目的因就是艺术家所要创造艺术品的理由,这是世界存在和发展的终极因。在这四种原因里,形式同目的实际上是一致的,因为世界的存在和发展的形式与目的是浑然一体的,就如艺术家创作作品时与他的作品是一体的一样。而实际上形式也是动力,所以,归根结底,只有两种本质的原因,因为形式因、动力因和目的因都可以归于形式因。所以,在亚里士多德看来,形式因、动力因和目的因是完全统一的、融合的。而且在亚里士多德看来,不仅形式因、动力因和目的因是内在融合统一的,质料因和形式因同样是融合统一的。亚里士多德认为复杂性程度越高的事物整体性先于部分性的特征就越明显。亚里士多德的四因论,以及整体论、目的论和组织论,是古代朴素系统整体思想的最高表达形式和最有价值的文化遗产。

第二节　机械的系统思想

一、科学领域

16、17 世纪开始,分门别类地研究事物的方法出现了。由于当时物理学、天文学、数学,尤其是牛顿力学的发展,科学研究开始强调实验方法,强调测量与定量研究。在文艺复兴运动中,近代自然科学把系统的观察和实验同严密的逻辑体系相结合,从而产生了以实验事实为根据的系统的科学理论。1543 年哥白尼(Copernicus Nicholas,1473—1543)发表的《天球运行论》这部不朽著作,提出了日心说宇宙体系。经过伽利略(Galileo Galilei,1564—1642)、开普勒(Johannes Kepler,1571—1630)的进一步论证和发展,不仅实现了天文学上的革命,也引起了自然观、科学认识论和方法论上的革命。人们开始从对自然界的笼统的、模糊的认识发展到对自然界进行的深入的、细致的研究。对于近代科学的兴起,英国的弗兰西斯·培根(Francis Bacon,1561—1624)是有卓越贡献的。培根根据科学实验的成果,认为必须对一切可以获得的事实进行记录,然后再将这些记录的材料按一定的规则排列出来,编成表格。这样就出现了分门别类地研究事物的方法。培根第一个系统研究科学方法并将其当作追求知识的原则、追求知识的程序和方法,他的关于科学方法论的著作取名《新工具论》,以示其在科学方法论上的创新。按照培根的科学方法论,正确进行科学研究乃是从命题金字塔的底部一步一步上升到顶部,即有条理地追求知识的程序是以自然为对象,以感官知觉为起点,让心灵顺着一条全然循序递进的阶梯向前推进,即通过实验、列表、比较、排除、归纳而逐步上升到公理阶梯的顶部。培根的方法主要强调归纳的一面,他试图将科学方法程序化也有其积极的意义。这种思维方法,后来被17世纪初的哲学家霍布斯从哲学上加以概括,使其带有理论的性质。他把培根的理论系统化、极端化,用力学和几何学的原理来解释物质及其运动,认为物质运动纯粹是机械运动,是靠外力推动的。他认为把"物体—活的—理性"三个东西加到一起就是人。接着牛顿又把这种思想发展到顶峰,并贯穿到力学和物理学当中。1687年,牛顿出版了《自然哲学的数学原理》一书,该书总结了他一生中许多重要发现和研究成果,其中包括上述关于物体运动的定律。《自然哲学的数学原理》中的第三编是"论宇宙体系",万有引力就是在这里献给世人的。整个自然界借助万有引力联系起来,再加上运动三定律,物体的运动状态就成为可以推算的了,物理事件只不过是整个统一因果链上的一个个环节,整个自然界就被描述成为一个秩序井然的机械系统。伽利略、牛顿奠定的经典力学所描述的机械系统图景,成为了当时占据统治地位的自然观。由伽利略开创的实验和数学相结合的方法,到牛顿就完全确立和巩固起来。与笛卡尔的机械世界图景一致,因此,近代科学开创者们所开创的机械系统,最终就不得不是某种被组织起来的系统。牛顿同哥白尼一样由于受到时代的局限,认为宇宙是没有任何发展变化,完全是机械的、僵死的,这样便陷入了形而上学。

18世纪的法国科学家和唯物主义哲学家们,极大地推进了这个机械系统的自然观、机械确定论的规律观、还原论的科学方法论。在笛卡尔断言"动物是机器"的基础上,拉美特利(Julien Offroy De La Mettrie,1709—1751)进而声称《人是机器》(1747)。经过法国的分析大师们的工作,诞生了理论力学,牛顿经典力学就有了新的精确的表达方式。拉普拉斯(Pierre-Simon Laplace,1749—1827)设想的全能全知的妖精,被认为是最为明确、最为彻底地表述了机械决定论的理想。在自然科学发展的初期,这样一幅机械的、分析的、线性的、被组织的世界图景的形成是有其历史必然性的。正如恩格斯所指出的:那时在所有自然科学中达到某种完善地步的只有力学,而且只有刚体力学,简言之,即重量的力学。化学刚刚处于幼稚的燃素说的形态中。生物学尚在襁褓中;对植物和动物机体只作过极肤浅的研究,并用纯粹机械的原因来加以解释,这个时代的特征是一个特殊的总观点的形成,这个总观点的中心是自然界绝对不变这样一个见解。按照这样的时代科学提供的见解,天地及其间的万物固定不变,一切自然现象都是互不联系、各自孤立的东西,它们只能是在空间中彼此无关地、无组织地并列着,复杂性只是表面的而非实质的,而且它们也没有时间上的发展变化的历史,仅仅是存在着的而非演化着东西。只有通过自然科学的进一步的发展进步,我们才可能通过对于这种机械的、分析的、线性的、被组织的世界图景的再一次否定,走向一幅有机的、综合的、非线性的、自组织的系统世界图景。

二、哲学领域

机械论的鼻祖笛卡尔创造了分析方法,主张将复杂现象分解为部分,通过部分的性质来理解整体的行为。他在《哲学原理》中,阐述了"物理学"中的机械唯物主义,把自然界看作一个具有统一性的物质世界,其本质是广延性,上帝的第一次推动使得混沌状态的物质微粒形成了旋涡运动并通过排斥和吸引而组织起来。他试图以机械运动来说明自然界的一切事物,把整个自然界看作一架大机器,原则上可以通过分析最小组分而完全得到理解。进而用来解释动物有机体,提出了"动物是机器"的影响深远的著名命题。这种机械的分割的思维模式也随着牛顿力学在17世纪取得成功而获得稳固的地位。17世纪的斯宾诺莎认为世界是一个自然实体,实体是绝对存在的,实体也是独立存在并不依赖于其他任何事物而存在的。"我们不能设想任何东西而事先肯定实体,但是可以设想实体而事先肯定任何东西。"它按照自己的规律运动,实体内部是错综复杂的,无穷无尽的因果联系,自然实体存在和变化的原因在于实体本身,这是朴素的系统思想的发挥。狄德罗(Denis Diderot,1713—1784)是18世纪法国"百科全书"派的首领,18世纪法国机械唯物主义杰出代表。在18世纪法国机械唯物主义者中,他的哲学思想中具有较多的有机论和辩证法因素。伽利略抛弃了活力论特别是亚里士多德的目的因问题,把力学规定为仅仅探索运动怎样发生,而不问运动为何发生,从而奠定了经典科学的传统,促进了经典科学的进步。不过,生命问题最终是无法避免的。在狄德罗看来,物质内在地具有感受性,运动是物质的固有属性,总之,物质是"活性物质"而非惰性的。他认为一切都在变,一切都在过渡,只有整体不变,世界生灭不已,每一刹那它都在生在灭,从来没有例外,也永远不会有例外。他关于整体处于动态变化中的这种思想,是可贵的。还有德国数学家莱布尼茨(Ottfried Wilhelm Leibniz,1646—1716),他的单子论同现代系统论比较接近。他认为"单子"是事物的元素,并且是"组成复合物的单元实体"。莱布尼茨认为物体世界是由无限多的动态单体或非物质和没有广袤的力的单体所组成的,这种单纯的非物质的实体是心灵。也就是说,莱布尼茨把单子解释成精神或心理的力。对于整个宇宙,莱布尼茨认为也是由单子组成,他把整个宇宙分割成无数个个体存在物,并使这种存在物成为精神的实体。莱布尼茨的单子具有以下特点:单子是不可分的。正是因为单子是不可分,所以莱布尼茨认为单子不可以以自然的方式分解或者组合,单子只能通过被创造获得开始,通过被消灭而终结。单子是非物质的精神的东西。莱布尼茨认为精神实体不具有形体,所以是单纯的、不可分的。单子的数目是无限的,因此单子是有质的、区别的。单子不是僵死的,而是能动的实体,一切所谓事物都是单子的表现,单子的彼此不同,构成了千差万别的事物,表现为事物由低级向高级过渡,单子之间的普遍联系构成了整体世界。总之,莱布尼茨的单子理论具有比较完整的系统思想,他的许多论述已经接近现代系统论,他的科学方法论也近乎系统方法论。所以贝塔朗菲赞赏地说道:莱布尼茨的单子等级看来与现代系统等级很相似。

机械的系统思想在当时并没有完全取代整体思想,而且还出现了机械论与整体论的争论。如前所述,整体思想早在古希腊和古代中国已经产生了,到了19世纪末20世纪初,这种观念重新兴起。整体论的基本论点是:生命机体与机械装置不同,它本质上是完整的、不可分割的系统。这一思想与机械的系统思想认为世界是一部机器是完全不同的。虽然机械的系统思想是自然科学发展的产物,但是它有着不可克服的局限性。它的局限性在于其观点是"机械的",即仅用力学的尺度来衡量化学过程和有机过程,不承认"整体大于部分之和"的原理而坚持"整体等于部分之和",因而作为一种普遍的思想方法本质上是形而上学的。这种思维方式虽然过分强调分析方法,但就思想的部分来说,它并不是完全否认事物各部分之间是有联系的,它仍然承认从整体出发去认识自然体系,其中一些代表人物的思想为现代系统思想的产生也确实起到重要的启示作用。因此说,机械的系统思想作为系统思想史上的承上启下的理论,为后来系统思想的发展提供了有价值的思想资料。

第三节　辩证的系统思想

19 世纪中叶马克思主义的诞生标志着人类认识史上的一次伟大的变革。马克思主义的诞生,是人类认识发展、科学技术发展、社会经济和政治发展到一定阶段的必然产物。从系统思想发展的角度来看,正是这样的一些发展,揭示客观世界的普遍联系,揭示了客观世界的系统性。系统概念、系统思想在马克思主义的奠基人那里,取得了哲学的表达形式,系统观成为马克思主义世界观的内在组成部分。

17 世纪上半叶以来,自然科学的成就使辩证的系统思想有了进一步的发展。正如恩格斯指出的,我们现在不仅能够指出自然界中各个领域内的过程之间的联系,而且总的说来也能指出各个领域之间的联系了,这样,我们就能够依靠经验自然科学本身所提供的事实,以近乎系统的形式描绘出一幅自然界联系的清晰图画。

到了 19 世纪,自然科学的发展引起了人们认识的根本转向。达尔文的生物进化论为生物有机论提供了一个科学的理论基础,而系统思想的发展同达尔文的进化论有着最直接的渊源关系。进化论认为生物是一个变化的系统,是在外界自然条件的影响和选择下,相应改变本身内部结构的系统。达尔文的有机进化思想冲击了机械的系统思想,使系统思维方式有了长足的发展。系统思想分为两个发展过程:第一个是唯心的系统思想;第二个是马克思主义唯物的系统思想。

一、唯心主义系统思想的发展

德国古典哲学,是18世纪末19世纪初德国新兴资产阶级的哲学,包括从康德到黑格尔的古典唯心主义和费尔巴哈的人本学唯物主义。德国古典哲学集两千多年欧洲哲学发展之大成,其中的优秀成果为马克思和恩格斯批判继承,成为马克思主义哲学观点的直接的理论来源。我们这里扼要考察一下康德和黑格尔的系统思想。

德国先验哲学的创始人康德对唯心的系统思想的形成起到了一定影响。康德的基本问题就是知识问题,他认为知识总是表现为判断的形式,在判断中发生的肯定或者是否定;当然,不是每一种判断都是知识,只有先验的判断才能给人以知识。先验是指不靠经验而且先于经验的。康德正是借助这一推理得出结论,知识存在于先验的综合判断里面。也正是由于知识存在于先验的综合判断里面,康德才把知识划分为感性、知性和理性三种。感性就是感官认识能力,理性是指逻辑范畴,知性是先天的以时间和空间为构架组织感官印象使之成为经验的能力,也就是由知性取代了理性。所有的知识都要由感性和知性参与才有可能,脱离知性,感性只能得到杂乱无章的印象,脱离感性,知性只能得到没有意义的思辨。由此可以看出,康德所理解的人类的知识是有层次、有秩序的,并由一定要素所组成的统一整体。除了对于知识的理解外,康德还强调整体高于部分,把自然科学界中的整体划分为机械整体与含目的性整体两大类,认为运用系统整体的目的观点来分析事物,有利于科学研究的深入与发展。在自然科学上,康德以提出太阳系起源的星云假说而著名。星云假说是康德在前期即所谓的"前批判时期"中研究自然科学问题的产物。康德认为,在遥远的过去,在宇宙太空里充满了极其稀薄的、分散的、不停运动着的物质微粒或质点;其中密度较大的地方吸引较大,周围空间的微粒在吸引作用下会向这个中心聚集。于是,在引力作用下,密度大的微粒把它周围密度小的微粒聚集起来。这样继续下去,就会在原始物质的引力中心,逐渐形成某个巨大的中心天体,太阳就是这样形成的。在太阳系形成过程中,除了引力作用以外,还有一种斥力起作用。由于斥力作用,并非所有微粒都奔向太阳中心,再加之离心力的作用,就形成了一个围绕太阳中心的圆周运动,进而形成圆盘状的结构,最终形成了行星系统。相仿地,行星的卫星系统也是这样形成的。在提出星云假说的《宇宙发展史概论》中,康德这样说:我假定整个宇宙的物质都处于普遍的分散状态,并由此造成了一种完全的混沌。我根据给定的吸引定律看到了物体的形成,又看到了斥力改变物体的运动。我不需要任何虚构,只要按照给定的运动定律,就可以看到一个秩序井然的整个系统产生出来,这使我感到欣然满足;这系统与我们眼前所看到的那个宇宙系统如此相似,以至于我不得不把它们当作同一个东西。在大范围内自然秩序的这种出乎意料的发展,建立在如此简单而淳朴的基础之上。他还推测整个宇宙是一个大系统,具有不同的层次。康德的宇宙观,已经可以称之为一种系统自组织演化的宇宙,包含着一切继续进步的起点。在我们看来,康德之所以能取得划时代的重要突破,正是自觉不自觉地运用系统思维的结果。对此,贝塔朗菲给予高度的评价,认为康德的观点中包含着系统的要素,具有丰富的系统思想。

在康德以后,费希特继承了康德的唯心主义思想,提出了系统思想的观点。他认为每一种科学要成为科学必须具有一个融贯的命题整体,这些命题要由一个首要的原则联结起来,它们的整体必须是互有联系的命题体系,是有机的整体,其中每一个命题占有一定的地位,与整体有一定关系。同时,他认为哲学家在他能够进行推导工作以前应该了解全部意识的目的或意义。如果我们知道整体的目的、结构、大小等,我们就能指出各个部分是什么样。同康德一样,费希特关于系统的思想是建立在心灵也就是意识活动基础之上的。

唯心主义的集大成者黑格尔(Georg Wilhelm Friedrich Hegel, 1770—1831)是近代唯心辩证法大师,他在阐明和运用辩证法原理时,亦迸发出他的系统思想,表达了系统观点。黑格尔的系统思想,突出地表现为:指出了把真理和科学作为有机的科学系统加以考察的重要性,指出系统与要素的内在联系的历史性和层次性。他认为真理的要素是概念,真理的真实形态是科学系统,科学只有借助于概念自己的生命才能成为有机系统;知识只有作为科学或者作为系统,才是现实的,才能够表达出来;真理只有作为系统才是现实的。他称"绝对概念"为系统,把这种系统理解为一个"过程的集合体"。他认为一切存在都是有机的整体,作为自身具体、自身发展的理念,乃是一个有机的系统、一个全体,包含有很多阶段和环节在它自身内。这种把一切事物看作有机系统,由于内部各部分、各种力量的矛盾斗争推动自身向更完善、更高级的方向发展的观点是正确的。但他是用概念的系统发展颠倒地反映出客观世界现实系统的发展过程。恩格斯在《反杜林论》中指出,黑格尔第一次——这是他的巨大功绩——把整个自然的、历史的和精神的世界描写为一个过程,即把它描写为处在不断的运动、变化、转变和发展中,并企图揭示这种运动和发展的内在联系。这样的一个伟大的基本思想,即认为世界不是一成不变的事物的集合体,而是过程的集合体的思想。他运用系统方法构造出完整的哲学体系,第一次把整个自然的、历史的、精神的世界看成一个过程。他的哲学理论充满着深刻的系统思想。黑格尔运用系统的观点和方法,按照"正(肯定)、反(否定)、合(否定之否定)"的三段式,将逻辑学、自然哲学、精神哲学三个部分,构造了一个完整的"绝对精神"辩证发展的哲学体系。他认为,一切存在都是有机的整体,它"作为自身具体,自身发展的概念乃是一个有机的系统,一个全体,包含很多的阶段和环节在它自身内"①。黑格尔把人们的思维能力看成一个具有等级层次的系统过程,即知性—消极理性—积极理性的系统发展过程。他还把真理和科学作为有机的科学系统进行了深入考察,指出了这种系统及其要素之间内在联系的真实性和层次性。正如恩格斯赞誉的:一个伟大的基本思想,即认为世界不是一成不变的事物的集合体,而是过程的集合

---

① 黑格尔:《哲学史讲演录》第 1 卷,三联书店 1957 年版,第 32 页。

体,其中各个似乎稳定的事物以及它们在我们头脑中的思想映象即概念,都处在生成和灭亡的不断变化中。总之,黑格尔实际上丰富和发展了系统思想,自觉不自觉地进行着系统思维,但由于他的客观唯心主义立场和思辨的传统,使系统思想包含在隐晦的哲学体系中,成为一种神秘的东西。

二、唯物主义系统思想的发展

随着 19 世纪系统性知识的形成,马克思继承前人的系统思想,在创立历史唯物主义的同时就形成了系统观,把系统观作为对世界的总的看法包括在唯物辩证法中,使之成为马克思主义世界观的一个组成部分,并且把它具体贯彻到自己的实践和科学研究中去。马克思是运用系统思想、系统观对世界上最复杂的系统——社会系统进行科学解剖的典范。马克思和恩格斯对前人的哲学思想,特别是对黑格尔的辩证法进行了扬弃,汲取了其"合理内核",从而创立了唯物辩证法,开拓了系统思想的新时期。马克思和恩格斯在自己的著作中,多次从哲学的高度来明确使用系统概念和系统思想,如"系统"、"有机系统"、"总体"、"整体"、"过程的集合体"等概念。在马克思和恩格斯那里,系统理论的哲学表达方式大致分为以下三个方面。

(一)系统的自然观和相互联系的宇宙体系

马克思和恩格斯认为,一切事物、过程,以至于整个世界都是相互联系与依赖、相互作用与制约的系统整体,思维的本质都在于把事物综合为一个统一体,要认识这个体系,必须先认识整个自然界和历史。

马克思主义的自然观是在实践基础上的对人与自然及其二者关系进行的哲学反思,它不仅包括对自然的认识,也包括对自然的改造。这一自然观不是单方面地考察自然,也不是片面地研究人,而是紧紧抓住社会中的人和自然,把人与自然的关系作为自己的研究对象,是在整体的意义上考察二者及其关系的。传统自然观的目的只在于解释自然,而马克思主义自然观的旨意却在于不仅解释自然,更重要的是还要改造自然。马克思将人也归为自然的一部分,认为自然界是无机的身体,人依赖于自然界而生活。马克思所说的自然具有以下特点:客观实在性。自然科学已证明地球和生命的形成是一种物质自然界自我产生的过程,有自身内在的规律性,这种规律是不以人的意识为转移的。人们认识和改造自然界,就必须遵循自然规律,否则人们的实践就难以达到目的。先在性。自然的先在性是自然客观实在性的主要体征,马克思是一个彻底的唯物主义者,他当然承认自然的先在性地位。自然界不仅有外在的独立性而且有内在的渗透性,所以自然界的先在性是时间上的外在独立性与逻辑上的内在渗透性的统一,而不能把自然的先在性理解为绝对的优先性。因此,承认自然界的先在性,既是唯物主义的观点,又是唯物史观的观点。属人性。自然的属人性是马克思自然概念的一个重要特点,也是与旧唯物主义自然观相区别的明显体征。马克思在《关于费尔巴哈提纲》中开篇指出,从前的一切唯物主义——包括费尔巴哈的唯物主义——的主要缺点是:对事物、现实、感性只是从客体的或者直观的形式去理解,而不是把它们当作人的感性活动,当作实践去理解,不是从主观方面去理解。在马克思的视野下,自然与人是紧密相连的。人是自然界长期发展的产物,自然界是人的无机身体。无论从理论上还是从实践上讲,自然都是属人的。他说,从理论领域说来,植物、动物、石头、空气、光等等,一方面作为自然科学的对象,另一方面作为艺术的对象,都是人的意识的一部分,是人的精神的无机界,是人必须事先进行加工以便享用和消化的精神食粮;同样,从实践领域说来,这些东西也是人的生活和人的活动的一部分。社会历史性。马克思自然观研究自然的社会历史性是马克思的自然概念区别于传统自然概念的一个显著特征。马克思作为唯物史观的创始人,历来反对任何形式的历史虚无主义。马克思始终强调自然与社会历史是不可分割的,认为现实的自然界是在人类社会中形成和发展的。自然是一个社会概念,自然界的状态以及进化程度都受到社会发展程度的影响,在不同的社会制度下,自然界才呈现出不同的状况。这样,马克思主义自然观就把各个部分结合起来,把自然同人、社会、历史结合起来,使人们对自然的认识更全面,更具体。马克思把我们所面对着的整个自然界看作一个体系,即各种物体相互联系的总体,宇宙是一个体系,是各种物体相互联系的总体。

另外,恩格斯提出了"世界的物质统一性原理",第一次阐明了辩证唯物主义的物质范畴。当然,恩格斯认为世界真正的统一性在于它的物质性,只有世界存在,才能是统一的。

(二)运动形式和科学分类的系统层次

众所周知,辩证唯物主义的自然观是马克思和恩格斯共同奠定的,并主要是由恩格斯发挥阐述的。恩格斯所阐发的辩证自然观,其中也是充满了丰富的系统思想,实际上,系统思想已成为辩证自然观的一个有机组成部分。恩格斯的系统思想是很丰富的,我们这里主要是扼要地涉及他在阐发辩证自然观时所阐发的系统思想。恩格斯根据当时科学发展的认识水平,在其《自然辩证法》一书中,把物质运动形式从低级到高级,从简单到复杂地排列为机械运动、物理运动、化学运动、生命运动、社会运动五种形式。机械运动是自然界中最简单、最基本的运动形态。在物理学中,一个物体相对于另一个物体的位置,或者一个物体的某些部分性对于其他部分的位置,随着时间而变化的过程叫机械运动。机械运动也可细分为多种形式,如直线运动、曲线运动、同一水平面运动、不同水平面运动等,所有这些机械运动,最基本的最简单的形式是匀速直线运动。物理运动实际上是指物体内部分子的变化,比如物体冷热的变化、体积的变化等。化学运动是指物体内部原子的变化,比如物体本身性质的变化。生命运动是高级的物质运动形式,包括生长、繁殖、代谢、应激、进化、运动、行为。原生质的成分和结构的复杂性就决定了生命运动的特殊性。认为科学分类就是这些运动形式本身依据其内部所固有的秩序的分类和排列。社会运动是指社会的发展变化,这是运动的最高形式。这五种形式由低级到高级,各种运动形式相互转化。同时,马克思、恩格斯认为物质运动的具体形式是复杂多样的。各种运动形式之间相互区别,它们具有不同的物质基础和特定运动规律,不能把低级运动形式拔高为高级运动形式,也不能把高级运动形式归结为低级运动形式。把机械运动看成是物质运动的唯一形式,是机械论的错误观点;用单纯的生物运动来说明社会运动,这是社会达尔文主义的错误观点。各种运动形式之间相互联系,低级运动形式是高级运动形式的存在基础,高级运动形式是在低级运动形式的基础上发展起来的,并包含低级运动形式。各种运动形式之间相互转化,既有从高级到低级的转化,也有从低级到高级的转化。

恩格斯认为,世界不是一成不变的事物的集合体,而是过程的集合体。恩格斯从唯物主义的立场出发,扬弃黑格尔辩证法中的唯心主义因素,也扬弃了黑格尔丰富系统思想中的唯心主义成分,从而把被黑格尔颠倒了的东西再颠倒过来,既揭示了自然界的系统性即"集合体",也揭示了自然界的演化性即"过程"。对于这个复杂的总体系统,恩格斯在这里不仅讲了它的整体联系,而且讲了它存在着一定层次结构。恩格斯还从质量互变角度分析了物质系统的层次性问题。恩格斯指出,物质系统的层次性在于物质系统的"纯粹的量的分割是有一个极限的,到了这个极限,量的分割就转化为质的差别:物体纯粹由分子构成,但它是本质上不同于分子的东西"①。他还尝试揭示出物质世界的层次结构与一定的运动形式的内在联系。从系统思想的角度来看,这里就已经涉及了系统的结构和功能的关系问题。恩格斯指出:"在希腊人那里——正是因为他们还没有进步到对自然界的解剖、分析——自然界还被当做整体、从总体上进行观察。自然现象的总的联系还没有在细节上得到证明,这种联系在希腊人那里是直接观察的结果。这是希腊哲学的缺陷所在,由于这种缺陷,它后来不得不向其他的观点让步。"②这就是它后来屈服于近代科学初期的机械自然观。机械自然观是与自然科学的初步发展相适应的产物。"因为那时在所有自然科学中只有力学,而且只有固体(天上的和地上的)力学,简言之,即重力的力学达到了某种完善的地步。化学刚刚处于幼稚的燃素说的形态中。生物学尚在襁褓中;对植物和动物的机体只作过粗浅的研究,并用纯粹机械的原因来解释;正如在笛卡尔看来动物是机械一样,在18世纪的唯物主义者看来,人是机器。仅仅运用力学的尺度来衡量化学性质的和有机性质的过程(在这些过

① 《马克思恩格斯文集》第9卷,人民出版社2009年版,第466页。
② 《马克思恩格斯文集》第9卷,人民出版社2009年版,第438—439页。

程中,力学定律虽然也起作用,但是被其他较高的定律排挤到次要地位),这是法国古典唯物主义的一个特有的,但在当时不可避免的局限性。"①恩格斯进一步分析了这种唯物主义的第二个缺陷,即它不把世界理解为一种过程,而是理解为一种处于不断的历史发展中的物质。这是同当时的自然科学状况以及与此相联系的形而上学的即反辩证法的哲学思维方法相适应的。经过这样一个过程,即必须先研究事物,而后才能研究过程;必须先知道一个事物是什么,而后才能觉察这个事物所发生的变化。随着自然科学的进步,特别是关于能量守恒与转化定律、细胞学说和达尔文进化论这三大发现,"使我们对自然过程的相互联系的认识大踏步地前进了,由于这三大发现和自然科学的其他巨大进步,我们现在不仅能够指出自然界中各个领域内的过程之间的联系,而且总的说来也能指出各个领域之间的联系了。这样,我们就能够依靠经验自然科学本身所提供的事实,以近乎系统的形式描述出一幅自然界联系的清晰图画"。恩格斯在这里指出了系统思想兴起的必然性,同时也就已经预言了系统思想的进一步的发展的必然性。

(三)社会运动的系统理论

首先,马克思把社会作为一个有机整体来看待,并把它作为研究社会现象的基点。在马克思看来,社会关系就是"一切关系在其中同时存在而又互相依存的社会机体"②。对于社会的经济形态,它也是一个有机的整体。生产力和生产关系的辩证统一构成了生产方式,而生产关系的总和构成了社会的经济形态。其次,马克思根据组成社会机体的不同的要素、结构、层次、环境以及作用条件等揭示出这个机体的不同运动规律。他在《政治经济学批判·导言》中把生产、分配、交换、消费看作是构成有机机体的不同要素,这些不同要素之间存在着相互作用。再次,马克思把整个社会形态的发展当作一个有机体的进化过程来加以研究。他说:"现在的社会不是坚实的结晶体,而是一个能够变化并且经常处于变化过程中的机体。"他指

---

① 《马克思恩格斯文集》第4卷,人民出版社2009年版,第282页。
② 《马克思恩格斯文集》第1卷,人民出版社2009年版,第604页。

出,社会经济系统的发展过程是一个自然历史过程,从而整个社会系统的发展也是一个自然历史过程。正因为他揭示了社会系统的发展过程,才创立了科学的社会进化论——历史唯物主义。在标志马克思主义诞生的《关于费尔巴哈的提纲》中,马克思批判了仅仅从认识主体或客体方面来理解认识的缺陷,提出了马克思主义的实践观。从系统思想的角度来看,也就是要把认识的主体和客体、主观和客观作为在实践基础上联系起来的系统来加以理解。认识是人的认识,而且,人并非仅仅是个体意义上的人,人受制于环境,也改变着环境,人只能放在社会系统中,放在与环境的关系之中来加以理解。马克思说人的本质并不是单个人所固有的抽象物。在其现实性上,他是一切社会关系的总和。马克思和恩格斯在《德意志意识形态》中从正面论述了马克思主义哲学特别是唯物史观的一系列基本原理,系统的思想就已经表现得十分充分了。在马克思和恩格斯看来,应该系统地理解人类生存和发展,其自然基础方面,如地质条件、地理条件、气候条件等等,还包括人口的增殖,都是重要的。这的确是影响历史发展的基本因素的一部分,但若仅仅停留于此是不够的,更重要的是要看到物质资料的生产和再生产。他们指出,人们为了能够“创造历史”,必须能够生活;但是为了生活,首先就需要衣、食、住、行以及其他东西。由此,第一个历史活动就是生产满足这些需要的资料,即生产物质生活本身。马克思和恩格斯注意到人类生存和发展的系统性以及其中的最重要部分的决定性作用,从而奠定了整座历史唯物主义大厦的基础。在《资本论》这本著作中,马克思的辩证法思想的运用得到了光辉的体现,他的系统思想的运用也得到了光辉的体现。《资本论》始终把资本作为一个整体,即作为生产过程和流通过程的统一来考察;第二卷进而把资本流通放入整个社会再生产过程的媒介来考察;第三卷研究的是资本主义生产的总过程,同时也就深入考察了生产过程和流通过程的统一,从而解释和说明资本运动过程作为整体考察时所产生的各种具体形式。每一个有机整体都是这样。正是用系统观点研究社会,使得马克思有可能真正揭示了社会发展的客观的、整体的规律。他在《〈政治经济学批判〉序言》中写道:“我所得到的,并且一经得到就用于指导我的研究工作的总的结果,可以简要地表述如下:人们在自己生活的社会生产中发生一定的、必然的、不以他们的意志为转移的关系,即同他们的物质生产力的一定发展阶段相适合的生产关系。这些生产关系的总和构成社会的经济结构,即有法律的和政治的上层建筑竖立其上并有一定的社会意识形式与之相适应的现实基础。物质生活的生产方式制约着整个社会生活、政治生活和精神生活的过程。不是人们的意识决定人们的存在,相反,是人们的社会存在决定人们的意识。社会的物质生产力发展到一定阶段,便同它们一直在其中运动的现存生产关系或财产关系(这只是生产关系的法律用语)发生矛盾。于是这些关系便由生产力的发展形式变成生产力的桎梏。那时社会革命的时代就到来了。随着经济基础的变更,全部庞大的上层建筑也或慢或快地发生变革。"①我们从这段充满唯物辩证法和历史唯物论的光辉论述中,不难看出其中闪耀着系统思想、系统观,他所描述的是一幅社会静态结构和动态发展相结合的系统图景。在马克思看来,"社会经济形态的发展是一种自然历史过程"②。他正是运用了系统观点把人类社会作为一个生命有机体进行考察,才得以揭示社会形态的系统发育过程,进而从社会形态的依次更替中得出了社会发展运动的一般规律,得出了资本主义必然灭亡,共产主义必然胜利的科学结论。马克思还结合政治经济学的研究方法讨论了具体和抽象的关系,实际上,这已相当深刻地阐述了系统方法的基本原则。在马克思看来,从认识发展来看,具体与抽象的关系与理论思维的发展具有一致性,这是一个从混沌的抽象的整体,经过化整为零的分析研究,进而再回到具体的综合的整体的过程,具体与抽象的关系也就体现于其中。从混沌的具体进入思维的抽象,再进入思维的具体,在思维中把握整体对象,这是既与传统的混沌整体论相区别,又与片面强调分析的原子论相区别的方法,它实际上就是系统方法最基本原理的一种表述。总之,马克思实际上已经论证了系统观是辩证唯物主义世界观的重要组成部分。尽管他是用

① 《马克思恩格斯文集》第2卷,人民出版社2009年版,第591—592页。
② 《列宁专题文集 论辩证唯物主义和历史唯物主义》,人民出版社2009年版,第157页。

那时的语言来表述这一切的,他本人并没有明确提出诸如"系统观"、"系统方法"这样的表述;但是,这样的表述已经体现在他的完整的思想体系之中,体现在他对于社会亦即社会经济的剖析之中。一般系统论的创立者贝塔朗菲就认为,系统观念的历史,应当追溯到马克思和黑格尔的辩证法。西方学者也承认,马克思率先把系统方法应用于社会历史研究,是社会科学中现代系统方法的始祖。

列宁也有关于系统的思想。他指出,马克思主义的全部精神,它的整个体系要求人们对每一个原理只是同其他原理联系起来,只是同具体的历史经验联系起来加以考察。他又说,要真正地认识事物,就必须把握、研究它的一切方面、一切联系和中介。斯大林也曾指出,辩证法不是把自然界看作彼此隔离、彼此孤立、彼此不依赖的各个对象或现象的偶然堆积,而是把它看作有联系的统一的整体,其中各个对象或现象互相有机地联系着,互相依赖着,互相制约着。这些都强调了认识系统的重要性。以上说明,马克思、恩格斯是关于社会现象、自然现象的系统科学概念的奠基人,是对系统性原则最早进行了广泛而具体的科学研究的学者。

第四节　现代科学的系统思想

19世纪下半叶以来,科学技术进入全面发展新时期,自然科学、社会科学的发展推动了系统思想由定性的哲学理论概括到定量的具有广泛意义的科学思维方式的发展。自然科学由总体上收集经验材料、分门别类的研究阶段,进入到整理经验材料、走向理论综合的发展新阶段,不断从新的水平上揭示自然界的普遍联系和普遍发展,同时近代科学的局限性也逐步暴露出来。以电力技术的应用为标志,开始了近代第二次技术革命,促进了经济的高涨,也又一次极大地推进了人类社会的发展。20世纪的科学技术在近代科学技术的基础上得到进一步的飞跃发展。20世纪初始,就出现了持续时间长达30年之久的物理学革命,相对论和量子力学开创了科学的新局面。自然科学的全面的空前发展,使之开始形成一个多层次的、综合的统一整体。社会科学也有了长足的进步。科学技术的发展,与社会科学的结合,推动了科学技术的社会化,也推动了社会的科学技术化。这是科学技术的新的综合的时代,从而也呼唤着自己时代的科学技术在理论形态上的新的综合。系统思想在 20 世纪时代科学技术的需求下得到了极大的发展。

我们知道,科学认识的一般规律,往往都是先对研究对象进行定性的研究和描述,而后才进一步研究其量的规定性,进行定量的分析与计算。同时,也只有在精确地作了定量研究以后,方可更深入地认识事物的本质。马克思曾经指出,任何一门科学只有能够充分运用数学的时候,才算是达到了真正完善的地步。系统思想的发展也是这样,在定性研究的基础上,现代科学技术又提供了一套数学工具,来定量分析和计算系统各要素之间的相互联系与作用,通过定量的分析与运算,以便作出综合性的合理安排,从而使人们更好地认识世界和改造世界。

现代科技革命是以物理学革命为先导的,人们都无例外地认识到相对论和量子论在这场物理学革命之中的意义。但事实上,统计物理学也在牛顿力学的革命中发挥了重要的作用,如果说相对论实现了从低速推进到高速、以相对时空取代了绝对时空,量子论从宏观推进到微观、以间断补充了连续,那么统计力学则从可逆推进到不可逆、以复杂性取代了简单性。熵增原理的出现,标志着物理学之中出现演化。然而,在生物学中,达尔文进化论却告诉了我们另外一幅图景,一幅蓬勃向上的图景。进化的时间箭头与退化的时间箭头之间,物理学与生物学之间,形成了鲜明的对照,产生了所谓的克劳修斯与达尔文矛盾。建立在牛顿力学基础上的熵增原理却无法解决这个矛盾,熵增原理在解释复杂性进化问题上的失效,暴露了牛顿力学的局限性,实际上也就意味着动摇了牛顿力学大厦的基石。

因而,系统思想发展到定量化的阶段,是现代科学技术发展的客观要求。随着新兴学科的蓬勃发展,人们面前的认识对象不断复杂化,人们经常会遇到大范围、高参量和超微、超宏的问题,这在客观上推动着人们必须不断地去探索认识复杂系统的方法,因而也就在客观上确定了定量分析的系统思想的产生。

一、社会领域

19 世纪末,自由资本主义开始向垄断资本主义过渡,生产规模日益扩大,专门从事组织管理的阶层随之出现。美国工程师泰罗(Frederick W. Taylor,1856—1915)开创了"古典管理理论"时期,形成了后来被称为"科学管理"或"泰罗制"的管理理论和管理制度。法国工程师法约尔(Henri Fayol,1841—1925)对于职能管理、组织管理问题作出了重要贡献,推动了管理进一步从经验管理向科学管理过渡。德国的韦伯(M.Weber,1864—1920)是另一位重要的组织管理思想家,他在管理思想上的最重要贡献是提出了所谓的"理想的行政组织体系理论",以至他被后人称作"组织管理之父"。泰罗、法约尔、韦伯等人奠定的古典管理理论,从那时起就对于管理思想和实践起到了重要的影响,促进了人们开始注意把工厂、企业乃至社会作为一个有机的、有序的组织来加以管理的问题。在古典管理理论以后,西方的管理研究到 20 世纪 20 年代中叶进一步发展到人际关系和社会行动理论阶段。梅奥等人的人际关系理论奠定了管理的行为科学方向发展的基础。到了 20 世纪 40 年代特别是第二次世界大战以后,与科学技术的进步、生产力的巨大发展和生产社会化程度的日益提高相联系,西方管理理论发展到一个新的阶段,出现了众多的管理学派;其中主要有:管理过程学派、社会系统学派、决策理论学派、系统管理学派、社会技术系统学派以及经验主义学派、权变理论学派和管理科学学派等。可见,在管理领域,从泰罗到巴纳德,系统思想已经日益深入到管理理论之中,已经从不自觉变成为自觉的管理理论基点之一。以后的决策理论学派实际上是从社会系统学派分化出来的,它们成为了自觉以系统理论为指导的系统管理学派、社会技术系统学派的先声。管理领域的进展,实际上是 20 世纪系统思想兴起的一个侧面。事实上,系统工程的兴起正是跟管理问题密切相联系的。1930 年美国无线电公司在发展与研究电视广播时,已经采用了系统方式。在第一次世界大战时期,英国的兰彻斯特(F.W.Lanchester)首先应用数学方法对空战进行了分析,建立兰彻斯特方程,论证了集中优势兵力的作战效果。美国的生理学教授希尔(A.V.Hill)研究过高射炮的实效问题,并领导了英国国防部防空试验小组,在第一次世界大战和第二次世界大战中都作出了重要贡献。1950年美国的莫尔斯(P.M.Morse)和基博尔(G.E.Kimball)公开出版《运筹学方法》,标志运筹学的产生。1957年古德(H.Goode)与迈克尔(R.E.Machel)出版的《系统工程学》则标志系统工程的建立。目前,运筹学已有许多数学分支,如线性规划、非线性规划、动态规划、对策论、排队论、搜索论、图论、网络理论(网络分析)、优选法、决策论、算法论等。正是借助这些数学工具,才能对系统进行定量分析,成为现代系统论的重要的数学基础。第二次世界大战后,这两门学科继续在军事等方面得到广泛的应用,其中著名的事例是美国的北极星计划和登月阿波罗计划。

　　社会对系统理论的呼唤使社会系统论应运而生。社会系统论认为社会系统是由社会各要素协调一致的行动和相互关联的功能所组成的统一整体,人类社会是自适应系统。代表人物有T.帕森斯、M.邦格、W.巴克利。尤其是M.邦格在数理逻辑、离散数学以及系统分析中提到了用以研究和表达唯物主义本体论的数学工具,即集合论、抽象代数、命题演绎、谓词演绎、矩阵、图论、状态函数和状态空间分析等一系列数学工具,使哲学的精确化和形式化由可能变成了现实。邦格运用现代数学工具描述唯物主义哲学范畴,取得了一定的成果,并使人们看到了希望:哲学不仅可以定性,而且可以定量,使哲学与现代科学相互表征,体现了马克思曾经说过的,一种科学,只有在成功地运用数学时,才达到了真正完善的地步;实现了恩格斯提出的目标:使数学成为"辩证的辅助手段和表达方式"①。

---

① 《马克思恩格斯文集》第9卷,人民出版社2009年版,第401页。

二、技术领域

19世纪电力技术革命,有线电报、电话、电灯等一系列技术发明的涌现,麦克斯韦的电磁理论的建立和证实以及由此推动了无线电通信时代的到来,还有内燃机的实用化引起汽车制造业的兴起、飞机的试制,促进了新型机械制造业和交通运输业的大发展。无线电通信、电子技术、计算机技术乃至自动技术等新兴技术的出现,都是这场分裂的产物。通信事业的发展,迫使人们加强研究通信工程技术,并形成普遍性理论去解释和指导通信工程技术中遇到的问题。1948年,香农(Claude Elwood Shannon,1916—2001)发表《通信的数学理论》一文,宣告了信息论的诞生。控制论的创立者维纳也对信息论有独到的贡献。维纳从控制和通信的角度进行长期的研究,提出了著名的维纳滤波理论、信号预测的接受理论。他从统计的观点出发,将消息看作可测事件的时间序列,提出了将消息定量化的原则和方法。他把信息作为处理控制和通信系统的基本概念和方法而运用于许多领域,为信息的应用开辟了广阔的前景。维纳于1948年出版《控制论》一书,标志着控制论作为一门学科诞生。控制论在20世纪50年代得到了大的发展,迅速向各个学科渗透。生物学是取得成功的领域之一,创立了生物控制论。钱学森1954年出版的《工程控制论》是这个学科的奠基性著作。50年代的工程控制论以自动调节为基础,主要处理单输入单输出的线性自动调节系统,采用建立在传递函数或频率特性上的动态系统分析和综合方法,成为经典控制论。60年代以后由于导弹、航天技术等的需要,控制论逐步向多输入、多输出的多变量系统发展,使用状态空间方法和微分方法,以计算机作为技术手段,并发展了最优控制理论,形成了现代控制理论。在贝塔朗菲看来,从研制导弹、自动化、计算技术方面,并受维纳著作所推动的控制论方面,也是系统研究的发展途径。虽然控制论的出发点是技术而不是科学,更不是生物学,其基本模式是反馈而不是动态系统相互作用,但控制论和一般系统论对于具有目的性行为的组织问题所表现的兴趣是一致的。控制论同样反对如下的机械论观点：宇宙是由无数粒子的偶然活动产生的。两者独立发展起来，但都力求寻找新的途径、新的综合的概念和方法，以研究机体和人构成的巨大整体。

三、科学领域

正当一般系统论、信息论和控制论等关于系统的理论取得广泛的传播和普及，日益深入人们生活的各个方面的时候，20 世纪 60 年代末又以耗散结构理论的诞生为先导，在 20 世纪 70 年代相继诞生了协同学、超循环理论、突变论、混沌学和分形学等一系列关于系统的新学科、新理论。人们对于客观世界的复杂性、组织性和整体性的认识又发展到了一个新的阶段。如果说一般系统论、控制论和信息论还主要是建立在平衡系统的概念和理论基础之上，以既成系统为研究对象；那么，耗散结构理论等一系列关于系统的理论则将人们对于系统的认识推进到以非平衡系统理论作为自己的理论和概念基础之上，以非线性系统的自组织演化为自己的研究对象。耗散结构理论使"非平衡不可逆性是组织之源、有序之源"被揭示，克劳修斯退化论和达尔文进化论的矛盾，也就在热力学第二定律所揭示的不可逆框架中得到了说明。过去被看作对整体行为偏差的涨落干扰在不稳定性中可以成为建设性因素，普里戈金学派的又一个重要结论是"通过涨落达到有序"。这是全新的关于系统演化的自然科学新成果。它与 20 世纪 60 年代以来整体观测宇宙有其演化历史的思想，与微观世界基本粒子也是处在生生不息的转化之中的思想，形成了在我们日常生活的尺度中的响应，把我们关于自然界演化发展的认识推向到一个新的阶段。接着，西德理论物理学家哈肯(H.Haken,1927—)创立了协同学，采用相变理论中的序参量概念来描述一个系统的宏观有序的程度，用序参量来刻画系统从无序到有序的转变，从而大大加深了我们对于系统演化的内部机制的认识。西德的生物物理学家艾根(M.Eigen,1927—)则从对生物大分子的研究角度，吸收非平衡非线性热力学的成果，建立起超循环理论，揭示了系统的演化发展采取了循环发展形式,从低级循环到高级循环,不同的循环层次与一定的发展水平相联系。法国数学家托姆(R.Thom,1923—　)提出突变理论,说明参数的连续改变怎样引起了不连续现象,揭示原因连续的作用有可能导致结果的突然变化,从而加深了我们对系统的有序与无序的转化的方式和途径的多样性的理解。混沌理论是关于非线性系统在一定参数条件下展现分岔、周期运动与非周期运动相互纠缠,以至于通向某种非周期有序运动的理论研究,是一种兼具质性思考与量化分析的方法,用以探讨动态系统中无法用单一的数据关系,而必须用整体、连续的数据关系才能加以解释及预测之行为,引起众多领域学者的重视。美籍法国数学家曼德布罗特(B.B.Mandel-brort,1924—2010)于1973年提出分形理论,揭示出系统部分和整体的相似性,并试图找到介于有序—无序、宏观—微观、整体—部分之间的新秩序,从而深化了我们对于系统的这些关系的理解,以及对于物质世界的多样性的统一的认识。

　　总之,20世纪60年代末耗散结构理论的建立,以演化系统为研究对象的非平衡非线性热力学登上了科学舞台,20世纪70年代相继诞生的其余几个关于系统演化的理论,使我们在对于既成系统认识的基础上,进一步从认识系统自组织演化的前提条件入手,深入去认识系统演化的动力机制、偶然因素在系统演化中的作用,并且从科学上对系统演化的循环发展形式给予统一的描述,还深刻地揭示出系统演化多样性以及系统组织的相似性、系统的优化演化、系统演化从混沌到有序再从有序到混沌的发展全过程。相应地,这样一来我们就有可能在对于系统各个侧面的认识发展的基础上,对于这样综合性的理论进行再综合,形成系统的自然图景、社会图景,概括出关于系统的极为一般的原理和规律,建立起系统科学通往系统哲学的桥梁。

第二章　系统哲学的形成和发展

第一节　西方的系统哲学

一、一般系统哲学研究阶段

系统科学从贝塔朗菲于1945年建立一般系统论开始,紧接着1948年香农提出信息论和1949年维纳在第二次世界大战期间组织跨学科研究的基础上提出了经典控制论,与此相平行,也正是这一个时期管理科学发生了新的突破,建立和发展了系统工程和运筹学,由此开始了20世纪50年代和60年代的系统运动。我们可以称这一时期为系统科学发展的第一阶段。这时整体性、组织、信息、控制、突现、开放系统、等级层次、复杂性等概念都相继提出来并从不同学科的角度作了论证。

由于一般系统论、信息论、控制论等系统科学学科本来就是跨学科研究的领域,是作为克服传统的机械论与分析还原方法的局限性而产生出来的系统整体的观点方法和概念体系,所以它们的创始人始终强调它们不是研究世界上某种特殊的物质运动形式而是研究一般的组织的一般运动。贝塔朗菲说:"存在适用于一般化系统或其亚类的模型、原理和规律,而并不考虑它们的特定种类,它们的组成元素的性质,它们之间的关系或力"。① 控制论另一创始人艾什比说:"控制论研究一切形式的动态,只要它们是有规

---

① L.贝塔朗菲:《一般系统论》,社会科学文献出版社1987年版,第27页。

则的,或者说是一定的,或者说是可再现的,至于物质实体是什么,并无关系,同样,平常的物理定律之成立与否对它也无关宏旨。"①由于系统科学这种一般性,便使得系统科学与哲学天然地建立了不解之缘。许多哲学家和科学家在系统科学基础上作出概括,认为系统的概念及其一般特征是一种"系统的哲学"(拉兹洛)和"系统的世界观"(邦格)或"系统思想"(切克兰德)。他们纷纷提出系统的若干条普遍规律,可以作为新世界观的基础,并由此推广到认识论和价值学说中去。

例如,拉兹洛提出系统哲学四大原理,邦格提出系统世界观的八个公理,T.D.鲍勒提出系统思想的十六个要素等等。在西方,在逻辑经验论"拒斥形而上学(本体论)"已经失败的情况下,系统哲学家的这些工作对于填补哲学本体论研究的某些空白显然是有重要意义的。但是由于当时不同系统科学分支所使用的概念极大地不统一,又由于贝塔朗菲等人的一般系统论在批评分析还原方法上走过了头,而另一方面他自己所使用的数学方法(微分方程)本身也是一种分析方法,并不能很好地用以表达复杂系统的并非连续性的变化以及随机性和突现等问题,致使系统的动力机制并未能研究清楚。于是在这种不统一和不透彻的基础上,各派系统哲学家们并列地提出的诸多"原理"缺乏内在联系和有力的论证中心,其普遍性、解释力和方法论都不能令人满意。我们可以称系统哲学发展的这个时期为一般系统哲学研究阶段。

二、自组织系统哲学阶段

20世纪70年代普里高津提出的非平衡态热力学和耗散结构理论,哈肯提出协同学以及艾根的超循环理论,托姆的突变论以及混沌分形等系统科学分支学科的出现都在复杂系统自组织演化机制的研究上有着重大突破,揭示出复杂系统在一定条件下,特别在远离平衡态和输入负熵的条件

① W.R.艾什比:《控制论导论》,科学出版社1965年版,第1页。

下,怎样在随机涨落中通过非线性相互作用、分岔与突变,系统元素之间能自动、自发协同动作演化为新的有序结构或高层次组织。相应地,在管理学和系统工程方面,又有福莱斯特的系统动力学的理论研究成果及其在罗马俱乐部中的生态危机和社会危机的研究中的应用成果。这样,系统理论的研究出现了新阶段,我们可以称这个阶段为系统科学发展的第二阶段。

在系统科学发展的新基础上,系统哲学的研究与反思又有了新的进展,进入了一个新阶段,出现了以自组织演化为核心的系统哲学,我们可称之为自组织系统哲学阶段。例如,1980 年出版的埃里克·詹奇的《自组织的宇宙——正在形成的进化范式的科学和人文的意义》(1980)以及拉兹洛《进化——广义综合理论》(1986),这种自组织演化论的系统哲学揭示出宇宙演化、物理化学演化、生物进化和社会文化进化过程的新的一致性,描绘出一幅激动人心的宇宙进化全图景,为各领域的科学研究提供了类比。

这种研究显然在系统世界观方面比过去前进了一大步,但是以自组织科学为基础的进化系统哲学仍然有它的缺点,主要是用耗散结构的一些概念来解释一切,如运用能流,引进负熵、混沌、分岔、涨落与放大这些概念去解释基本粒子与原子的形成就已经比较勉强,至于用它解释社会经济文化中的许多现象并由此而建立统一世界观就明显地有很多漏洞,而在解决其他各种哲学问题由于概念的狭窄而应用又不够广泛,因此必须寻找一些新的统一世界观模型。

三、进化系统哲学阶段

近十多年来,系统科学和系统工程的研究又有了许多重大的进展,例如美国圣菲研究所对复杂适应系统的研究和人工生命的研究就是系统科学的新的分支,而计算机模拟在技术上又有许多新突破。与此密切相联系,有一种进化系统哲学正在兴起。例如法国思想家 E.莫兰提出"复杂性的思想范式"应该将复杂系统看作带"回归因果环路"的"有组织的动态运转过程",特别是布鲁塞尔的 F.海里津、V.图琴以及 J.B.约翰逊等三人共同组织的"控制原理研究计划"，提出了建立控制论进化系统哲学的新观念，这里"控制论"一词有了新的含义，J.B.约翰逊和 F.海里津在他们撰写的《计算机科学百科全书》的"控制论"条目中写道："从许多特别意义上说，控制论可以一般地理解为研究复杂系统组织的抽象原则"。这类进化系统哲学，在相当大的程度上克服了上面所说的自组织系统哲学的一些缺点，我们可以将它看作是系统哲学发展的第三阶段。

第二节　中国的系统哲学

一、系统科学在中国的传播

系统科学和系统工程在我国的研究应用，早期是从推广应用运筹学开始的。运筹学在我国的发展始于 1955 年。那时，基于我国有计划按比例的经济建设十分需要运筹学这样一个认识，1956 年在中国科学院力学研究所建立了我国第一个运筹学研究组。1960 年，中国科学院力学研究所与中国科学院数学研究所的两个运筹学研究室合并成为数学研究所的运筹学研究室。华罗庚从 20 世纪 60 年代初期起在我国大力推广"统筹法"，取得显著成就。同时，随着国防尖端技术科研工作的发展，我国在工程系统的总体设计组织方面也取得了丰富的实践经验。1978 年 9 月，钱学森、许国志、王寿云发表了《组织管理的技术——系统工程》，提出利用系统思想把运筹学和管理科学统一起来的见解，产生了强烈的反响，这是在我国推广应用系统工程出现了新局面的标志。1979 年 10 月，北京举行了系统工程学术讨论会，这次会上我国 21 位知名科学家联合向中国科协倡议成立中国系统工程学会。钱学森在这次会上作了"大力发展系统工程，尽早建立系统科学的体系"的重要报告，这个报告提出了我国发展系统科学和系统工程的基本途径。1980 年 11 月在北京召开了中国系统工程学会成立大会，表明中国在系统工程的研究和应用进入了一个新的阶段。此后，每两年召开一次全国性学术年会,每次年会都成了全国系统科学和系统工程学者交流经验、总结成果的盛会。中国系统工程学会先后组建了 17 个下属专业委员会,这些专业委员会的活动,反映在众多学科和领域开展了系统科学与工程的研究和应用。

随着系统工程在社会、经济、科学技术各个方面广泛开展研究应用,系统理论方面的基础研究也有长足的发展。从 1986 年开始,钱学森亲自指导"系统学讨论班"的学术活动。这个班的研讨活动,提炼了许多重要概念,总结和提出了系统研究方法,逐步形成了以简单系统、简单巨系统、复杂巨系统(包括社会系统)为主线的系统学提纲和内容,明确系统学是研究系统结构与功能一般规律的科学。这个班的活动为系统科学在我国的发展,为系统学的建立作出了重要的基础性的贡献。

20 世纪 80 年代中期,差不多与美国圣菲研究所开展复杂性研究的同时,在钱学森的指导和参与下,我国对社会经济系统等复杂系统进行了研究,提炼与总结出开放的复杂巨系统概念,以及处理这类系统的方法论,即从定性到定量的综合集成法,并于 1990 年年初发表了《一个科学新领域——开放的复杂巨系统及其方法论》,开始在系统科学研究的前沿提出自己独创性的见解。这是我国开展系统科学与系统工程研究与应用的里程碑,在国际上也是前瞻性的成果。钱学森等撰文指出,简单大系统可用控制论的方法,简单巨系统可用统计物理的方法,这些方法基本上属于还原论的范畴,但开放的复杂巨系统,不能用还原论的方法和由其派生的方法。多年来,我国系统科学的研究和应用取得了重要的成就,协同学创始人哈肯曾说,系统科学的概念是由中国学者较早提出的,并认为中国是充分认识到了系统科学巨大重要性的国家之一。这也表示了国际系统科学界对我国情况的一种评价。

二、系统哲学在中国的发展

早在 20 世纪 70—80 年代,所谓的"老三论"被引入中国学界,中国哲学领域就开始了系统科学的哲学研究。而中国的系统科学的科学哲学研究则开始得较为晚近。总结三十多年中国系统科学哲学的研究,大致可以区分出几个研究进路:第一种研究进路是对系统科学的基本理论做逐步深入的研究,这种进路的特征有些像"自然科学的哲学问题"研究。在这种研究进路上,可以大致划分出三个阶段:第一阶段——对于系统论、控制论和信息论的老三论本身及其哲学问题的研究;第二阶段——对于耗散结构理论、协同学、突变论和超循环理论本身及其哲学问题的研究;第三阶段——对于分形、混沌理论研究以及导致对于复杂性科学本身及其哲学问题的研究。第二种研究进路是针对马克思主义哲学的唯物辩证法,以系统科学的各个理论和哲学问题来比较、注释、解读、发展和批评马克思主义哲学的各个分支理论的研究。其基本研究特征就是与马克思主义哲学的唯物辩证法进行比较,在原有辩证法范畴的基础上,增加和丰富新的范畴,修改和发展旧有的范畴。这种研究进路是力图丰富和发展在中国作为主流意识形态的理论基础的马克思主义哲学。这种研究进路的现实意义非常重要。在一定意义上也的确产生了丰富和发展马克思主义哲学的作用和影响。第三种研究进路是对系统科学做科学哲学式的研究进路。这种进路是近年来刚刚出现的,但是却意味着系统科学和哲学的研究的另一种新范式的形成。

(一)系统科学的哲学问题研究

系统科学的最初理论——一般系统论、控制论和信息论是 20 世纪 40 年代逐步建立起来的,而后续的自组织理论——耗散结构论、协同学、突变论和超循环论是 20 世纪 70—80 年代建立的,至于分形理论和混沌理论以及复杂性科学的研究则是在 20 世纪 90 年代开始发展起来的。伴随着对这些理论的译介与传播,中国学者也展开了对这些理论的哲学研究。

1.一般系统论、控制论和信息论的哲学研究。

"老三论"(即一般系统论、控制论和信息论)中最先传入中国的是控制论。20 世纪 50 年代控制论的概念和思想通过苏联介绍到中国学界。20 世纪 50—60 年代首先出现了一大批关于介绍控制论思想和控制论研究动态的译介文献。国内哲学界对此很快就有了反应。1963 年北京举行了控制论哲学问题座谈会,并且迅速开始了控制论哲学研究的学术活动和资料编译。到20世纪70—80年代时,在译介基础上,开始了对控制论、信息论和一般系统论的讨论和研究。1979年,中国社会科学院哲学所的童天湘在自然科学哲学问题的研究范式下率先以资料的形式介绍和讨论了"控制论的发展与应用";1981年,大连理工学院的傅平讨论了"信息论、控制论和系统论在认识论上提出的一些问题";1982年,北京师范大学的沈小峰综述地介绍了"系统论、控制论、信息论"及其哲学意义。这类研究在原有的辩证法范式基础上,从系统理论本身出发,提出了新的范畴,如系统与要素、结构与功能等等。在推动对于系统科学及其哲学的研究方面,特别是系统科学方法论研究方面,钱学森功不可没。此外,在系统科学哲学的综合方面,国内对于拉兹洛的著作的译介也发挥了极为重要的作用,闵家胤等人先后译介了多部拉兹洛著作。闵家胤自己也有系统科学和哲学方面的著述。从1982年起,以魏宏森、黄麟雏、邹珊刚、林康义和刘则渊为代表的清华大学、西安交通大学、华中理工大学、大连理工大学四所大学的自然辩证法教研室轮流"坐庄",共操办了12次全国性的学术会议,积极推动系统科学和哲学的研究。中国自然辩证法研究会也在1986年成立了系统哲学专业委员会,加强了对这方面研究的指导。使得学术界对于系统哲学的认可得到了空前的提高,甚至在相当长的一段时期社会上还掀起过"系统热"。80年代后期,邬焜写作了一系列关于信息的哲学研究文章和著作,他后面更为关注不同文化特别是中国文化中的信息和复杂性的哲学研究。而中国社会科学院的刘刚也从事信息哲学研究,他更多地译介了国外信息哲学的著作,并在此基础上,提出了自己的信息哲学研究纲领。

2.自组织理论的哲学研究——自然科学哲学问题研究范式。

中国的自组织理论研究始于译介耗散结构理论、协同学、突变论和超循环理论。后来又与分形理论和混沌理论的译介有关。中国学者开始的研究是针对单个理论的研究,后来发现,耗散结构理论、协同学、突变论、超循环理论以及分形理论和混沌理论实际上都是讨论了自然界和社会中一类可自发、自主组织起来的系统,即自组织系统。1992年,曾国屏、吴彤等译介了詹奇的《自组织的宇宙观》,湛垦华等人在一些重要期刊多次探讨了自组织与涨落、突变,自组织的基核等等问题和哲学思想,在自组织研究的早期推动了中国自组织哲学研究,形成了自组织研究的"西安风格"。1993 年,沈小峰、吴彤和曾国屏合著出版了国内第一部系统讨论"自组织"哲学问题的学术专著——《自组织的哲学:一种新的自然观和科学观》,探讨了自组织的条件、动力、途径和图景等问题,提炼了自组织所具有的哲学思想和社会意义,并初步把这些思想运用于自然、科学和社会。1996 年,吴彤以自组织的思想和方法讨论了科学的演化,形成了系统的自组织科学观;曾国屏以自组织的思想和方法讨论了自然的自组织特点,形成了系统的自组织自然观。这两个研究在中国人文社会科学领域都获得了较好的评价。吴彤继续研究自组织方法论问题,并且由此延伸至复杂性科学的科学哲学研究。沈小峰、吴彤和曾国屏等,由此形成了国内以自组织和复杂性为研究特征的、以自然科学哲学问题为研究范式的"北师大风格"。20 世纪 90 年代以后,华南一批学者,特别是在颜泽贤和张华夏的推动下,研究自组织和系统科学则表现得更为宏观和科学哲学化。他们很早就注意到系统演化问题,并且关注国外系统哲学进展,与感知控制论哲学研究有所结合,最终走向了进化的系统哲学。近年来,也与复杂性研究中涌现的研究有所结合,形成了系统哲学研究的"华南风格"。1988 年,沈小峰、王德胜在《哲学研究》(1988 年第 2 期)发表了《混沌的哲学研究》一文,应该是中国科学哲学界对于混沌问题哲学研究的开始。1991 年,苗东升、刘华杰对"混沌概念的演变"(《上海社会科学院学术季刊》1991 年第 4 期)作出了更为细致和深入的讨论。1992 年第3、4 期的《哲学译丛》分别发表了法国学者布多的《混沌哲学》,给中国学者研究混沌问题提供了新的视角。1993 年,苗东升与刘华杰合作出版的《混沌学纵横谈》,更为深入地研究了混沌理论的方方面面,特别是混沌理论的科学本性、哲学意蕴。1993 年,沈小峰把他及其合作者多年来对于耗散结构、协同学以及混沌理论的哲学探索的研究集成一个论文集式的著作出版,也在一定程度上推动了中国系统哲学领域的研究。此外,在分形和混沌理论研究较为突出的学者还有李后强、张国祺、汪富泉等人的研究,这些研究推动了中国科学哲学对于系统哲学和复杂性研究的关注与深入探索。

（二）系统科学与辩证法关系研究

1982年，魏宏森以"略论系统理论与辩证唯物主义关系"为题讨论了系统理论对于辩证唯物主义的四个作用，认为系统理论：（1）为辩证唯物主义提炼新的哲学范畴提供了素材；（2）为辩证唯物主义世界观提供了现代自然科学基础；（3）为发展辩证唯物主义的认识论提供了科学依据和实验工具；（4）为辩证法的具体化和精确化创造了条件。以魏宏森这种研究作为代表，有一批研究成果首先突破了原有马克思主义所规定的辩证法的范畴，增添了系统与要素、结构与功能、反馈控制、物质、能量和信息的新关系。中国马克思主义哲学领域也非常重视系统科学的研究，1988年中国辩证唯物主义研究会就编辑出版了一个关于系统科学与辩证唯物主义关系的讨论文集。

应该说，这个方向的研究，对于当时的思想解放运动和马克思主义现代化有极为重要的影响。特别形成了系统科学与马克思主义哲学的很直接的桥梁。首先，对于系统科学各个分支和系统哲学各种观点的译介、引入和讨论，扩展了研究马克思主义哲学的那些学者的视野。其次，一些新的范畴的引入和构建，如有序与无序，进化与退化，非平衡与平衡，时空问题上的有界与无界，打破了原有的马克思主义苏联模式教科书教条主义框框和思想束缚。再次，系统科学和系统哲学关注的结构、功能与控制的概念，物质、能量和信息的概念，突现的概念，系统的概念，都是马克思主义哲学概念体系缺乏的，这些新概念的介入，打破了原有三大规律、若干范畴的马克思主义教科书体系支配的一统天下，给当代马克思主义哲学的研究注入了活力。笔者的系统辩证论和后来的系统哲学就是在这种环境中生成的特定时代产物，这一理论反对"一点论"、"两点论"和"斗争哲学"，提倡"差异"和多样性，在系统哲学研究领域形成了广泛的重要的影响。

（三）系统科学的科学哲学范式研究

系统科学的科学哲学研究，在国内开先河者是张华夏，他先是把系统科学用于科学说明与解释。1986年，张华夏尝试把系统科学的概念和方法运用于科学哲学,他与陈向撰写了《论解释的结构和结构解释——将系统哲学运用于科学哲学》,讨论了系统论如何运用于科学哲学,分析了科学说明的逻辑结构和系统结构,以系统论分析了科学说明的一种重要类型——结构说明,讨论了它的要素、内容和逻辑形式。这一时期的科学哲学学者经常交替地工作在两种范式中,而张华夏是其中的典型。与此类似地以系统科学作为某种方法论工具,是傅静、桂起权合作的文章《评大卫·霍尔的生物学哲学——从系统科学和科学哲学的观点看》,也是借助系统科学和科学哲学的结合讨论某一特殊科学哲学的问题。文章中,他们讨论了生物学中的"目的论、理论还原和生物学定律解释"等等科学哲学最为关心的问题,因此也是一种科学哲学的范式,不过是以系统科学哲学作为中介讨论其他而已。1997 年苗东升在《哲学动态》(第 2 期)上撰文提出"系统科学哲学论纲",他在其中提出一个系统科学哲学的框架,该框架很明显是一种自然辩证法范式的构想。1994 年出版的《复杂系统演化论》(颜泽贤、陈忠、胡皓主编)是一部力图以科学哲学范式讨论系统科学的著作,它对复杂系统的概念、判据、标度、条件、动力机制和进程、原理与哲学基础进行了比较系统而深入的研究。1995 年出版的《系统论——系统科学哲学》,是魏宏森、曾国屏合著的著作,本书也力图在自然辩证法与科学哲学范式之间作出融合,但是其主体仍然是自然辩证法范式的研究。应该说,在系统科学的科学哲学研究方向上,不仅起步晚,而且文章少,主要原因在于这类研究需要学者既完全掌握系统科学的内容、概念和方法,又精熟于科学哲学,有很好的科学哲学训练。然而,系统科学有一种横断学科和整体学科特性,在哲学立场上是反还原论的,而受益于西方科学哲学训练的人基本上是以英美分析哲学传统为特征的,他们很难或者很不喜欢系统科学这类宏观的、理论化色彩不浓的学科。

三、系统哲学的思想作用

系统哲学对中国哲学界有解放思想、推动哲学现代化和改变思维方式三方面的作用。系统科学和系统哲学的大量引入、传播和研究,有力地帮助中国哲学界和知识界从"文化大革命"十年间泛滥成灾的"一分为二"和"斗争哲学"的统治下解放出来,有力地配合了结合真理标准讨论在全国范围内展开的思想解放运动。

人类在 20 世纪取得的具有划时代意义的科学发现——相对论、量子力学、分子生物学和系统科学——改变了世界图景,帮助哲学打破它从 17 世纪以来深深陷入的物质和精神的二元对立,迫使它面对一个由场、能量、物质、信息和意识组成的多元世界,确如恩格斯所说:"随着自然科学领域中每一个划时代的发现,唯物主义也必然要改变自己的形式"①。在系统科学成就基础上出现的自组织理论和广义进化论将唯物辩证法的发展观具体化了,大大丰富了。它们证明世界的本质是非线性的和随机性的,线性和决定性只是其中的特例;但是,在非线性变换中又有不变的自相似性。持续的能量流,系统保持开放和同环境有能量、物质、信息的交流是进化的必要条件。复杂系统的演化是多轨线的,有很强的随机性,不可能准确预见,但人类具有意识就具有选择的自由。系统哲学认为,人的认识决不是一种镜像似的反映,它是认知主体同认知客体之间复杂的相互作用,是人带着他固有的生物的、文化的、语言的特征对他投身于其中的世界不断地适应,这就导致透视论。在透视论看来,即便是有逻辑—数学严密性和可公开检验性的自然科学(及其核心物理学),也不是垄断性的认知方式。系统哲学不仅把人看作各种社会关系的总和,同时还把人看作具有意识和创造力的复杂系统,这就导致能用系统方式来研究人和揭示人的复杂的本性,从而为研究社会系统找到了原始基点。用系统科学来研究社会系统,特别注重考察社会系统同环境的关系,进一步导向研究社会的可持续发展问题,并为解决紧迫的全球问题提供理论依据。此外,还应特别注意研究社会系统的结构、管理和文化信息库的核心地位,从而在多方面丰富了历史唯物主义理论。

系统科学提供了一个完整的方法论体系,包括哲学层次、科学层次、工

① 《马克思恩格斯文集》第 4 卷,人民出版社 2009 年版,第 281 页。

程技术层次和管理层次,这就保证能做到不同层次的问题用不同层次的系统方法去解决。另一个优点是许多系统方法都同计算机建模联系在一起,因而能在计算机上去模拟、演算、试验和预测。可以说,系统科学推动了科学方法的现代化以适应未来信息社会的需要。最后,系统科学和哲学这个领域二十年来的研究活动和成果,确立了系统思维方式在我国知识界的地位,并逐渐走向普及。最能说明这一点的情况是,目前在理论性的书籍和刊物中,使用频繁的一批新词,如系统、环境、结构、层次、功能、开放、封闭、信息、信息流、熵、负熵、反馈、控制、宏观调控、结构改革、优化组合、自组、自稳、协同、非平衡、非线性、随机性、转轨、超循环、混沌、透视、整合等等,正是从系统科学和系统哲学中产生的,它们是系统思维方式——后现代信息社会的思维方式——的基本构件。

尤其是《系统哲学之数学原理》的出版,开启了人文科学与自然科学的一次空前的大综合时代,具有重大的时代意义。

宇宙从物理学上去描述,或从数学上去描述,它与系统哲学的理论描述,有着内在的统一性与和谐性,这两方面历来是互相验证及共生的。自然科学与哲学在较深层面上的融合是必然的,它不是英国科学院院士南希·卡特赖特讲的"斑杂破碎的世界",而是一个和谐有序的宇宙。

我们正在进入一个知识融合的新时代,即理论、实践、超算一体化的新时代,系统哲学是当之无愧的新范式。

第三章 系统哲学的科学基础

第一节 系统论、控制论、信息论

　　20世纪40年代,由于自然科学、工程技术、社会科学和思维科学的相互渗透与交融汇流,产生了具有高度抽象性和广泛综合性的系统论、控制论和信息论。系统论是研究系统的模式、性能、行为和规律的一门科学。它为人们认识各种系统的组成、结构、性能、行为和发展规律提供了一般方法论的指导。系统论的创始人是美籍奥地利理论生物学家和哲学家路德维格·贝塔朗菲。系统是由若干相互联系的基本要素构成的,它是具有确定的特性和功能的有机整体。如太阳系是由太阳及其围绕它运转的行星(金星、地球、火星、木星等等)和卫星构成的。同时太阳系这个"整体"又是它所属的"更大整体"——银河系的一个组成部分。世界上的具体系统是纷繁复杂的,必须按照一定的标准,将千差万别的系统分门别类,以便分析、研究和管理。如果系统与外界或它所处的外部环境有物质、能量和信息的交流,那么这个系统就是一个开放系统,否则就是一个封闭系统。

　　人们研究和认识系统的目的之一,就在于有效地控制和管理系统。控制论为人们对系统的管理和控制提供了一般方法论的指导,它是数学、自动控制、电子技术、数理逻辑、生物科学等学科和技术相互渗透而形成的综合性科学。控制论的思想渊源可以追溯到遥远的古代;但是,控制论作为一个相对独立的科学学科的形成却起始于20世纪二三十年代,而1948年美国数学家维纳出版了《控制论:或关于在动物和机器中控制和通信的科学》一书,标志着控制论的正式诞生。几十年来,控制论在纵深方向得到了很大发展,已应用到各个领域,产生了众多的分支学科,如经济控制论、社会控制论和人口控制论等。

为了正确认识并有效地控制系统,必须了解和掌握系统的各种信息的流动与交换,信息论为此提供了一般方法论的指导。语言是人与人之间信息交流的工具,文字扩大了信息交流的范围,19世纪电话和电报的发明和应用使信息交流进入了电气化时代。信息论最早产生于通信领域,美国学者香农1948年发表的《通信的数学理论》标志着信息论的诞生,信息科学现在已同材料科学和能源科学一起构成了现代文明的三大支柱。信息的概念已渗透到人类社会的各个领域,因此,人们说现在是信息社会、信息时代。

控制论的基本理论是维纳在他的《控制论:或关于在动物和机器中控制和通信的科学》一书中奠定的。这部控制论的奠基性著作和香农的信息论的开创性著作《通信的数学理论》于同一年问世,这不是偶然的。事实上,他们两人在各自创立信息论和控制论的前后,都在几乎同样的领域内工作:维纳活跃在自动控制、通信、计算机和生物学领域,香农则在自动机、博弈、布尔逻辑、计算机、学习机和通信等方面发表了许多论文。控制的基础在信息,没有信息,控制就会是盲目的,就不能够达到控制的目的;而控制正是要从有关的信息中寻找正确的方向和策略。

信息不但是控制的基础,同时又是控制的出发点和前提,也是控制的归宿,即改变控制对象的运动状态方式,使之适合于控制者设定的目的。正因如此,控制论的主要奠基人维纳才把控制论定义为机器与动物中的通信与控制问题,并且指出这类问题的关键并不是围绕着电工技术,而是围绕着更为基本的信息概念,工程中的控制理论,不论是关于人、动物还是机器,都不过是信息理论中的一部分罢了。

一、系统论

系统论属于系统科学的基础理论,通常研究系统的类型、一般性质、运动规律及演化机制等,主要是定性地对一些基本概念进行界定或对系统思维进行阐发。贝塔朗菲早在 1937 年就在一次哲学讨论会上提出了系统论的概念。1945 年,他在《德国哲学周刊》发表论文《关于一般系统论》。1968 年,他的代表性著作《一般系统论:基础、发展和应用》出版,成为系统科学的首部经典著作。1972 年,贝塔朗菲临终前发表了《一般系统论的历史和现状》一文。在以上论著中,贝塔朗菲全面、深刻地阐发了系统概念和系统思维。

(一)系统及其要素

关于"系统"这一概念,学界通常采用的是贝塔朗菲或钱学森给出的定义。贝塔朗菲将系统定义为"相互作用的诸要素的复合体"。钱学森认为系统是由相互作用和相互依赖的若干组成部分结合成的具有特定功能的有机整体。

系统的定义规定了系统的基本特性:

1.多元性。定义规定了系统应该至少包含两个组分或要素。一般来说,系统都包含多个组分或要素,只具有一个组分或者无法分为不同组分的事物,不可以视为系统。

2.相关性。定义规定了组成系统的诸要素之间必须具有相互作用,彼此孤立的要素无法构成系统。系统内部不存在任何孤立元,任何一个要素都是处于系统内部特定的相互关系之中。系统的多元性是相关性的前提条件,相关性本身隐含着多元性的要求。

3.整体性。定义规定了系统是由所有要素构成的有机整体。系统以整体存在,呈现整体的特性,具有整体的行为,产生整体的功能等。系统的多元性和相关性决定了其整体性,而整体性又兼有多元性和相关性的特点。

系统中具有结构的组成部分称为系统的要素(组分),系统中最小的组分,即不需要再细分的组分称为系统的要素。系统组分和要素的定义中隐含着两点规定:

1.系统的组分不同于系统的部分,组分一定是部分,而部分不一定是组分,只有具有一定结构的部分才可以成为组分。

2.要素是构成系统的基本单元,它的基元性是由系统的结构规定的。离开系统,或者孤立地分析要素,要素都可以视为一个相对独立的系统,其本身可以成为更小单元组成的系统。但当要素处于系统中时,由于系统自身的需要,无须或者不允许再分析要素的下一层次结构。比如每个人都是具有复杂层次结构的系统,在研究人体科学、思维科学或医学时,进一步的细分是必要的;但是,在考察社会系统时,个人作为社会系统的构成要素,就无须再分析个人的层次结构。

（二）结构与子系统

系统中要素(组分)之间的关联方式的总和,被称为系统的结构。

系统的结构和要素是两个相互联系而又不同的概念。一方面,要素是结构的载体,结构无法脱离要素而单独存在;另一方面,要素根据结构来划分,不了解系统的结构无法确定其要素。

另外,结构也是一个不同于组织的概念。在系统中,只要要素之间存在相互作用,就有结构。在相对的意义上,系统的结构可以分为有序结构和无序结构。而只有具有有序结构的系统才可以称为有组织的系统。

系统具有丰富的结构方式,一般情况下,难以进行完备的分类,所以我们在考察或研究系统时,应注意以下两类结构方式:

1.框架结构和运行结构。当系统处于尚未运行的状态时各要素之间的关联方式,称为系统的框架结构;而当系统处于运行状态时各组分之间的关联方式,就称为系统的运行结构。

2.空间结构和时间结构。系统的要素在空间上的相互关联方式,称为系统的空间结构;系统的要素在时间流程中的关联方式,称为系统的时间结构。有些系统兼有空间结构和时间结构,称为时空结构,如树木的年轮。

当系统的要素很少、彼此差异不大时,系统可以按照单一的模式对要素进行整合。当系统的要素数量很多、彼此差异较大时,不能再按照单一模式对要素进行整合,需要划分为不同的部分,分别按照各自的模式整合起来,形成若干子系统,然后再把这些子系统整合为大系统。这在分析和研究复杂系统时,具有重要的方法论意义。

在特定系统中,要素具有基元性,不能也无须讨论其结构问题。而在复杂系统中子系统亦具有系统性,可以讨论其结构问题。要素和子系统都是系统的组分,当子系统被视为系统时,整系统的一部分要素也是子系统的要素。

(三)整体涌现性与层次

若干要素按照某种方式组合成一个系统,就会产生出整体具有而要素或要素总和不具有的特征,系统科学将这种特征称为整体涌现性(whole emergence)。

系统的整体涌现性源于系统要素之间的相互作用,是一种要素与要素之间的结构效应,亦称相干效应。不同的结构方式,会产生不同的整体涌现性。相互孤立的要素组成的非系统集合,其整体是各个孤立要素的总和,无法产生整体涌现性。

整体涌现常常被通俗地表述为"整体大于部分之和",该表述应该被理解为强调整体具有要素或要素之和不具有的新的属性。比如,单个分子没有温度、压强的概念,但是大量分子组成的热力学系统,就具有了可以用温度、压强描述的整体属性。

涌现性的另一种解释是高层次具有低层次所不具有的特性。任何系统,至少都具有两个层次,即要素层次和整体层次。而复杂系统至少包含三个以上的层次,即存在介于要素和系统整体之间的层次。存在中间层次的系统,可以划分子系统。或者说,可以划分子系统的系统,必然存在中间层次。

(四)环境与边界

系统之外一切与它相关联的事物的总和,都称为系统的环境。除宇宙之外,一切系统都具有环境,不存在没有环境的系统。在实际的操作过程中,系统的环境特指系统之外与系统具有不可忽略的相互联系的事物的总和。

系统与环境具有相对性。首先,两个系统可以互为环境。如一个系统A的环境若可以视为系统B,则系统A也可以视为系统B的环境。其次,系统与环境的划分是相对的。系统总是从环境中相对地划分出来,因为要解决的问题不同而存在不同的划分,形成不同的对象系统,从而就产生不同的环境。最后,对于一个系统环境的界定是相对的。每个具体对象系统的环境是有限的,不可把环境视为无穷无尽,外部环境中的不同事物与系统的联系在性质和密切程度上差别很大,不可能也不需要考虑一切事物,应该尽可能忽略外部环境中那些无关紧要的事物,只考虑对系统有不可忽略的影响的那些环境对象。在这里,就需要坚持具体问题具体综合分析的原则,对同一系统不同特征的综合分析就需要考虑不同的环境认定。

把系统与环境区分开来的东西,称为系统的边界。有些系统具有明确的边界,而有些系统的边界并不明确。一些复杂系统的边界具有模糊性,系统的要素从属于它到不属于它是逐步过渡,而非"一刀切"的。有些情况下,不同系统在相邻部分相互渗透,你中有我,我中有你,无法通过有限的步骤明确地划分开来。

系统与环境的相互联系、相互作用是通过交换物质、能量、信息来实现的。系统能够与环境交换物质、能量、信息的能力或属性,称为系统的开放性。系统阻止自身与环境交换物质、能量、信息的能力或属性,称为系统的封闭性。按照系统与环境的关系,可以将系统分为两类:与环境有物质、能量、信息(或者至少其中之一)交换的是开放系统;与环境没有任何交换的是封闭系统。真实的系统或多或少都存在着与环境的交换,因而都是开放系统;但有些系统与环境的交换极其微弱,在处理特定问题时,这种交换可以忽略不计,则可以视为封闭系统。

(五)系统的功能

系统相对于其环境所表现出来的任何变化,或者说系统可以从外部探测到的任何变化,称为系统的行为。行为属于系统自身的变化,是系统自身特性的表现方式,它与环境密切相关,也反映了环境对系统的作用或影响。马克思也曾指出:"人创造环境,同样,环境也创造人。"①

---

① 《马克思恩格斯文集》第1卷,人民出版社2009年版,第545页。

系统的任何行为都会对环境产生影响,系统行为所引起的对环境中某些事物乃至整个环境存续与发展的作用,称为系统的功能。被作用的外部事物,称为系统的功能对象。功能是刻画系统行为、特别是系统与环境关系的重要概念,是系统行为对其功能对象生存发展所作的影响。

功能是一种整体特性,只要把要素整合为系统,就具有要素总和所不具有的功能。凡系统都具有功能。系统的功能是由系统的结构所决定的;反过来,功能也作用于结构,在一定条件下,他们互相作用、互相影响。不过在一般情形下,结构对功能的作用最为关键。结构决定功能,不同的结构可以产生不同的功能。

(六)系统的演化

系统的结构、状态、特性、行为、功能等随着时间的推移而发生的变化,称为系统的演化。系统科学可以说是关于系统演化的科学。

狭义的演化指系统结构或形态的变化。广义的演化包括系统从无到有的形成,从不成熟到成熟的发育,从一种结构或形态到另一种结构或形态的转变,系统的老化或退化,从有到无的消亡等。

系统演化的动力可以来自系统内部,也可以来自外部环境。内部动力主要指系统内部各要素之间的相互作用或结构的改变,推动系统的演化。外部动力指环境的变化以及环境与系统相互作用方式的变化,导致系统内部发生变化,从而最终导致系统整体特性和功能的变化。一般来讲,系统是在内部动力和外部动力共同作用下演化的。

系统的演化存在两种基本方向:一种是由低级到高级、由简单到复杂的进化;另一种是由高级到低级、由复杂到简单的退化。现实世界的系统既有进化,也有退化,进化中存在退化,退化中也存在进化,二者是相互纠缠、辩证互补的。

(七)系统论引发的哲学革命

贝塔朗菲的一般系统论深刻地改变了科学的自然观,即新的自然哲学是机体论。在这种哲学观点中,世界是一个庞大的自组织系统,而非其他。

在科学与自然的关系上,贝塔朗菲反对逻辑经验主义所坚持的反映论立场,他认为知识不是"真实情况或实在"的简单近似,而是认识者和被认识者之间的相互作用,取决于生物学、心理学、文化和语言性质的因素的复合。在这种意义上,科学是一种对事物的透视,是作为主体的人带着他的生物的、文化的、语言的才能和局限,创造性地去处理他所"投入"的宇宙,或者说,是他适应了的属于进化和历史的宇宙。在认识自然的舞台上,人不仅是观众,还是演员。

在贝塔朗菲的哲学中,作为对象的自然是可以独立于观察者而存在的真实的系统。贝塔朗菲强调概念的系统,如逻辑、数学等和作为抽象系统的科学不同于真实的系统,但必定以某种方式和在某种程度上符合实在。

贝塔朗菲的"相互作用"认识论,决定了其必定持一种基于人与世界相互作用的系统价值论。他认为如果实在是有组织整体的层次系统,那么人以及符号、价值、社会实体和文化的世界,都是被嵌入在宇宙的层次系统之中,它们都是真实的。这不同于原子论和还原论,它们将物质粒子作为终极和唯一真实的实在。贝塔朗菲强调一般系统论的"人本主义",并以之区别于机械论倾向的系统理论。他认为系统哲学应是包括自然科学在内的人的哲学,力图在"两种文化",即科学与人性、技术和历史、自然科学和社会科学之间架设桥梁。

二、控 制 论

控制论是 20 世纪 40 年代后期形成,由美国数学家维纳等人创立。与系统论一样,控制论也是辩证唯物主义原理和现代科技成果的产物。它不仅提供了对事物实施控制的具体方法,而且为认识事物和改造事物提供了新的思想方法。控制论是研究动物(包括人类)和机器中的控制以及通信规律的科学,它着重研究控制过程的数学关系,而不涉及过程内在的物理、化学、生物等现象。控制论除了研究主体(如人、电子计算机等)对系统实施影响的方式和规律性外,还要研究对系统的改造和方案的实施等问题。

1948 年,美国数学家维纳发表了专著《控制论》。控制论的诞生,具有十分重要的理论意义和实践意义。它是 20 世纪上半叶继相对论和量子论之后的又一科学理论的伟绩。它不仅揭示了生命机体、社会与技术系统之间共同的控制规律,而且在许多方面冲破了传统的思维方式和研究方法的束缚,为现代科学的研究提供了一套崭新的科学方法,还促进了当代哲学观念的一系列变革。

(一)控制论的基本概念

控制论是研究一般系统中控制和信息过程共同规律的科学,是一门涉及各个领域的综合性很强的科学。为此,它必须建立起自己的概念体系。这些概念部分是从"旧有的"传统知识领域借用而来,通过同控制论自身概念体系相适应的方式概括它们。正是通过这些基本的概念,在不同的科学领域之间架起了桥梁,形成了控制论独特的语言和方法。控制论所包含的基本概念有信息、动态系统、控制、反馈、规划、适应、目的、稳定性、可靠性、最优化、模型和算法等等。所有这些概念,从整体上形成了特殊的概念群,但是这个概念群中的任何一个单独的概念都不是控制论所专有的,它的每一个概念都同一系列哲学的、一般科学的和专门科学的范畴相联系。在这些概念中,存在一些更为基本的和重要的概念。在《控制论》发表 13 年后,维纳在第二版序言中写道:"当我开始写《控制论》时,我发现说明我的观点的主要困难在于:统计信息和控制理论的概念,对当时的传统思想来说,不但是新奇的,也许甚至是对传统思想本身的一种冲击。"可见,信息和控制是控制论颇具特色的新颖概念。同时,控制论是以系统为研究对象的,因此,"系统"这个概念也必将是控制论中最基本的概念。因信息和系统在本书其他章节另有论述,故此处主要阐述控制概念。其余的概念将在以后的章节逐渐展开和论述。

控制是控制论中最重要的概念。它是和目的性直接相关的,没有目的,就谈不上控制;同样,没有选择,也就没有控制。对一个系统的控制,就是驱动此系统使之有效地达到预定的目的。广义地说,控制的目的有两种:一是保持系统原有的状态,使其不发生偏离;二是引导系统的状态达到某种预期的新状态。实现上述控制目的的最初努力是预先计算出可以达到预定目标的、外加的控制作用,然后把它加在该系统上。这种比较原始的方法就是开环控制,它可以定义为:若输出量对系统的控制作用没有影响,则称为开环控制。在这一领域中,关于控制的革命性的进步是在蒸汽调节器和电子放大器的研究中被实现的。当系统的实际输出与期望输出或控制输入函数进行比较并用其差值来调整和操作系统,这就是所谓的反馈控制,它意味着不用外来的监督而实时地校正操作输入以达到希望的目标。这种新的控制方法开创了自动化的新时代并导致了现代控制技术的许多新成就。

在开环和闭环控制系统中,控制对象可以是各种工程、生物、经济和社会系统,它们都是为了达到人们的某种目的而接受控制。控制装置将因对象而定,在工程控制系统中,有自动调节装置、控制计算机等,在生物控制系统中,有各级中枢神经,如延脑心血管中枢、呼吸中枢等;在经济控制系统中,有处理经济信息的电子计算机等等。控制装置接受外界输入信号及反馈信号,进行比较、分析、判断、处理,然后作出决策,向执行装置发出适当的控制信号或指令。执行机构接受来自控制装置的信号或指令,并进行功率放大、能量交换,产生相应的控制作用并施加到控制对象。反馈装置用来观测控制对象的输出或被控制量,并进行适当的处理,产生反馈信号将其送入控制装置。

开环系统有构造简单、维护容易、成本低等优点。当输出量难以测量,或者要测量出输出量需花费高昂代价时,采用开环系统比较合适;但是,由于开环控制是按照事先拟定好的策略进行控制,一旦扰动或给定值发生变化时,系统的输出量将偏离希望的值,甚至造成很大的误差。闭环控制由于是根据受控量的实际情况来进行控制,因此对于受控量的偏差,在很大程度上能予以纠正;但是,在时间上有一定的滞后,这种滞后有时会产生振荡等不能令人满意的现象。与闭环控制中的反馈概念相对应,在开环控制中有所谓“前馈”的概念,这是指根据输入信息来计算反应并作出校正,有时它可以根据某一模型来预测。在实际的控制系统中,往往采用开环和闭环控制相结合的方法或采用前馈和反馈相结合的复合控制方法。

反馈的概念是维纳控制理论的核心概念,维纳等人首先深刻地认识到,反馈是机器和动物中控制的共同特性。即使像拾起铅笔这样一类的随意运动,也离不开反馈的作用。维纳关于控制概念的高明之处在于:它不是从传统的、孤立的观点去分析和处理系统的控制问题,而是抓住一切通信和控制系统所共有的特点,站在一个更概括的理论高度,综合了不同领域控制系统的特点和理论,并加以类比,从中抽象出具有普遍性的规律。

(二)控制论的方法论

控制论的主要方法有信息方法、反馈方法、功能模拟方法和黑箱方法等。(1)信息方法。信息方法是把研究对象看作一个信息系统,通过分析系统的信息流程来把握事物规律的方法。(2)反馈方法。反馈方法是动用反馈控制原理去分析和处理问题的研究方法。所谓反馈控制,就是由控制器发出的控制信息的再输出发生影响,以实现系统预定目标的过程。正反馈能放大控制作用,实现自组织控制,但也使偏差愈益加大,导致振荡。负反馈能纠正偏差,实现稳定控制,但它减弱控制作用、损耗能量。(3)功能模拟法。功能模拟法就是用功能模型来模仿客体原型的功能和行为的方法。所谓功能模型,就是只以功能行为相似为基础而建立的模型。如猎手瞄准猎物的过程与自动火炮系统的功能行为是相似的,但二者的内部结构和物理过程是截然不同的,这就是一种功能模拟。功能模拟法为仿生学、人工智能、价值工程提供了科学方法。(4)黑箱方法。黑箱方法也是控制论的主要方法。黑箱就是指那些不能打开箱盖,又不能从外部观察内部状态的系统。黑箱方法就是通过考察系统的输入与输出关系认识系统功能的研究方法。它是探索复杂大系统的重要工具。

控制论具有方法论的特征。控制论方法体现了认识与实践的统一、理论与技术的统一。例如,功能模拟所建立的模型不仅是认识的手段,而且本身还是认识的目的。在这个方法中,它同时向人们提供了两套工具:一套是认识客体原型的工具,另一套是利用、改造客体原型的工具。控制论在认识一个系统的优点和特点时,总是力图吸取它到机器模型中去。这个特点在人工智能中表现得尤为突出。控制论的方法反映了较高的人类认识的抽象水平,但它又总是有具体的技术手段和技术步骤来保证它得以实现。

控制论方法的另一个重要特点在于它是从整体上有机地把握客体。控制论方法告诉人们,要研究复杂的系统,单从结构上、基质上机械地研究是不行的,应当从整体上研究事物。控制论把着眼点放在表现整个系统整体性的现象上,这个现象就是行为。行为是整个系统内部状态和对外反应方式的综合体现。这里值得注意的是,任何整体都是相对分离而言的,人的真实认识对象都是分离出来的,如果把外部世界作为一个浑然整体,认识是无法进行的。从研究者的角度讲,系统总是相对的。因此控制论的整体性观点,可以说是分析与综合的统一。控制论的模型既是一个分析体,又是一个综合体。

(三)控制论的主要观念

1.系统的观点:控制论把研究的客体看成是"系统",着重研究系统的功能和动态,离开了系统,则不能实现控制,系统是个整体,它是由各个局部组成的。这个整体的各部分之间密切相关而推动整体的平衡运转,完成特定的目的任务。这种整体的观点正是我们认识和处理问题的出发点。

2.信息的观点:信息为控制论的基础。因为,控制论在研究系统的控制规律时,可以不考虑系统具体的物质结构和能量的过程,但不能不考虑系统的信息和控制过程。控制论的研究对象是客观世界,最终还得联系到物质,只不过不是物质运动本身,而是代表运动的事物要素之间的关系。这些关系有的是直接的,有的是间接的,要通过信息通道,表现为信息。信息作为一种现象,普遍存在于各个领域,而事物内部、各个事物之间的信息过程、信息关系表现了物质世界的相互联系、相互作用的物质统一性,标志着系统的组织程度,使系统内部保持着有机的联系。信息既是物质,也是能量,但它必须借助于物质载体及其能量才能传递。信息是客观存在的,它是物质客体或观念之间相互联系的一种中介。

3.反馈的观点:反馈是控制论中的一个中心问题。所谓反馈,就是施控系统把信息输送出去,又将其作用结果的信号返送回来,并对信息的再输出发生影响,起到调节控制作用。维纳称反馈为控制论的"灵魂"。因为要控制就要有反馈,没有反馈就无从控制。反馈就是使系统尽快达到标准的手段。反馈至少是双向沟通,这些都依赖于信息的传递加工,所以,反馈是信息的反馈。在一切控制系统中都存在反馈。

4.总体优化的观点:总体不是局部,最优不是次优,而是在总体中的最优化。它是一切工作质量的中心。任何控制过程的任务,都是需要对控制对象施加主动影响,以"优化"它的行为,这就必须从全局出发,在局部与全局、事物、系统之间的联系与关系中选用一个合适的目标,以控制对象,这就是最优化问题。它是一个统筹兼顾、全局与局部有机统一的思想方法,它就是解决实际问题的优化方法。要实现总体最优化,必须权衡利弊,作出最优决策,使系统在总体和分项上都确定一个可靠的质量指标,然后对系统的功能实施过程实行控制,使系统处于最佳平衡状态。最后,对系统过程的每一个环节的质量按指标进行控制,把质量问题分解在各部分,使各部分都能达到最佳质量标准。这样,系统总体才能有最优化的结果或相对优化的成果。

(四)控制论的哲学意义

控制论从控制、信息、反馈多方面揭示了生命、社会和人三种不同运动形式的共同的控制规律,它们都是控制系统。无论生命现象多么神秘,社会与自然看起来多么不同,它们同样是统一的,都服从于同一种控制规律。有机界和无机界、人与自然、有生命的运动和无生命的运动之间的鸿沟被填平了,被统一起来了。这无疑是对辩证唯物主义世界观关于世界物质统一性原理的说明和深化。以控制论思想研究生命现象,研究物质与意识的关系,将有机界与无机界两种看起来截然不同的领域联系起来,探究二者间共同的控制规律,以无机界的技术系统模仿有机界生命系统特有的意识过程,这恰恰说明了物质世界的统一性。然而,对于具有这样重要哲学意义的科学成就,也有一些哲学家有不同的认识。他们认为,把人与机器等同起来,是一种现代机械论形式。实际上,控制论并不是一种新的机械论,它所表明的不是金属的机器与具有血肉的人是一样的,而是指机器的动作方式和人的行为具有相似的机制,两者有相似的规律,这与历史上的机械论毫无共同之处。当然,从哲学的观点来看控制论,其意义不仅是对世界物质统一性原理的丰富和深化,还有许多方面正被人们所认识和发掘。如从辩证的普遍联系原则出发看控制论,它所研究的对象无非是宇宙间相互联系和相互作用的形式的一种,即控制—信息—反馈的联系。这种认识表明控制论不仅不与辩证唯物主义世界观相对立,而且是从新的科学角度、新的方面去肯定这一世界观。信息与控制反馈关系的发现再次表明,整个世界在物质统一性原则基础上相互联系和相互作用的普遍性、多样性和复杂性。在我们过去已知的种种联系(如物理的、化学的、生物的、社会的等等)之外,控制论又加上一种新的联系,这就是信息与控制的联系。这种联系对于认识世界和改造世界具有重要的意义,控制论已成为现代系统哲学的依据。对控制论的种种成果给予哲学上的概括,将为进一步丰富和发展辩证唯物主义哲学提供丰富的材料。恩格斯说:"甚至随着自然科学领域中每一个划时代的发现,唯物主义也必然要改变自己的形式"。① 马克思主义哲学面对控制论一系列科学成就,不能不作出自己的反应。必须看到,控制论的产生提出了一些世界观的重大问题,需要哲学作出回答。在这个过程中,马克思主义哲学将进一步现代化。如果说人类的认识,从认识物质到认识能量,进而发展到对信息的掌握,是一次又一次重大的飞跃,则这种飞跃也必将促进哲学变革性的发展。

三、信 息 论

20 世纪 70 年代以来,由于通信技术、自动化技术和电子计算机的发展,出现了新的科学研究对象——信息。它和物质、能量一起被看成是构成世界的三大要素。信息概念的普遍性,使它渗透到各个科学技术领域成为现代自然科学和社会科学的重要课题之一。信息论是研究信息计量、传递、交换和存储的一门科学。信息论的主要任务是:探讨信息的本质,研究信息的度量,阐明信息运动的规律。

信息论是一门新兴学科,它产生于 20 世纪 40 年代末,最早局限于通信

---

① 《马克思恩格斯文集》第 4 卷,人民出版社 2009 年版,第 281 页。

领域,经过几十年的发展,由于现代自然科学发展的综合整体化趋势,各门学科的相互联系、相互渗透,信息的概念以及信息论的一些基本理论已经超越通信领域,逐步推广、运用于其他学科。在此基础上,于 20 世纪 60 年代末至 70 年代初出现了信息科学。信息科学是在信息论基础上发展起来的,它是一门边缘的学科,也是一门横断学科,涉及数学、通信理论、控制论、计算机科学、人工智能、电子学和自动化技术以及物理学、生物学等多个领域。信息科学的出现,在哲学方面提出了许多有待解决的问题。

(一)信息论的基本概念

1.信息的产生。

信息所以能够产生,主要有以下两个方面的原因:一是相互作用着的事物产生一定的反映;二是产生反映需要有一定的物质基础,即一定的物质结构和能量变化。世界是一个统一的物质整体,物质的最根本的特性是它的客观实在性。而客观存在的一切事物都是不断运动变化的,能量就是物质运动的量度。运动着的物质必然相互作用,引起物质的结构或能量的变化,产生一定的反映。一切物质都具有反映的特性,这是信息产生的最主要的物质基础。反映是一切事物所具有的普遍属性,信息和反映有着内在的不可分割的联系,信息是在反映中留下的某种变化的痕迹、标记,即一切事物在反映过程中所表现出来的性质、联系的表征。具体来说,世界上的万事万物无不在一定条件下相互作用,在相互作用中,一个事物的特性以另一种形式在另一个事物的特性中再现出来,发生相应的变化,即发生对应关系或同构关系。所谓同构,就是某个物质过程与其他物质过程在次序或组织结构方面一定的对应,比如温度计中水银柱的高低与气温的高低之间、电压表的指针与接线间的电压之间、变形虫的运动与食物刺激之间、人的感觉与外界对象之间都存在着对应关系或同构关系。总之,世界上的一切事物都是相互作用、相互反映的,反映的表征就是信息。当我们说,一个对象反映另一个对象,也就是说一个对象包含着关于另外一个对象的信息。

世界上的事物千差万别,由于物质形态和运动形式不同,反映形式也各异。物质的反映形式取决于物体的组织结构的完善程度。随着物质结构的完善和物质形态的发展,物质的反映形式也发生了相应的变化,相继出现了无机物的反映形式、生物的反映形式以及最高级的人类的反映形式。与物质形态、运动形式和反映形式从低级到高级、从简单到复杂的过程相适应,世界上各种信息过程、信息形式也有简单与复杂之分、低级与高级之别。信息的内容、过程和形式依赖于信源物质。一切物质都可以成为信息源,各种信源物质所发出的信息内容,所形成的信息过程和信息形式,由于信源物质本身所固有的物质形态、运动形式和反映形式的不同而有很大的差别。在生物有机体产生以前,无机物的物质形态、运动形式和反映形式比较简单,它们作为信源物质所发出的信息内容、所形成的信息过程和信息形式也比较简单。这些信源物质所产生的信息,以信源自身的属性或运动形态为内容;信息过程主要是信息的发出、传输、存储和接收;信息的形式是以自身结构、形态和属性的变化来起表征作用。从无机物演变为有机物是物质发展过程中的一次重大飞跃,由无机物的反映形式发展为生物的反映形式,也是物质反映特性发展过程中的一次重大飞跃。与生物体较复杂的物质形态、运动形式和反映形式相适应,作为信源物质的生物有机体所发出的信息内容、所形成的信息过程和信息形式,也具有一系列新的特征。从信息内容上来看,生物信息除植物和低等动物所发出的信息是以它自身的属性和运动状态为内容外,比之无机物还增加了两项新的内容:一是反映与生物机体有密切关系的周围环境的境况的生物信息;二是将生物性状、生存方式、代谢方法和生长过程等遗传给后代的遗传信息。从信息过程上来看,生物有机体不仅能够进行信息的发出、传输和接收,而且还能够利用信息同外界环境进行物质、能量和信息的交换,实现自我更新。再从信息形式上来看,除植物和低等动物外,许多生物所发出的信息,都具有不同程度的表意作用。

在劳动和交往中,随着从猿到人的转变,生物信息发展为人类的社会信息。人的意识一开始就是社会的产物。它不仅从自然环境中获取必需的信息,而且从社会环境中获取足够的信息;它反映的内容不单是事物的现象和外部联系,更重要的是事物的本质和规律。社会信息过程与生物信息过程相比,也有本质的区别,它不仅能在获取、存储信息的基础上进行信息加工,形成概念、判断、推理,而且能够利用信息,控制客观对象,改造世界。人类社会信息的形式较之生物信息的形式也有明显的不同,它能利用语言、文字、符号等思维工具来表征事物的属性、本质和规律。

通过上述分析可以看到,任何物质系统都存在信息,信息和信息过程不仅存在于有机界,而且存在于无机界;不仅存在于控制系统,而且也存在于非控制系统。由于物质运动形式和物质反映形式不同,信息在各个不同领域的地位和作用也大不相同。信息对于生物界和非生物界的作用和意义在性质上有显著的区别。生物体获取和利用信息,与外界进行信息交换是生存的基本前提。生物体利用信息保证自身的稳定,同时利用信息不断调节与周围环境的关系,保证有机体与环境的平衡,否则就要失去自组织、自适应的能力。一切无机物虽然都具有信息,但信息却不是无机物存在的基本前提。因此,有机体是信息的主动需求者,无机物是信息的被动携带者。

2.信息概念。

国内外学术界关于信息的概念问题长期存在着争论,众说纷纭,大体可分为三类。

一是从信息论的角度来定义信息,信息是消除的不确定性。这种观点来自香农的信息量概念。香农提出通信的直接目的,是接收端消除信源可能发出的那种消息的不确定性。维纳把信息量的不确定性,同物理学中的熵的概念作了比较,提出信息就是负熵的概念。

二是从传统认识论的角度来定义信息,主要围绕物质和意识的关系展开。(1)信息是属于物质的。许多学者把物质性的客观实在本身当作信息,但具体的表述又不完全相同。有的说:"信息是事物运动状况的表现";有的认为:"信息是一切物质的一种属性,是物质之间联系的一种形式";有的说:"信息为物质间接存在的标志,亦即物质存在方式和状态的自身显示";也有人直接说:"信息是一种场"。上述说法的共同之处在于只从物质自身来定义信息。(2)信息是属于意识的。有人从意识这个角度给信息下定义,把信息与知识、新闻、数据等同起来。例如说:"信息,就是谈论的事情、新闻和知识"、"信息,就是观察或研究过程中获得的数据"、"信息是关于认识事物的消息,关于自然和社会的客观世界的关系的报导"、"信息是思维范畴"等。(3)信息既是物质又是意识的。有些学者,想把物质和意识统一在信息概念中,说"信息是事物的运动状态以及关于事物运动状态的陈述"。(4)还有的学者把信息说成是既非物质,又非意识的某种第三者。这第三者是什么?又有不同看法。一种观点认为,信息是独立于物质和意识之外的新东西;另一种观点认为,信息是由物质和意识融合而成的新质态;还有观点认为,信息是客观和主观的中介。

三是从广义认识论的角度来定义信息,主要有两种观点:一种认为信息是广义主体对广义客体的反映,另一种观点认为信息是广义主体对广义客体的表征。

实际上,信息既是物质和能量,也是事物的属性和关系,是与物质、能量密切相关的事物的属性、联系和含义的表征。自然信息是自然界事物的属性以及事物之间内在联系的表征。在自然界中,不仅无机物和植物具有信息,动物也有信息。动物获取和传递信息,主要是用来进行生物通信。人工信息是人们依据物质运动的规律,利用一定的物质手段来表征特定意义,以达到一定目的的信息。

信息的基本特征是它的表征性或表意性。信息的表征性或表意性经历了一个从低级到高级、从无机到有机、从生物到人的逐步升级的发展过程,因而信息把机器、生物和人贯通了起来。表征性实际上是一种广义的表意性。自然信息所表征的事物的属性和内在联系,可以说是事物所固有的含义。人工信息的表意性更加明显,可以说,人工信息就是为了表意的。如火车站上的绿灯、红灯、黄灯是铁路交通指挥系统的人工信息,这些信息绝不是绿灯、红灯和黄灯本身,也不是传递这些信息的电能本身,而是其中所表示的特定意义。正因为信息是事物属性、联系和含义的表征,因此它可以相对地独立于某一种物质载体,实现由一种信息到另一种信息的转换。如果信息没有这种表征或表意的特性,不能进行信息的转换,那么自然信息就无法转化为人的意识,人的认识活动将成为不可能,在主体之外用其他的物质载体物化人脑思维的人工智能也将成为不可能。

（二）信息论的系统特征

首先，香农把通信过程作为一个系统来进行考察，在他看来，通信就是两个系统之间传递信息。他把由许多复杂的通信机构和过程简化为由信源、编码、信道、噪声、译码及信宿组成的一个信息的发送、传递、加工、接受系统。他的这个通信模式，不仅适用于技术系统，而且具有普遍的意义，可以推广到生命系统和社会系统，为实现社会信息化提供了理论基石。

其次，他把统计和概率观点引入通信理论，以概率为基础重新定义了信息和信息量，使信息成为可以精确度量的科学概念。他认为信源发出的信息具有不确定性，因此确定把统计信息源的概率作为工作中心。香农把信息定义为：是对不确定性的排除或用来消除不确定性的东西。他认为信息就是负熵，是系统组织程度、有序程度的标记。这是人类对信息的第一次科学定义。实现了通信科学由定性阶段到定量阶段的飞跃。他的信息概念的突破，超过了牛顿时期力的概念的突破，对科学与社会的发展产生了更大的贡献。

再次，香农还对通信的技术问题进行了全面研究，从而解决了如何提取有用信息，怎样才能充分利用信道的信息容量、传递最大信息量以及怎样编码、译码等问题。香农信息论提供了一种更为广泛的科学方法，即信息方法。所谓信息方法，就是运用信息的观点，把对象抽象为一个信息变换系统，把对象的运动看作是信息的获取、传递、加工处理、输出、反馈，即信息流动过程的方法，信息方法是从信息系统的活动中揭示对象的运动规律的一种科学方法。

（三）信息论的哲学意义

1.信息论与哲学基本问题。

信息是信息论最基本的概念之一，它的科学含义至今为人们所关注和讨论。值得注意的是，为说明信息的本质不同于物质和能量的本质，维纳曾说过，机械大脑不能像初期唯物论者所主张的"如同肝脏分泌胆汁"那样分泌出思想来，也不能认为它像肌肉发出动作那样能以能量的形式发出思想来，信息就是信息，既不是物质也不是能量，不承认这一点的唯物论，在今天就不能存在下去。维纳这里所说的"机械大脑",也就是今天的"信息机",即电子计算机、智能机等。由此,我们所讨论的问题的实质便归结为,信息同物质、能量以及意识究竟是什么关系? 抑或信息是否是独立于物质和能量之外的另一种客观实在呢? 从物理角度来说,信息是按照一定的方式排列组合起来的信号序列,它借助于某种物质或能量作为载体而传递、加工和存储。然而,信息并不只是物质或能量,因为传递同样一个信息,既可以用语言或文字也可以用各种颜色的信号或不同频率的光波,还可以用不同形式的电报、电话或电视等来达到。也就是说,信息本身并不依赖于某一类具体的物质或能量形态而运动与传输,所以信息一旦产生,便获得了超越具体的物质和能量形态而客观存在的特点,从而也就不同于作为特殊物质功能属性的意识现象。不过,信息终归必须以物质或能量为其载体,并且还得由"思维着的精神"赋予它语义,否则它就会失去其存在和发挥其效能的实际价值。由此看来,信息既是物质也是能量,是二者相结合的统一体。所以,信息决不能脱离物质世界而独立存在,或者说信息并不是独立于物质实在以外的又一种实在的本原。无论是信息和物质独立并存的"二元论",还是意识、信息和物质独立并存的"三元论",都不能成立。钱学森曾指出,一切信息的传递,都是物质运动,不可能有别的形式,所以他认为,信息还是物质运动,只是物质运动的某一个侧面被我们概括起来了。

综上所述,信息的概念和理论非但没有改变或推翻哲学基本问题,即存在第一性、思维第二性的基本原理,而且它还从另一个侧面,以新的科学事实和逻辑结论,更加丰富和深化了存在与思维的辩证关系。

2.信息作为中介的哲学意义。

信息作为普遍联系的特殊形式,在事物矛盾运动的过程中起着中介的作用,从而深刻地反映了客观世界差异运动统一的关系。信息作为中介表现为以下四个方面:

一是信息作为客观事物普遍联系的中介。系统科学揭示了信息是一切事物之间相互联系与相互作用的中间环节,正是通过信息的中介作用,客观事物才组成了层次不同和等级分明的物质世界。相同的事物之间,由于信息的输入、输出与变换,组成了同类的事物系统,例如太阳系内的太阳、九大行星及其卫星与小天体等,就是通过引力场、电磁波等信息联系而组成了太阳系这个天体系统。不同的事物之间,也是由于信息的相互联系与相互作用,而组成了跨类的事物系统,例如生物与非生物环境之间,生物界和人类社会与整个地球环境之间,正是通过各种物理的、化学的、生物的、社会的信息联系这个中介,组成了生态系统和生物圈系统。信息论撇开了对象系统的具体内容和组织形式,只研究系统中或系统间信息的普遍联系与运动规律。所以,信息论是关于客观事物信息普遍联系的科学,是关于客观事物普遍联系的科学的辩证法的深化与发展。

二是信息作为不确定性与确定性的中介。信息在运动与转化过程中的变化率,即不同状态间的信息差异被称为信息量。当一个事物由选择的可能性或不确定性,一旦转化为它的确定性的结果时,这个事物的不确定性即被消除,它由此也就获得了信息量。例如,从"英国女王将要访华"这条具有不确定性的可能信息,转化为"英国女王将于1985年5月访华"的确定性信息时,由于不确定性消除了,人们获得了更大的信息量。事物的不确定性愈大,经过转化被消除的不确定性愈多,所获得的信息量也就愈大;所以,信息量是以被消除的不确定性的多少来度量的。信息量的概念一方面阐明了信息的度量问题,同时还揭示了信息这种不确定性形式的特定质的内容。可见,信息是从不确定性的可能向着确定性结果转化的特殊形式。显然,信息在形式上是不确定的,但其度量(信息量)却决定了它在内容上则是确定性的。或者说,信息是以不确定的形式来反映确定性的内容,一旦不确定性被消除,亦即不确定性的信息形式转化为确定性的信息度量时,反映事物的形式便转化为反映事物的内容。由此看来,信息概念极其深刻地反映了客观事物中形式与内容的差异统一关系,生动地揭示了事物发展过程中不确定性到确定性的辩证运动,并且具体阐明了事物运动与转化过程中由不确定性转化为确定性的信息中介。

三是信息作为无序化与有序化的中介,即序度。系统的无序化也就是系统的无组织化,系统的有序化即是系统的组织化。在没有外界干扰的情况下,一个系统总是自发地从有序变为无序,它的熵也总是增加的,所以熵是这个系统的无序程序的量度。然而用信息来描述系统的运动过程时,系统总是朝着有序化的方向发展,即由原来的无序状态或不确定性转变为有序状态或确定性。因而,信息在系统运动中也可以看成是负熵,信息量愈大即负熵愈大(熵值愈小),表明系统的有序化程度愈高(无序程度愈低)。由此可见,一个系统的无序化与有序化或无组织化与组织化(熵与信息量)是差异统一的,并且在一定的条件下通过信息这个中介相互转化运动。

四是信息作为各种运动状态的中介。既然信息是一切事物相互联系与相互作用的中间环节,那么信息也就必然成为物质系统各种运动状态之间相互联系和作用的中介。这是由于系统中的信息,反映了系统过程中各种运动状态相互联系和转化的同一性,因而成为它们进行联系和转化的中介。正因如此,人们才利用状态信息(包含事物状态内容的信息)来消除某些系统状态的不确定性,以确保系统处于最佳状态。

第二节　耗散结构理论、协同学、超循环理论、突变论

20世纪以来,科学前沿的探索主要在无穷大和无穷小方面。人们普遍认为,我们对自身及周围世界的规律似乎已经认识清楚,因此没有什么新的学说能使我们惊奇了。20世纪50年代以来,人们发现,在微观领域和宏观领域,都仍然充满着许多意想不到的事情。对于生命的起源、生物的进化、人体的功能、思维的奥秘,乃至社会经济文化的变革这样一些复杂性事物的演化发展规律,人们实际上是知之甚少的,有许多新的奇妙现象无法用现有的科学去解释。目前,探索复杂性成了科学研究的另一个发展方向。在探索复杂性的征途上,系统科学的出现和发展特别引人注目。20世纪40年代中期相继建立了系统论、控制论和信息论,它们将自然、社会现象作为系统来研究其信息传递、控制反馈等方面的问题,这在理论上和应用上都取得

了很大成功。自此之后，又出现了许多以系统为研究对象的理论。在当代众多的系统理论中，既有比较严密的数学、物理学理论基础，又有一定的实验依据，并在自然科学领域和社会经济文化生活中得到广泛应用的，当首推耗散结构理论、协同学、超循环理论和突变论。这四种关于非平衡系统的自组织理论在 20 世纪 70 年代前后相继建立不是偶然的，它们是当代科学在探索复杂性、建立系统科学的过程中的重要进展。

一、耗散结构理论

耗散结构理论（theory of dissipative structure）是比利时布鲁塞尔学派的领导人、物理化学家普里戈金（I. Prigogine）创立的，他本人也因此获得了 1977 年的诺贝尔化学奖。早年普里戈金对不可逆现象和系统随时间演化的行为产生了浓厚的兴趣，自 1945 年发现最小熵产生定理起，经过 20 多年的不懈努力，于 1967 年提出了耗散结构的概念，1969 年正式创立了耗散结构理论。普里戈金及其同事们吸收了一般系统理论的基本思想，把非平衡态热力学和非平衡统计物理学应用于研究自组织现象，形成了一套颇具特色的、以耗散结构为中心概念的自组织理论。耗散结构理论的建立不仅在现代系统科学中占有重要地位，而且为我们提供了一种研究复杂系统演化发展的有效工具，其基本观点和分析方法在自然科学和社会科学的诸多领域得到了广泛应用。

（一）耗散结构理论的基本概念

普里戈金对热力学第二定律的内容、意义作了新的解释，论述了"时间之矢"的意义，提出应当重新发现时间。事实上，我们所感兴趣的绝大多数现象是开放的系统，它们和它们周围的环境交换着能量、物质和信息。生物系统和社会系统是开放系统，企图用机械论的方法去认识它们，是注定要失败的。现实世界的绝大部分不是有序的、稳定的和平衡的，而是充满变化、无序和过程的沸腾世界。用普里戈金的话来说，一切系统都含有不断"起伏"着的子系统。有时候，一个起伏或一组起伏可能由于正反馈而变得相当大,使它破坏了原有的组织。在这个革命的瞬间——作者把它称作"奇异时刻"或"分岔点",根本不可能事先确定变化将在哪个方向上发生:系统究竟是分解到混沌态呢,还是跃进到一个新的更加细分的"有序"或组织的高级阶段上去呢?这个高级阶段他们称作"耗散结构",因为比起简单结构来,这些物理结构或化学结构要求有更多的能量来维持它们。

1.可逆与不可逆。

时间和时间的演化是非平衡统计物理学研究的中心课题之一。时间联系着生命的产生、成长和终止,联系着事业的成功与失败,联系着对历史的回忆和对未来的展望。多少世纪以来,它一直是一代又一代的文人和哲学家赞美和剖析的对象。然而,在动力学中,时间有着简单得多的意义。它和我们所处的三维空间坐标一样,仅仅被看作描述物理过程的时空行为的第四个坐标,在经典力学中时间出现在牛顿方程中,如果把时间方向改变,方程是不变的,牛顿方程对时间反演是对称的。利用牛顿方程既可以决定未来,又可以说明过去。牛顿方程是可逆的,在方程中不出现"时间箭头"。不仅牛顿方程如此,在量子力学、相对论力学等各种领域,时间本质上都只是描述可逆运动的一个几何参量。它们的基本方程都是时间反演对称的。传统的动力学给出了一个可逆的、对称的物理图像。

19世纪,由于生产的发展,特别是由于蒸汽机的广泛应用,热力学开始建立和发展起来。热力学是研究与物质冷热变化及热量传递有关现象的一门科学。1842—1848年,由迈尔、焦耳、赫尔姆霍茨等人建立的与热现象有关的能量转化和守恒定律即热力学第一定律。1850—1851年,开尔文和克劳修斯建立了描述能量传递方向的热力学第二定律,从而奠定了热力学的理论基础。为了从微观角度说明宏观热力学现象,克劳修斯、麦克斯韦、玻尔兹曼、吉布斯等人又建立了统计物理学。热力学的产生给物理学带来了革命性的变化,它使不可逆现象进入了物理学的研究范围。一根与外界绝热的金属棒,如果初始时棒上各点温度不均匀,随时间的推移高温部分将把热传给低温部分,最后达到棒上温度的均匀分布,而一旦达到均匀温度分布,没有外界的传热等作用,棒上温度的分布永远不会回到初始状态。又如，在密封匣的隔板的右边是真空，左边则充满理想气体，打开隔板，气体会自发地向右边空间扩散，直到充满整个匣子，这时，倘若没有外加干涉，气体绝不会自动地集中返回到左边。在以上两例中，我们都看到不均匀分布的温度和密度会自发地趋向均匀分布；而反过来，均匀分布的状态则不会自发地返回到不均匀分布。这里我们看到了"时间箭头"，一切演化必须沿箭头的方向进行，而反方向逆箭头的过程是不会自发产生的。由上可知，热力学和动力学给我们提供了两种不同的物理图像。值得指出的是，尽管金属棒是一个复杂的由大量"微观"小粒子所组成的物体，但小粒子的"微观运动"仍然服从力学方程，即"微观运动"是可逆的。这种可逆的微观力学方程和不可逆的宏观运动之间的矛盾，成为复杂系统物理学所面临的基本问题之一。

2.退化与进化。

可逆与不可逆、有无时间箭头的问题体现了物理学中动力学和热力学之间的差异，而时间指向的问题则构成了物理学、化学等研究无生命物质的科学与生物学、社会学等研究生命的科学的另一更为基本的矛盾——退化与进化的矛盾。

19世纪的热力学和生物学都涉及世界运动的方向。热力学第二定律说明一个孤立的系统要向均匀、简单、消除差别的方向发展，这实际上是一种趋向低级运动形式的退化，克劳修斯把这一理论推广到全宇宙，得出了"宇宙热寂说"的悲观结论。按热寂说观点，宇宙中的万事万物最终要发展到一种均匀的状态，在这个世界各处温度均匀、压强均匀，各种物理差别不复存在，即宇宙进入了一个死亡、寂寞的世界。而一旦达至这个世界，它就再也不能"活"过来。在现实生活中，我们的确观察到这种倾向。经验告诉我们，冷热物体相接触，热的会变冷而冷的会变热，最后达到相同温度。然而生活中也到处出现与上述演化相反的倾向，即由简单到复杂，由低级到高级，由无功能到有功能到多功能的方向演化。这是一个进化的方向，生物界的演化以及人类社会发展是这一进化最典型的代表。达尔文的进化论告诉我们，从荒漠的地球上产生单细胞生物，通过长期的自然淘汰，适者生存的竞争和选择发展出了今天各种高级的生物,最后产生了人这样极不简单、极不均匀的机体。生物发展的历史给出了一个时间箭头,这就是进化的箭头,它和前面所说的物理学上的退化箭头形成鲜明的对照。这里,就产生了克劳修斯和达尔文的矛盾,即退化与进化的矛盾。

两种物理图像,产生了动力学与热力学的关系问题,两个演化方向,涉及物理学和生物学的关系问题。这正是以复杂系统为对象的热力学和统计物理学的两个基本问题。正如普里戈金指出的那样:19 世纪是带着一种矛盾的情况——作为自然的世界和作为历史的世界——离开我们的。近百年来,讨论这些矛盾的文章不计其数,但问题至今尚未真正解决。科学史家柯伊莱指出,牛顿用他的经典力学把分割天体和地球之间的壁垒推倒,并且把二者结合起来,统一成为整个的宇宙。但他却把我们的世界一分为二,即分成一个物理的、量的世界,一个生物的、质的世界。于是形成了两个世界、两种科学、两类文化,二者之间存在着巨大的鸿沟。怎样把二者统一起来呢?能否用物理学家的观点来全面地解释生命的特点及其进化的过程? 这些问题引起了当代科学家们的极大兴趣。非平衡系统的自组织理论正是在探讨这些根本性的问题过程中产生的。①

3.平衡态与非平衡态。

热力学系统按其所处的状态不同,可以区分为平衡态系统和非平衡态系统,从而形成平衡热力学和非平衡热力学。

一个孤立系统,初始时各个部分的热力学参量(温度、气体密度等)可能具有不同的值。这些参量会随时间变化,最终达到一种不变的状态(或叫定态),这种定态就叫平衡态。孤立系统一旦达到了平衡态,它就永远不会离开这个态,除非外界强迫它改变,而一旦有外界影响,它就不是孤立系统了。不但孤立系统会达到平衡,开放系统也可能是平衡态。敞口容器里的水是开放系统,如果外界空气的温度、压强近似地均匀,而水放置了足够长时间使它与外界达到相同的温度,且不再进行变化,这个稳定状态也近似

---

① 参见沈小峰等:《耗散结构论》,上海人民出版社 1987 年版,第 3—10 页。

于平衡态。

无论是孤立系统或开放系统的平衡态都有两个重要特征:一是状态参量不再随时间变化,即达到定态;二是在定态系统内部,不存在物理量的宏观流动,如热流、粒子流等。凡是不具备以上任一条件的态,都叫非平衡态。在实际生活中我们看到任一孤立系统的非平衡态,总是朝平衡态的方向发展,经过足够长的时间必定会到达平衡。这段演化所需的时间叫弛豫时间。

孤立系统的定态就是平衡态,而开放系统则有本质的不同。首先,开放系统不一定随时间朝定态发展。其次,即使开放系统到达定态,也不一定是平衡态。开放系统的非平衡态的演化就有丰富的内容和多种的可能性。

4.有序和无序。

自然界的各种事物都有某种对称性。所谓对称性,即指事物的某种属性经过一定变换后仍然保持不变的性质。不同事物对称的属性即对称性的强弱不同。事物之间或事物内部各个要素之间的一定的次序称为"序","序"和对称性密切相关。一般来说,系统的对称性越高,有序度越低。在非平衡系统的自组织理论中,对称性和序是极为重要的概念。"有序"意味着在某些方面的对称性减少(或称对称性破缺)。当然对孤立系统来讲,这种对称性破缺意义不大。随着时间的推移,左右两边的分子密度及各种物理性质趋于均匀,而"有序"的运动逐渐消失,对称性逐渐增强,最终必定达到"无序"和对称的平衡态。在类似的外部条件下,平衡态比非平衡态更"无序",具有更多的对称性。非平衡态会引起对称性的破缺或各种"有序"的运动,而开放条件则可能把这种对称性破缺维持下来。

当系统具有一定规律性的结构时,称为有序结构。有结构而无分布规律可循的称为无序结构,如一堆沙子,虽然沙粒没有一定的空间分布规律,但沙堆却具有一定的形状并占据一定的空间,这就是只有结构而无秩序。系统的结构是构成它的大量子系统之间的组织状态以及相互联系的反映。系统结构分为空间结构、时间结构和时—空结构。系统结构的分布规律是指系统的结构有无一定的周期性和重复性。晶体具有明显的空间结构和周期性。生物的遗传物质脱氧核糖核酸(DNA),也有十分复杂的双螺旋空间结构。系统在空间分布上的这种周期性和可重复性,就称为空间有序。时间结构的有序,是指系统的结构或特性具有时间上的周期性。如多细胞生物体内具有一种特殊结构的生理系统,它推动和调节着生物的节律活动——生物学上称为生物钟的时间结构系统。秋去冬来,春暖花开就是这种节律的反映。树木的年轮是生长时间结构的反映。在生态学中,捕食者和被食者在数量上的变化关系也具有时间结构,如野兔数和山猫数的变化就具有时间上的周期性。当野兔增多时,山猫可因获得充足的食物而增多起来,山猫的增多要吃掉很多的野兔,这时又使野兔减少,野兔的减少使山猫得不到足够的食物,便因饥饿而减少,山猫数的减少,又使野兔数量增多起来。如此循环下去就出现了山猫和野兔的时间周期性振荡。像这种生态学中时间结构有序的例子在自然界广泛地存在着。同时具有时间结构和空间结构的有序系统称为时—空有序,如化学振荡。当系统具有一定的结构时,便对外界的作用表现出一定的特性和能力,这时系统就具备了某种功能。结构是系统产生功能的原因,功能是结构的外在表现。例如,由碳原子组成的石墨和金刚石,由于它们的空间结构不同,因此功能差异就悬殊,金刚石是世界上最硬的东西,用它做成的金刚钻,锋利无比,而石墨只能作松软的铅笔。即使两种化学成分完全相同的合金,由于不同的热处理方法,也会产生不同的金相结构,因而也就产生了不同的功能。系统功能的发挥对系统的结构也有反作用,对无机系统来说,功能的发挥是以它的结构损耗为代价的,长期使用的任何机件,都会造成它的结构变化而损坏。对于生命系统来讲,功能的发挥却促进了结构的进一步改善,正是由于长期发挥手和脚的功能作用,人类才从类人猿进化成为今天的人。由于系统的有序、结构、功能之间存在着这种密切的内在联系,描述系统的演化时,就要从它们之间的变化谈起。我们所研究的系统,总是朝着相反的两个方向发展或演化:一种趋向是从有序状态自发地向无序状态变化,孤立系统的热力学第二定律就指明了这种趋向;另一种趋向是在一定的条件下系统可以从无序突变到有序状态,平衡相变和非平衡相变就描述了这种趋势。世界的发展就是这两种趋向的差异和协同。

5.平衡相变和非平衡相变。

人们对怎样形成有序结构的理论研究,首先是从平衡相变开始的。一般说来,平衡包括系统各部分的压强相等(力学平衡)、温度相等(热平衡)、各相的化学势相等(相平衡)等等。我们把物质所处的不同结构或状态称为不同的相,如气体、液体和固体就是空间结构不同的三种相。在一定条件下,系统从一种相转变为另一种相的现象称为相变。在平衡系统中发生的相变过程称为平衡相变。按照相变过程的特征,平衡相变又分为两种类型,即一级相变和二级相变。一级相变是系统的自由能对温度一级微熵在临界点不连续的相变过程,也就是系统的熵在临界点发生了突变。因此,人们常把一级相变叫做不连续相变。属于这类相变的典型现象是气体的液化、液体的结晶过程以及它们的反过程。这是人们最先了解的相变过程。系统从气相转变为液相时,分子之间有了一定的平均距离,整个系统占据着一定的体积,分子之间的关联表现为短程有序和长程无序,分子在液体中有瞬时平衡位置,分子可以在液体中自由运动。液体具有流动性,与气相相比,液化过程是一次从无序到有序的飞跃。从液相变为固相的结晶过程,不仅分子之间有一定的距离,而且分子只能在一定的平衡位置附近振动,整个系统呈现为规则的点阵结构,分子之间的关联增强为长程有序,与液相相比,结晶过程又是一次向更高的有序度的飞跃。在液化和结晶过程中,系统向着有序的方向相变时,相变都在确定的温度——临界点处进行,系统必须放出液化热或凝固热才能转变为同温度的另一相,这叫潜热效应。在相同的条件下(如保持压强不变)当相变沿着相反的方向进行时,即气化和熔解过程,要比上述对应过程进行的时间长些。两个相逆的相变过程所用的时间却不相等,这是一级相变过程中所特有的滞后效应。如从相变过程的物理特征上看,一级相变都具有潜热和滞后的效应。二级相变是系统的自由能对温度的二级微熵在临界点上发生了突变,即比热发生了突变。在二级相变过程中,自由能对温度的一阶微熵是连续的,也就是系统的熵是连续变化的。从熵的变化来看,二级相变常常称为连续相变。

当人们开始研究平衡态理论的时候,就已经注意到了非平衡态。然而长期以来非平衡态理论研究进展缓慢,20 世纪 30 年代以来才在近平衡区有了实质性的进展。到 20 世纪 60 年代末,人们在远离平衡区的研究上打开了新的局面。非平衡相变,实际上指的是在远离平衡的系统中发生的相变现象。当系统处在近平衡区时,系统的发展趋向是回到平衡态。理论已经证明,在近平衡区系统不能出现新的稳定结构,因此也就不会出现相变现象。著名昂萨格的倒易关系和最小熵产生原理,就说明了近平衡区的输运关系和系统走向平衡的发展趋向。非平衡相变大致上有以下几个共同点:当控制参量达到阈值时,相变便突然发生。这是一种临界现象,与平衡相变相类似。当系统从无序向有序转变时,新态往往具有更为丰富的时空结构。系统突变到新的定态后,需要外界提供能量流、物质流、信息流来保证。新的定态一旦出现,就具有一定的稳定性,不会因外界条件的微小改变而消失。在开放系统中出现的非平衡相变,是自然现象和社会现象的真实反映,因此它的发展前景是非常广阔的。①

(二)耗散结构形成的条件

普里戈金在建立了耗散结构概念的基础上,进一步探讨了产生耗散结构的几个必要条件。

第一,系统必须是一个开放系统。根据热力学第二定律,一个孤立系统的熵自发地趋于极大,因此,不可能自发地产生新的有序结构。而对于一个开放系统来说,熵(S)的变化则可以分为两部分:一部分是系统本身由于不可逆过程(例如热传导、扩散、化学反应等)引起的熵的增加,即熵产生(dis),这一项永远是正的;另一部分是系统与外界交换物质和能量引起的熵流(des),这一项可正可负,整个系统熵的变化 dS 就是这两项之和,即 dS=des+dis。根据熵增加原理,dis≥0(平衡态 dis=0),而 des 可大于或小于零。如果 des 小于零,其绝对值又大于 dis,则 dS=des+dis<0,这表明只要从外界流入的负熵流足够大,就可以抵消系统自身的熵产生,使系统的总熵减少,逐步从无序向新的有序方向发展,形成并维持一个低熵的非平衡态的

---

① 参见郭治安等编:《协同学入门》,四川人民出版社 1988 年版,第 1—21 页。

有序结构。这样,普里戈金在不违反热力学第二定律的条件下,通过引入负熵流来抵消熵增加,说明开放系统可能从混沌无序状态向新的有序状态转化,从而解决了克劳修斯和达尔文的矛盾,回答了科学上这个似是而非的问题。他把热力学和进化论统一起来,把物理世界的规律和生物发展的规律统一起来,为用物理学、化学方法研究生物学开辟了道路。显然,开放系统仅仅是产生耗散结构的一个必要条件而不是充分条件。如果开放系统从外界引入的是正熵流而不是负熵流,那么将只能加快系统无序化的过程,而不可能形成新的有序结构。

第二,系统应当远离平衡态。普里戈金根据最小熵产生原理指出,不仅系统在平衡态时自发趋势是趋于无序,在近平衡态线性区时的系统,即使有负熵流流入,也不能形成新的有序结构,而只能是逐步趋于平衡,导致有序性破坏。系统只有远离平衡时才具有新的规律性,才有可能形成新的有序结构。只有在远离平衡的条件下,系统才可能在不与热力学第二定律发生冲突的条件下向有序、有组织、多功能方向进化。因此,他提出了"非平衡是有序之源"这一著名论断。

第三,系统内部各个要素之间存在非线性的相互作用。普里戈金说:"对于形成耗散结构必需的另一个基本特性是在系统的各个元素之间的相互作用存在着一种非线性的机制"。例如,在化学中的自催化或交叉催化反应,流体力学中存在的非线性流机制。这种相互作用使各个要素之间产生相干效应和协调动作,例如,激光器中各个发光原子的同步振荡,使无序的自然光转化为有序的激光。又如化学钟,一切分子在有规则的时间间隔内,同时改变它们的化学同一性,它们的颜色随着化学钟反应的节奏而变化。如果没有非线性相互作用,就没有负熵流存在,也不可能产生耗散结构。另外,由于各个要素之间的关系是非线性的,因此只能用非线性方程来描述其运动变化。非线性方程必然存在着多种解,其中有些解是稳定的,有些解是不稳定的,从而使系统演化发展可能出现几种不同的结果,这就产生了进化的复杂性和多样性。因此这里要用数学中的分支点理论才能进行计算。

第四,系统从无序向有序演化是通过随机的涨落来实现的。在耗散结构里,在不稳定之后出现的宏观有序是由增长最快的涨落决定的。因此,这个新型的有序可以叫作通过涨落的有序。自涨落在不同的条件下起着迥然不同的作用。对于近平衡区的系统,在一定条件下,正是这种涨落引起了在相空间中系统运动轨道的混乱,导致了无序。而对于耗散结构来说,涨落却成了促使系统从不稳定的定态跃迁到一个新的稳定的有序状态的积极因素,是形成新的稳定有序结构的杠杆。普里戈金说:"令人惊异的是,同样的过程在接近平衡时导致结构的破坏,而远离平衡时却可能导致结构的出现。"通过涨落导致有序,是耗散结构理论的另一个重要结论。①

(三)耗散结构理论的哲学意义

耗散结构论是在非平衡热力学和非平衡统计物理学发展过程中出现的一个科学假说。耗散结构论认为,一个远离平衡状态的开放系统,通过不断地与外界交换能量和物质,在外界条件达到某一特定阈值时,渐变便可能引起突变,使系统从原来的无序状态转变为一种时间、空间或功能都有序的状态。事物的这种在非平衡状态下新的稳定有序结构就是耗散结构。耗散结构论的提出,使人们对自然界产生了一种新的认识:当一个系统处于平衡状态附近时,其发展过程主要表现为趋向平衡并伴随着熵增(即无序度的增加)和结构的破坏;但当系统在远离平衡状态的条件下时,如果系统是开放的且又与外界有能量、物质的交换,其发展过程便可经过突变而产生新结构并达到新的有序状态。其对哲学的意义在于:第一,为自然科学、生命科学和人文科学三者的大统一勾画了蓝图;第二,不仅解决了热力学与进化论之间的矛盾,而且也宣告了以克劳修斯为代表的"热寂说"理论的彻底破产;第三,揭示了事物真正发展的条件和途径,即要使事物真正发展,必须使之成为一个开放系统,通过与外界进行能量和物质的交换,使系统趋于新的有序状态;第四,再次证明了世界物质统一性理论,这是人类认识的又一次大飞跃。

---

① 参见沈小峰等:《耗散结构理论的建立》,《自然辩证法研究》1986 年第 6 期。

二、协　同　学

协同学创始人哈肯是德国物理学家,协同学起源于他关于激光的研究。在利用统计学和动力学相结合的方法研究激光原理和机制时,他发现在一定的外界条件(如激光器的形状、尺寸和给予光泵能量的阈值等)下,普通光就能够转化为激光,进一步研究的结果使他发现,激光就是系统在远离平衡时出现的相变,即非平衡相变。20 世纪 60 年代末,非平衡相变是科学研究一个最活跃的前沿领域。哈肯以不同条件下产生不同激光的理论模型为基础,详细地分析了电子线路、化学振荡、生态学、气象过程、星体演化等过程,他把激光理论中的主要概念、方法,运用到这些过程分析中发现,它们都是一、二类相变,而且其内部的大量子系统都表现出竞争、协同的特性。他把这个学科称为"协同学"。一方面是由于我们所研究的对象是许多子系(即相同种类或几个不同种类)的联合作用,以产生宏观尺度上的结构和功能;另一方面,这里又有许多不同的学科进行合作来发现支配自组织系统的一般原理。这表明,协同学研究的方法在内容上主要研究合作(联合作用),在形式上则采纳各个学科的思想和方法。

(一)协同学的基本概念

1.竞争和协同。

竞争是协同的基本前提和条件。如在大量气体分子的系统中,分子之间的频繁碰撞;化学反应中不同反应物之间的反应过程存在的反应物分子之间的竞争;生态系统中各个物种之间的相互竞争——种内和种间竞争;社会中的各个集团之间的竞争;甚至思想、概念形成过程中,同样存在不同思想、方法和概念之间的相互交流、批评和其他形式的竞争。竞争是系统演化的最活跃的动力。这是因为,系统内诸要素或系统之间的竞争是永存的,它虽然依条件不同可大可小,或强或弱,但由于运动的永恒,系统内部各个子系统之间的差异就是永恒的,因而它的存在和演化也是永恒的。换句话说,只要事物内部或事物之间存在差异,就会存在事物内部的各个子系统或事物之间的竞争。事物发展的不平衡性是竞争存在的基础。再加上系统诸要素或不同系统之间对外部环境和条件的适应与反应不同,获取的物质、能量以及信息的质量也存在差异,因而必定存在和造成竞争。而竞争的存在和结果则可能造成系统内部或系统之间更大的差异、非均匀性和不平衡性。从开放系统的演化角度看,竞争一方面造就了系统远离平衡态的自组织演化条件,另一方面推动了系统向有序结构的演化。

协同概念在协同学中占据更重要的地位。哈肯多次强调协同学就是一门研究各个学科领域中关于合作、协作或协同的学说。这里的协同,有两种含义:狭义的协同意义,就是与竞争相对立的合作、协作、互助、同步等意义;广义的协同,则既包括合作,也包括竞争。所谓协同,按照哈肯的观点,就是系统中诸多子系统的相互协调的、合作的或同步的联合作用的集体行为。协同是系统整体性、相关性的内在表现。自组织系统演化的动力来自系统内部的两种相互作用:竞争和协同。子系统的竞争使系统趋于非平衡,而这正是系统自组织的首要条件,子系统之间的协同则在非平衡条件下使子系统中的某些运动趋势联合起来并加以放大,从而使之占据优势地位,支配系统整体的演化。

2.序参量和伺服。

序参量和伺服是协同学的两个核心概念。哈肯借助序参量和伺服概念创造性地描述了自组织现象产生的机制。他指出:"我们将遇到一种为所有自组织现象共有的对自然规律的非常惊人的一致性。我们将认识到,单个组元好像由一只无形之手促成的那样自行安排起来,但相反正是这些单个组元通过它们的协作才转而创建出这只无形之手。我们称这只使一切事物有条不紊地组织起来的无形之手为序参量。"[1]序参量原是物理学家朗道为描述连续相变而引入的一个概念。哈肯把它借用过来,代替"熵"概念作为处理自组织问题的一般判据。

如何理解序参量的含义呢? 哈肯举过一个通俗的例子。设想一个游泳

---

[1] 赫尔曼·哈肯:《协同学:大自然构成的奥秘》,凌复华译,上海译文出版社 2001 年版,第 7 页。

池,游泳者在池中随心所欲地游泳。当人数不多时,游泳者之间可能很少有妨碍。如果人数渐渐增多,游泳者之间的妨碍程度就会不断增强,以至于有可能大家谁也不能畅快地游泳。但是,游泳者通过一段时间的摸索会自觉地朝着一个方向环游起来。因为这样就能消除游泳者之间的妨碍,而呈现一种整体有序的情形。这一过程实际上就是一种自组织的过程。为什么会出现这一自组织过程呢?就是因为有序参量的参与,序参量作为一种机制役使每个游泳者朝着一个方向环游起来。为什么会出现序参量呢?又是因为有所有游泳者的相互作用,通过相互干扰而最终协同,于是形成了序参量。

哈肯通过深入分析系统演化至临界点附近的情形,发现大多数参量在临界点附近随时间变化较快,而只有一个或几个参量随时间变化缓慢,并且在系统处于无序状态时其值为零,随着系统由无序向有序演化,这类参量从零向正值由小变大,我们将这类参量称为序参量,用它来描述系统的有序演化、指示新结构的形成、反映新结构的有序程度。因为序参量在临界点附近比其他参量变化较慢,所以,序参量也称为慢变量,而其他参量均称为快变量。

序参量是宏观参量,是系统中大量微观组分集体运动的产物,是在组分之间竞争与协同的基础上涌现出来的一种整体特性,无法用组分或低层次的特性加以说明。所以一些学者在运用协同学方法时,将系统的某个(或几个)组分或某个(或几个)子系统视为序参量的处理方法是不恰当的,是对协同学原理的曲解。

序参量不仅可以用来描述系统状态的有序程度,而且在系统处于临界点时,序参量还可以起到支配系统演化的作用。在临界点附近,系统内部会形成大量的集体模式,它们的运动变化快慢不一,对临界相变的贡献也不一样。由于序参量随时间变化缓慢,行为特性稳定持久,能够对各种快变量进行综合集成,所以序参量一旦形成,就成为系统中支配一切的力量,所有微观组分或子系统以及其他的集体运动模式都得按照它的"指令"行动。可见,整个系统的运动就是子系统相互竞争、相互协同、产生序参量、序参量反过来支配子系统、子系统伺服序参量的过程。哈肯将系统的这一演化机制称为支配原理,也叫伺服原理。

3.涨落。

即使系统处于有序状态,也并不是说子系统无规则的独立运动会完全停止。因此,系统的"地下世界"是极其丰富的,子系统的独立运动以及它们各种可能产生的局部耦合,加上环境条件的随机波动等,都反映在系统的宏观量的瞬时值,经常会偏离它的平均值而出现的起伏上,这种偏离平均值的起伏现象就叫涨落。当系统处于稳定状态时,这种涨落的幅度与宏观量相比是很小的,并且衰减又快,因此常常可以把它忽略。然而,当系统刚刚进入临界点时,子系统自发的独立运动与它们之间关联所形成的协同运动也进入均势阶段,在这个混乱无序的过渡阶段的初期,子系统间的各种可能的耦合相当活跃,而且这些局部耦合所形成的涨落不断冲击着系统,由于系统的无序和混乱就使涨落相对地变大。每个涨落都包含着一种宏观结构的"胚芽状态",很多涨落得不到其他大多数子系统的响应便表现为阻尼大而很快衰减下去,这种涨落的内容就是快弛豫参量。只有得到了多数子系统响应的涨落,便由局部波及系统得到了放大,成为推动系统进入新的有序状态的巨涨落,这种涨落的内容就是出现在临界无阻尼的慢弛豫序参量。涨落是形成有序结构的动力,涨落是有序之源。从动力学来看,系统演化的结局是由边界条件决定的。事实上,虽然各种涨落的出现是偶然的,但只有符合边界条件的涨落才会得到响应和放大,才能转变为支配系统的序参量。

4.自组织。

比如说有一群工人。如果每个工人在工头发出的外部命令下按完全确定的方式行动,我们称之为组织,或更严格一点,称它为有组织的行为。显然,经过这样调整后的行为导致生产某种产品的联合行动。如果没有外部命令,而是靠某种相互默契,工人们协同工作,各尽职责来生产产品,我们把这种过程称为自组织。

从无序状态转变为具有一定结构的有序状态,或者从有序转变为新的有序状态,需要环境提供能量流和物质流作保证,也就是说控制参量需要达到阈值时,这种转变才成为可能,这是必需的外部条件。然而,系统在相变前后的外部环境并未发生质的变化,也就是系统并未从环境中得到怎样组织起来和形成什么样的结构以及如何来维持发展这种结构的信息,因此这是在一定的环境条件下由系统内部自身组织起来的,并通过各种形式的信息反馈来控制和强化着这种组织的结果,人们称这种组织是自组织结构,相应的描述也叫作自组织理论。自组织理论是协同学的核心理论。一定的有序结构代表着一种存在模式,一种模式一旦出现,无论其量如何小,也不管其量的发展如何大,都认为是一种结构。序参量一旦出现,不管它的指数型增长的范围或大或小,系统都处在同一种结构上,这是一种有序性。怎样维持和发展序参量,就是如何稳定模式的中心问题了。序参量是通过自组织状态来维持的。当然其他参量的变化也会影响序参量,使序参量的大小出现一些波动,但序参量对其他参量的作用总是通过正反馈来加强它自身直到饱和为止。在不同现象中,子系统之间的关联和耦合形式是不同的,它集中地体现在序参量对子系统的反馈控制不同机理上,但是由序参量支配子系统支配有序结构支配组织的规律是一样的。要建立一个描述各种系统中出现的自组织原理,就不得不借助于信息、控制这种普遍的概念和方法。系统的信息作用体现在序参量的变化上,当序参量变化时它会通过信息反馈来控制子系统的行为。序参量是通过正的信息反馈才使系统维持在这种结构上的。从子系统的角度来说,控制参量的变化,起着改变子系统之间关联强弱和改变子系统独立运动与协同运动的相对地位的作用。环境不提供促成子系统之间关联的转化条件,系统是不可能产生自组织的。还有一个有趣的现象是:外界以无规的形式给系统提供能量和物质,然而自组织结构能够把这些无规形式的能量和物质转变为有序的形式。①

（二）协同学的基本原理

1.绝热消去原理。

协同学最核心的方法就是哈肯从物理学热力学借用过来的绝热方法。而哈肯借用的绝热方法,则成为协同学简化问题的关键。而绝热方法的运用,则使得哈肯跃升地得到了一个重要原理,即伺服原理。两者的运用成为

---

① 参见郭治安等编:《协同学入门》,四川人民出版社 1988 年版,第 21—30 页。

一种交相辉映的、相互促进的思想和方法。绝热消去法是找寻慢变量的基本方法。按照热力学的观点，一个过程如果进行得非常快，以至于几乎来不及与外界交换能量，就可以近似地看成一个绝热过程，用热力学方法作简化处理，消去变化极快的变量。这种绝热近似的消去法，是协同学降低基本方程维数、减低方程自由度或消去大量变量的基本方法之一。绝热消去法的基本步骤如下：（1）根据弛豫因子判断变量的快慢；（2）通过对快变量求其定态解，代入慢变量，用慢变量表示快变量，即得到慢变量方程，或称序参量方程。绝热消去法是非常有用的方法，当系统的演化不能用方程加以描述时，绝热消去的思想仍然可以运用到系统模式建立的分析中。事实上，可以在直观上发现系统演化过程中的各种变量变化的快慢，注意系统的慢变量，或者注意系统的各个变量的寿命长短，就可以大致通过比较忽略变化快的变量，留下变化慢的变量。如果系统变化存在不同层次，那么还可以通过逐级忽略快变量的办法，寻找序参量。而序参量一旦找到，系统的动力学过程的自组织机制就基本清楚了。需要说明的是，协同学的绝热消去方法，不是线性的简单性方法，而是依据过程演化到快变量与慢变量可以明显区别的临界状态阶段的本质进行研究的方法，它本质上是过程演化阶段性的方法。所以，它具有阶段适用性或历史性特征，它不是万能的，但是在临界阶段，它又是非常有效的方法。

2.支配原理。

对绝热消去方法和原理的进一步概括，就形成了支配原理。阐述这一原理的主要概念是慢变量、快变量和支配。在系统走向临界状态的过程中，接近临界点时，系统的稳定性已经被破坏，这时，系统的变量常常区分为两类：一类变量随时间变化很慢，到达新的稳定态的弛豫时间很长，甚至趋向无穷，因而被称为慢变量，慢变量在接近临界点时不是迅速衰减，而是缓慢增长，代表不稳定模；另一类变量随时间变化很快，以指数形式迅速衰减，弛豫时间很短，被称为快变量，快变量代表系统的稳定模。两类变量中，快变量是大量的，而慢变量是少数的。最终将形成少数慢变量支配大量快变量的情形。支配原理的核心思想是认为系统内部的各种子系统、参量或因素对系统的影响，是有差异的、不平衡的。但是，这种影响在不同阶段和不同时间的反映也是不同的。例如,在平衡态时,这种不同的差异和不平衡受到较强的压抑,未能表现出来;远离平衡态时,这种差异和不平衡有所反映;逼近临界点时,这种差异和不平衡就暴露出来。于是,这时慢变量和快变量的区别就比较明显了:快变量犹如历史上昙花一现的事物,不会左右系统演化的进程;慢变量则主宰着系统演化的命运,支配着快变量的行为。归根到底,支配原理的贡献在于,系统走向有序,到达临界点或临界态附近时,最终将出现少数慢变量支配多数快变量的情形,这种慢变量役使或支配快变量的情形,将成为人们通过少数变量把握有序演化过程的重要工具。人们用不着注意所有的变量,所有的因素,而只要抓住寿命长的变量,逐渐忽略寿命短的变量,就能够一步一步地接近序参量。所以支配原理实际上提供给我们一种可实际操作的方法论思想。当然,这种可以实际操作的方法在协同学那里受到了严格的限制。因为在协同学那里,运用支配或役使原理是被限制在临界状态下的。这从理论上看的确如此。但事实上,我们所看到的世界在变化过程中,不同条件的不同系统却存在极其相似的发展特征。这表明一定存在着长期支配系统的机制,而此机制却较少受到不同阶段的具体条件的制约。按照系统动力学的思想和观察,也存在着对复杂系统的这样一种认识,即在大多数阶段复杂系统对系统内多数参数的变化并不敏感。这表明存在着慢变量长期支配系统,或大多数阶段由慢变量支配快变量的情况。需要注意的是,支配原理不是万能的,它同样有自己的适用范围,那就是当出现混沌时,支配原理将有可能失效。这是因为,当混沌运动出现时,系统内部各个子系统的竞争势均力敌,此起彼伏,变动太快,非稳定性占据了绝对的支配地位,几乎所有的子系统的变化速率大体一致,因而无法区分快变量和慢变量了。故支配原理不再有效。当然,与支配原理有局限一样,协同学也同样有许多其他不足,例如协同学的宏观方法也还不够完善,最大信息熵原理还比较含糊。应用协同学方法时要特别小心。然而,协同学的基本概念如竞争和合作或协同,都具有重要的方法意义。①

---

① 参见吴彤:《自组织方法论研究》,清华大学出版社 2001 年版,第 57—61 页。

(三)协同学的方法论思想

竞争和协同方法要点:第一,在大量子系统存在的事物内部,在输入必要的物质、能量和信息基础上,激励竞争,提倡相互作用和影响,形成影响和作用的关系,发展这种关系,造成影响和作用的网络;竞争有自己的规则,竞争应该有形成自己净化竞争的能力,这涉及竞争规则的进化;不合规则者淘汰出局,即竞争的最严重的惩罚。第二,提倡合作,在竞争中和交往中发展合作关系,通过合作,造成与竞争相抗衡的必要的张力;并且不受干扰地让合作的某些优势自发地、自主地形成更大的优势,从而形成动力学模式。这种模式是竞争的规则,是合作的规则,也是竞争和合作共同作用的动力学模式,而不是某种子系统对总体系统的统治。以经济系统为例,这种模式即市场经济的规律性,如比较利益,如价值原则,而不是某个子系统对经济过程如市场的垄断。第三,一旦形成序参量后,系统动力学过程进入有序运动状态,要注意序参量的支配不能采取被组织方式进行,依然应该按照体系的自组织过程在序参量支配的规律下组织系统的动力学过程。这种方法对于有人类活动参与的过程尤其重要。第四,序参量的建立,并非万事大吉。我们要特别注意系统后的动力学过程,这一过程将产生两种增加有序程度的运动,一种是数量化的水平增长其复杂性和组织程度的演化,如同一种类的内部的复杂性增长过程,另一种则是突变式的组织程度跃升动力学演化。前者不涉及序参量的变化,可以在同一序参量支配下平稳过渡;后者则涉及序参量的变更。我们尤其应该注意后者的演化动力学。它仍然涉及两个或两个以上的序参量的竞争和合作的动力学问题。寻找支配系统行为变量和序参量方法的要点:第一,通过比较寿命长短,区分快、慢变量。第二,通过所起作用的演化,区分非重要、重要变量。第三,通过慢变量的作用把快变量所起的作用整合起来,作为总量之部分合理安置在总作用之中。第四,通过慢变量或重要变量所遵循的运动模式寻找能够反映模式有序程度的参量,它就是序参量。第五,检查变量与模式之间有无支配与被支配关系,若无支配或被支配关系,则该变量不是序参量,若有支配关系,则可能是序参量。第六,如果运用以上方法或哈肯的微观、宏观方法找到多个序参量,那还要进一步在这些序参量中选择占主导地位的主序参量。以上即以协同学为主的自组织动力学方法论的要点。动力学方法论的含义即在系统内部寻找自主作用的关键力量以及对系统内部相互作用的关系的关注。但是,对协同学的运用,特别是寻找序参量时,在临界区域和非临界区域去运用协同学寻找序参量时是有差别的,需要特别注意,而不能到处套用自组织动力学的方法。①

(四)协同学的哲学思想

哈肯概括了不同现象中有序结构形成的共同特点,即一个由大量子系统所构成的系统,在一定的条件下,子系统之间通过非线性的相互作用产生协同现象和相干效应,使系统形成有一定功能的自组织结构,在宏观上便产生了时间结构、空间结构或时—空结构,出现了新的有序状态。总之,自然界是由不同的运动形式、不同的物质层次(对不同的系统)所构成的统一的整体,各种系统之间既相互作用、相互制约,又相互依存、相互合作,通过差异协同自组织,以一定的方式发展演化。不同的学科研究不同的运动形式、物质层次或系统,由于差异的特殊性不同,产生了不同的理论和方法,形成了不同的语言和风格。哈肯善于从差异的特殊性中发现差异的普遍性,从差异的个性中揭示出差异的共性。他通过深入细致的研究,发现不同系统中的子系统的性质虽然千差万别,例如激光系统中的原子和光子,生物系统中的动物和植物,社会系统中的工厂和农场。但是由这些子系统所构成的系统在宏观结构上的演化行为,即由旧的结构突变为新的结构的机理却是类似的,甚至是相同的。不同系统的性质迥然不同,然而它们从无序向有序的转变却遵循某种共同的规律,这一发现是哈肯建立协同学这一新学科的客观依据。自古以来,各个学科都注意研究自己领域中的协同现象,得出了用不同术语描述的各种理论和规律。协同学则把不同学科中共同存在的协同现象抽取出来作为自己的研究对象,它研究一个系统内部各个子系统之间的协同作用是怎样产生的,系统怎样从杂乱无章变成井然有序,有序结构形成之后又会如何发展变化,变化的规律是什么,等等。协同学抓住了不同

---

① 参见吴彤:《自组织方法论研究》,清华大学出版社2001年版,第66—67页。

系统中存在的共性,用共同的数学模型去研究各个学科不同的现象。类比法是一个十分古老而至今仍有强大生命力的研究方法。爱因斯坦说过,在物理学上往往因为看出了表面上互不相关的现象之间有相互一致之点而加以类推,结果竟得到很重要的进展。在协同学的建立过程中,哈肯运用类比法开阔了视野,从激光理论开拓到其他自然现象,乃至社会领域中的许多变化过程,发现了这些"互不相干的现象之间有相互一致之点",为建立协同学理论奠定了思想基础。相似是类比的前提,它是自然界存在统一性的一种表现。由于全然不同学科的全然不同系统的行为之间存在着惊人的类似性,才有可能进行类比,才能用同样的数学方程描述不同系统的运动情况。哈肯在谈到他为什么要采用类比方法时说:"当我们想到某个系统的许多子系统的合作受同一原理所支配,而与各子系统的性质无关时,我们就会意识到,在所谓协同学这一横断性学科研究领域的框架内寻求并探索这些类似性的时候已经到来了。"哈肯是从两个方面进行类比的。首先,他在不同系统之间进行类比,发现了"完全不同的系统之间的深刻的相似",采用了同样的数学模型来描述不同系统从无序向有序的转变。通过不同学科间的类比,使人易于从一个已知的领域进入未知的领域,将一个学科的研究成果推广到另一学科中去。哈肯说:"类比的好处是显而易见的,一旦在一个领域里解决了一个问题,它的结果就可以推广到另一个领域,一个系统可以作为另一个不同系统的模拟计算机。"协同学正是运用了类比的方法,从横的方面研究了各个学科中不同系统的临界现象的共同特征,才被称为横断学科。非平衡系统在临界点上所发生的相变或类似相变的行为与平衡态相变进行了类比,发现二者也有相似的特征,遵从同类的数学方程。例如,在一般情况下,单模激光对应有相变的特性,如果在激光器的谐振腔中放入可饱和吸收体时则呈现出一级相变的特征。分立谱的多模激光呈现着一级相变的特性,尤其是连续多模激光方程与超导理论中一维电子对的金兹保—朗道方程一模一样。这些事实说明,远离平衡系统的激光所发生的有序结构的形成过程,与热平衡系统的超导所发生的相变存在着深刻的相似。哈肯从这种类比中得出结论:非平衡系统中所发生的有序结构的形成,是平衡系统中所发生的相变过程的开拓和发展,而平衡相变则是非平衡相变的特殊情况。知道了二者的区别和联系,就可以吸取平衡相变理论中一些行之有效的概念和方法来研究非平衡相变,如协同学中采用了平衡相变理论中的序参量的概念和绝热消去原理。协同学在不同侧面的类比中,充分地吸取了其他学科尤其是现代理论中的有益成分,这是它得以迅速发展的一个重要原因。总之,非平衡的物理系统和非物理系统从无序向有序的转化过程与平衡相变过程(例如超导、铁磁现象)有一定的对应关系。从协同的观点看来,这是由于二者都是由大量子系统之间的相互作用而又协调一致的结果,这样就打破了非平衡临界过程与平衡态相变之间的界限。例如,与一级相变相对应的非平衡过程,同样具有潜热、滞后等现象;与二级相变相对应的非平衡过程,同样具有对称性破缺不稳定性、软模、临界无阻尼、临界涨落等现象发生。非平衡相变所划分的几个类型,如折叠型、尖顶型、燕尾型、蝴蝶型等,里面包括了平衡相变中一、二级相变的特征,同时它比平衡相变具有丰富得多的新内容。因此,协同理论的研究范围既着眼于非平衡态,同时也包括平衡态的相变。协同学的理论吸收了平衡相变理论的成果,又高于平衡相变理论。哈肯运用类比方法,发现在不同系统之间,平衡与非平衡相变之间尽管形成不同过程的具体机制有所不同,但却遵循着相同的演化规律。这一重要结论成为他建立协同学的基石。但是,哈肯强调了抓住事物的差异普遍性和共性,而对事物的特殊性和个性似乎重视不够。哈肯在研究非平衡过程的演化规律时,实际上采用的正是这种捉住过程的主要因素的方法。在协同学中,哈肯采用了朗道在相变理论中提出的序参量概念来代表一个系统有序的程度,用序参量的变化来描述系统内部无序和有序差异的转化。但是,一个系统所包含的子系统是一个十分庞大的数字,因此,如何找出在系统演化过程中起主导作用的参数——序参量,是研究中首先要遇到的问题。要得到序参量和描述序参量的变化方程,就必须把大量次要的、暂时起作用而不决定系统演化整个过程的参数消去。怎样用一个或几个自由度来取代为数如此众多的自由度。怎样从大量参数中合理选取一个或几个序参量来描述系统在临界点处有序度的转变呢? 这不能不求助于理论的思维。哈肯具体分析了系统中不同参数的不同作用,区分了决定系统演化的本质因素和非本质因素、暂时起作用的因素和长远起作用的因素、偶然的因素和必然的因素,发现在由无序向有序转化的过程中,不同参数在临界点处的行为大不相同。有的参数(为数众多)阻尼大衰减快,对转变的整个进程没有明显的影响;有的参数(一个或几个)出现临界无阻尼现象,它不仅不衰减,而且自始至终左右着演化的进展。因此,哈肯根据参数在临界点附近变化的快慢将变量分为两类:一类是阻尼大衰减快的快弛豫参量,或者叫作快变量;一类是临界无阻尼的弛豫参量。这两类变量同时包含在决定系统演化的微分方程组中,相互联系、相互作用又相互制约。虽然慢变量只有一个或几个,但它却主宰着系统演化的整个进程,决定着演化结果所出现的结构和功能。它就是表示系统有序程度的序参量。协同学在解方程组时,由于快变量和慢变量的阻尼系数往往相差几个数量级,因此可以采用统计物理学中的绝热消去法,消去大量的快变量,便得到少数变量的序参量方程,这样便使原来难以甚至无法求解的方程组变为易于求解的方程了。在大多数情况下,协同学就是用这个方法得到序参量及其方程的。例如,把激光系统的变量分为两类,一类是描写激光原子的参量,一类是光子的参量,在半经典理论中,可以用光场来代替光子。在不同系统中,根据演化前后系统的具体变化,所选取的序参量的意义也不同。找出了系统的序参量,整个系统的行为就可以由一个或几个序参量的变化来决定。抓住了主宰系统演化过程的主要因素,就使问题迎刃而解了。

哈肯在研究系统从无序向有序的演化过程时,比较恰当地处理了差异协同的关系,他在研究工作中十分重视分析系统内部各子系统之间的相关性和子系统本身的独立性之间的竞争与协调,以及序参量之间通过合作和竞争而出现的新的统一,从而具体描述了系统如何从一个旧结构演变为新结构,以及系统演化发展的序列,充分揭示了自然界乃至人类社会从低级有序逐级向高级有序过渡的过程。协同学的基本范畴"协同",就是差异自组织的一种表现。一个由大量子系统构成的系统,如果内部各个子系统间通过相互作用达到了协调一致的行动,对应地在宏观上就出现了新的结构

（有序结构）。协同学所研究的正是自然界中各种物体如何通过差异和竞争达到和谐和合作。实际上这是系统内部差异不断竞争和协调整合着系统宏观结构的步步演化过程。自然界是分层次的，当然系统的有序也存在着不同的阶梯，系统有序结构的步步演化，反映了自然界中从低级有序向高级有序或者相反的逐步变化过程。哈肯注意分析了系统内部协同和竞争之间的关系，发现了序参量之间的合作和竞争决定着系统的演化进程，这是他把这门新的学科取名为"协同学"的重要原因。哈肯在建立协同学理论的过程中，充分利用了科学已经获得的成果和最新的理论进展。哈肯有着雄厚的理论基础和渊博的学识，在从事非平衡态理论研究中，善于将各个领域中的同类现象加以类比，并且善于把非平衡态的各种学说理论加以对比，尤其是吸取了耗散结构理论的成果。然后，他集百家所长，不仅汲取了平衡相变理论中行之有效的序参量概念和绝热消去原理，在描述系统的偶然性和必然性中还采用了广泛适用的概率论、随机理论、泛函分析等数学手段，在建立自组织理论时，他采用了信息论、控制论中的普适性很强的理论和方法；在研究非平衡有序结构形成的类型时，他采用了突变论的处理和分类方法，如此等等。协同学中充满了很多学科的最新成果，又在理论上走出了一条创新的道路。纵观协同学理论的建立过程，可以看到哈肯在研究工作中自觉或不自觉地在思想方法上比较妥善地处理了事物的共性和个性、主要因素和次要因素、系统内部的竞争和协同之间的关系，从而促进了协同学的建立和发展。这一事实充分说明：协同学的建立符合系统哲学，协同学的发展需要系统哲学，协同学为系统哲学提供了新的证据。

三、超循环理论

艾根的超循环理论是建立和发展系统科学的基础。艾根早年的研究工作主要在快速化学反应动力学及其反应机理方面。艾根在快速化学反应研究中，特别注意了生物体内发生的快速生物化学反应，并从生物分子演化的角度来对它进行考察。这使他对核酸和蛋白质的起源及其相互关系产生了兴趣,最终导致了他对生命起源的一个关键问题——生物信息起源的开创性探讨。通过他自己的工作,同时也由于分子生物学、非平衡热力学、自组织现象研究、信息论和博弈论等方面进展的推动,艾根逐渐从实验和理论两方面步入了探索生命起源的领域,并于 1970 年提出了超循环思想。

达尔文在 19 世纪中叶建立了生物进化论以后,一个多世纪过去了,生物进化论的研究已有了相当的进展,但是关于生命起源的问题却至今没有解决。恩格斯在 19 世纪 70 年代曾经预言:"生命的起源必然是通过化学的途径实现的。"① 20 世纪 50 年代,分子生物学诞生以后,人们又在模拟原始地球的条件下,在实验室合成了构成生命的基础有机物——蛋白质和核酸。但是,在理解核酸和蛋白质的关系上,又碰到了新的困难,这就是"先有核酸还是先有蛋白质"的问题,或者更抽象地说"先有信息还是先有功能"的问题。超循环理论探讨了这一问题。艾根指出,在生物信息起源上的这种"在先",不是指时间顺序,而是指因果关系。事实上,提出"在先"的问题,不是提出了一个科学问题,而是一个伪问题。这里有一种双向的因果关系,或者说是一种互为因果的封闭圈。核酸和蛋白质的相互作用,相当于"封闭圈"即"循环"的一个复杂的等级组织。从反应循环到催化循环再到超循环,就构成了一个从低级到高级的循环组织。

艾根认为,在生命起源和发展中的化学进化阶段和生物学进化阶段之间,有一个分子自组织过程。因此,进化可以划分为如下几个阶段:(1)化学进化阶段;(2)分子自组织进化阶段;(3)生物学进化阶段。在分子自组织进化阶段,既要产生、保持和积累信息,又要能选择、复制和进化,从而形成统一的细胞机构,因此这个自组织过程只有采取超循环的组织形式。艾根认为,超循环组织和一般的自组织一样,它必定起源于随机过程,开始于随机事件,但是,只要条件具备,它的出现虽然不是决定论的,但却是不可避免的。在超循环自组织过程中,也包含了许多随机效应,但是,这些随机效应能反馈到它们的起点,使得它们本身变成某种放大作用的原因。经过因

---

① 《马克思恩格斯文集》第 9 卷,人民出版社 2009 年版,第 78 页。

果的多重循环、自我复制和选择,功能不断完善,信息不断积累,从而向高度有序的宏观组织进化。他认为,"上帝不掷色子"和"绝对偶然"的观点在此都是不正确的。艾根指出,达尔文自然选择原理不仅是生物学进化的原理,而且也是研究超循环自组织的指导性原理。达尔文原理强调"物竞天择,适者生存",艾根在对超循环的研究中指出,在此不仅"生存竞争"、"空间隔离"是重要的,而且"协同作用"、"整合作用"同样是重要的。超循环组织,作为一个远离平衡的开放系统,既竞争又协同,既隔离又整合,从而选择和进化。因此,艾根的超循环理论在分子水平上把竞争和协同结合起来,发展了达尔文原理。

艾根强调,他之所以提出超循环理论,是想把物理学普遍原理推广到生物学并与生物学成果相结合,对经验事实进行抽象,从现实中追踪历史的遗迹,从而用模型反映现实的结果。正是在建立抽象模型的基础上,他运用了包括非线性微分方程、概率论、博弈论、不动点分析等数学工具对模型进行了定量的处理,从而得出定量的、规律性的、富有意义的结果。艾根提出的超循环理论,虽然有一定的实验事实支持,但还有待于进一步改进和完善。艾根还特别指出,在神经组织和社会组织中,也存在超循环的组织形式,超循环理论的许多结论,不仅具有自然科学意义,而且具有社会科学意义。①

分子生物学的研究成果为达尔文的进化论提供了新的、物理学的牢固基础。核酸的复制动力学——一种借助于模型推演出任何生物繁殖所依赖的聚合过程——已经被当作某些重要的进化现象(如筛选、优化、对环境的适应或共生协同)进行定量描述的新的途径。分子进化论与传统的群体遗传学观点的主要区别在于以下两点:(1)变异是复制过程中不可缺少的组成部分。不论是无缺损的还是有缺损的复制都是一个或同种反应机制的平行反应。借助于这种新的观点,人们有可能对于频繁变异系统进行没有

① 参见 M.艾根、P.苏斯特尔:《超循环理论》,曾国屏、沈小峰译,上海译文出版社 1990 年版,"译者的话"。

局限的分析。(2)决定筛选过程结果的那些量(如在群体遗传学中的适合度)获得了建立在物理—化学特性基础上的一个新的解释,这些物理—化学特性(至少在原则上)可以不依赖于筛选过程而被测量出来。达尔文理论中的同语反复问题(即经常借助"适者生存"表达的循环推理)从而简单地被解决了。在特别简单的系统(例如,用在试管中的 RNA 分子所作的进化实验或存在于体内和体外的简单病毒)中,一种对进化现象的定量的实验途径已获成功。分子进化理论发展了一些新的概念,这里给出两个例子:"拟种"被理解为一个群体中稳定的变异分布,"超循环"是在自复制元素中的一个有组织的全体,在这个整体中,导致筛选的竞争通过相互依赖的简单形式被联结在一起。①

超循环是一个自然的自组织原理,它使一组功能上耦合的自复制体整合起来并一起进化。超循环是一类全新的、具有独特性质的非线性反应网络,它便于进行统一的数学处理。超循环可以通过趋异突变基因的稳定化,而起源于某种达尔文拟种的突变体分布中,一旦聚集起来,超循环将经过一个类似于基因复制及特化的过程,进化到更复杂的程度。

超循环是一个自组织的原理,只是前提不同,因而所产生的结果也不同。达尔文系统表明了两个结果:(1)自复制体为选择而竞争。对于落入小环境的无联系的物种,这种竞争可以得到缓和。然而,为保持野生型的稳定,它必须在每一种突变体分布中都起作用。没有这种竞争稳定化,其信息便会丧失殆尽。(2)稳定的野生型信息量是有限的。换言之,信息量必须保持在某个阈值之下,阈值的大小与(每符号的)平均误差率成反比。阈值还依赖于野生型的优势的对数,此优势即相对于全体(稳定)分布的突变体的平均选择优势。一旦出现了某种突变体,该分布就会变得不稳定,因为它扰乱了物种有利于先前稳定的野生型条件。这些性质是达尔文系统所固有的。它们保证了进化行为,进化行为的特征是选择和最适自复制体的,并且

①　参见 M.艾根、P.苏斯特尔:《超循环理论》,曾国屏、沈小峰译,上海译文出版社 1990 年版,"中译本序"。

它可被适应性更强的任何突变体取而代之。另外,这种系统的进化被限制在由最大信息量的阈值所确定的某一复杂性水平上。由于这种限定,最初的自复制体必须是相对短的核酸链。只有这类大分子才充分满足内在的自复制条件。然而,作为自复制精确性基础的物理力,其专一性是有限的。只有催化支持才能增进精确度,在此,为了适应进化,催化剂也必须是可复制的。在这个进化阶段需要信息翻译,该信息是由复制物质经遗传得到的。要跨越这一步是极其困难的。进化必定几乎停止了。这里需要某种机构,而为了产生它,又必须立刻利用这一种机构。哪怕是原始的翻译器,也至少要包括分配四种不同的氨基酸以及相应数目的酶和信使的四种匹配器。这种系统所需的信息量,相当于单链 RNA 病毒的信息量。不过,这些微粒能够利用其宿主细胞的完善的翻译器。它们在高度适应的酶机构的帮助下进一步复制了由酶机构所代表的某种最终的、也是优化的进化产物。RNA 噬菌体的基因组很少超过几千个核苷酸,这些核苷酸足以对几种(例如四种)蛋白质分子进行编码。正如第一部分表明的,这种限制是由只在高度适应的复制酶帮助下才能达到的精确度决定的。信息量的任何进一步扩充,都将需要如此精致的机理,如校正读码,其中包括核酸外切酶和连接酶的作用,而只有处于相当高级进化阶段的 DNA 聚合酶才能利用这种机理。如果复制精确度仅是以核酸所继承的物理性质为基础,而不允许在任何一条核苷酸链上复制积累起多于五十至上百个核苷酸,那么即使是原始的翻译系统,又怎么能够产生呢? 一个翻译系统所必需的信息量相当于自复制单链中可得到的信息量的几倍。

超循环是一种工具,它把那些长度有限的自复制体整合到某种新的稳定序中,从而能够相关地进化。任何其他种类组织,诸如仅有空间隔离的组织或者非循环网络,都不可能同时满足以下三个条件:(1)为保存它们的信息,要在每一自复制体的野生型分布中保持竞争;(2)允许几种(除了竞争的)实体及其突变体分布共存;(3)把这些实体统一成某个相关的进化单元,其中每一个体的优势都能够被所有成员加以利用,而且这个单元在此作为一个整体,在与任何可选择的组分单元的激烈竞争中都得以继续存在。

我们的陈述包含了第一个结果,它代表了一种逻辑推论:如果我们寻求某种保证翻译器连续进化的物理机制,那么超循环组织就是一个最起码的要求。其中的信息载体具有自复制性质在此是必要的,但并非充分的。若我们分析超循环组织的条件,则立刻可以发现它们相当于达尔文选择的前提。达尔文选择的基础是自复制,它是一种线性自催化。正如第一部分表明的,超循环是自催化系统等级结构中更高的层次。它是由自催化或复制循环所构成的那些复制循环被循环地催化联系起来的,即被另外的重叠的自催化联系起来的。所以,超循环是以(二级或更高级的)非线性自催化为基础的。超循环可以当作一类特殊的反应网络加以分析,因为它们表现出"规则的"行为。它们表现出独特的、其他类型耦合不具备的性质,从而可作为"抽象的超循环"加以统一处理。另外,超循环决不仅仅是我们心灵的抽象产物。该原理在 RNA 噬菌体的感染过程中仍然被保留着,尽管在此它被运用于宿主细胞的封闭世界中。此噬菌体基因组对翻译提供了一个因子。用作复制酶复合体的一个亚单元,复合体的其余部分由宿主因子来补充。这个噬菌体编码因子使得该酶具有绝对的噬菌体专一性。不考虑来自宿主源的全部 RNA 噬菌体专一的复制酶复合物现在代表了噬菌体基因组的自催化放大的一个重叠反馈环路。我们关于原始翻译器的超循环组织的必要性陈述,具有"如果——那么"的本性,而未涉及历史上实际存在的事物。在那里,也许会出现意外的单个事件,即并不代表自然界的任何规则性的那些涨落,从而影响历史途径。如果我们想要表明,历史的进化确实是在某个特殊的物理原理支配下进行的,那么我们就必须找到历史证据,即存在于现在的有机体中的早期组织形式的遗迹。①

任何理论,若其推论不能由实验核实,则其中就不存在绝对的价值。同时,理论不能只满足于解释实验事实,还必须提供更多的东西。正如爱因斯坦所说的:只有理论才能告诉我们哪些实验是有意义的。在这个意义上,超

---

① 参见 M.艾根、P.苏斯特尔:《超循环理论》,曾国屏、沈小峰译,上海译文出版社 1990 年版,"前言"。

循环理论或许能成为"自然规律性"的生命及其起源提供一种更深刻的理解。

（一）超循环论的基本概念

超循环论，是研究分子生物进化的自组织的理论。超循环论创立之前，科学界一直认为，从无机界进化到有机界要经过两个大的阶段：化学进化和生命进化。超循环论的建立，表明在这两个阶段中间还存在一个由大分子集团借助超循环形式形成稳定性结构，并且运用突变、分岔、选择等机制进行进化变异的过渡阶段。这个进化阶段的提出，进一步弥补了化学进化与生物进化之间的空白。超循环理论虽然如此对进化的理解有重要意义，但是超循环论方法始终未受到如耗散结构论方法那样的重视，究其原因可能有该理论看上去适用面窄，比较专门，另外该理论目前仍然处于假说阶段等原因。超循环论的方法能否推广到其他领域，并且适用于其他领域关于进化的解释，特别是能否上升成为一种一般的方法论原则，则要看能否把超循环的基本概念、超循环论的方法抽象和提升出来；这些概念在其他领域中是否存在对应的可解释的类似现象。下面我们首先讨论超循环的基本概念，研究它的方法的基本思想，同时讨论其推广、扩展的可能性。超循环论的基本概念是"超循环"，要理解"超循环"概念，首先要从"循环"概念谈起。还要涉及"反应循环"、"催化循环"等概念。

1."循环"的概念。

"循环"在日常意义上，比喻事物周而复始的运动；在物理学意义上，指物理系统从某一状态出发经过一系列变化回复到初始状态的过程。可以把"循环"的概念做如下拓展：如果两个事物 A 和 B，A 作用于 B，有 A→B；而 B 也作用于 A，有 B→A。那么从整体上看，A 和 B 这种相互作用即 A⇆B 就构成了"封闭环"即循环。为了解释循环，我们先谈谈自然界中的许多循环现象，例如，生物体的生命循环一般由胚胎发生、出生、生长、成熟、生殖、衰老、死亡等事件构成（见图3-1）。[1]

---

[1] 参见刘为民：《从化学进化到生物学进化》，《自然杂志》1981 年第 10 期。

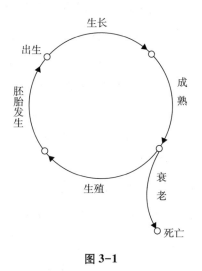

图 3-1

2.反应循环。

反应循环指多步骤的化学反应序列的持续不断的反应过程。反应循环是循环反应中一种比较低级的组织形式,一组相互关联的化学反应序列,其中某一步的一种产物恰好是先前一步的反应物。例如由 A,B,C,D,……,X 组成的一个反应序列,A 产生 B,B 产生 C,C 产生 D,……,X 最后产生 A,从而构成一个循环。反应循环中也可以包含催化剂,但是催化剂是外来的,不是由反应自身产生的。因此也可以把反应循环称为普通化学反应中催化剂催化反应物转变为产物的反应,或普通生化反应中酶作为催化剂催化底物变为产物的反应:S $\xrightarrow{\text{E}}$ P(见图 3-2)。反应循环是这样一种反应序列,其中任何一步的某一产物是先前某一步的反应物,在生物化学中,有许多重要的反应循环体内的生化反应都是由称为酶的蛋白质或蛋白质复合物催化的,而酶的催化作用等价于一个反应循环,酶 E 和底物 S 结合成中间复合物 ES,ES 再转变为 EP,EP 又释放出产物 P 和酶 E。

3.催化循环。

艾根指出,反应循环可以分为不同的等级,它们各有不同的性质。如果一个反应循环中至少有一个中间物是催化剂,那么这个反应循环就称为催

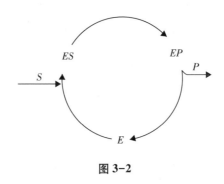

图 3-2

化循环(见图 3-3),催化循环代表较高级的组织水平,催化循环的最简单的代表是一个自催化剂,或自复制单元:$X \xrightarrow{I} I$ 或者写为 $X + I \longrightarrow 2I$。

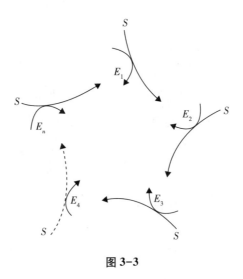

图 3-3

普通催化过程(等价于一个普通的反应循环)和自催化系统(最简单的催化循环),具有不同的动力学性质,如果底物的浓度受到缓冲,那么普通催化过程的产物随时间线性地增长,而自催化系统则显示指数的增长。催化循环是比反应循环更高级的组织形式,指至少存在一种能够对反应本身进行催化的中间物的反应循环,指相互催化的催化剂或相当于催化剂作用的反应循环所构成的循环网络系统。与反应循环相比,催化循环中的催化剂是循环中自己产生的。事实上,存在两种不同类型的催化反应:一种是自催化反应,另一种是交叉催化反应。交叉催化反应已经由普里戈金学派做了细致研究。著名的布鲁塞尔器反应即理想的交叉催化反应模型：

$$A \rightarrow X;$$
$$B+X \rightarrow Y+D;$$
$$2X+Y \rightarrow 3X;$$
$$X \rightarrow E$$

在这个反应模式中，X 和 Y 是整个反应序列的中间分子，A 和 B 通过它们最后变成 D 和 E。其中第 3 步构成的是自催化；而第 2 步和第 3 步合起来构成交叉催化。① 所以，布鲁塞尔器实际上是一个综合了自催化和交叉催化的超循环反应器。

可以把"催化循环"概念做如下拓展：催化循环即至少存在一种能够对相互作用本身进行作用的中间物，这种中间物也是反应自身在相互作用过程中产生的。②

4.超循环。

超循环就是较高等级的循环，或者说是由循环组成的循环。按理说，一个自催化系统已经可以称为是超循环，因为它代表了本身是反应循环的催化剂的循环；但是，艾根所指的超循环是催化功能的超循环，即经过循环把自催化或自复制单元连接起来的系统，其中每个自复制单元既能指导自己的复制，又对下一个中间物的产生提供催化帮助。③ "超循环"原指生命起源过程中，化学分子和生物大分子的一种自组织机理。从其字面上理解，超循环就是循环之上的循环。由于这里的循环即指多步骤的化学反应系列形成的首尾相接的化学反应循环。因此，简单地说，超循环可以说是由多个化学循环相互结合构成的复杂化学循环。能否把"超循环"概念做如下拓展：至少包含一个"催化循环"的循环即"超循环"。超循环是维持两个或两个

① 参见 E.拉兹洛：《进化——广义综合理论》，闵家胤译，社会科学文献出版社 1988 年版，第 39 页。
② 参见吴彤：《自组织方法论研究》，清华大学出版社 2001 年版，第 88 页。
③ 参见刘为民：《从化学进化到生物学进化》，《自然杂志》1981 年第 10 期。

以上动态系统的循环圈。当然,存在更复杂的"超循环"。例如,组织层次的跃迁,即在低级组织基础上建立更高级的组织层次,然后又在这个组织层次之上再建立更高的组织层次,即循环套循环再套循环,即超循环。超循环不仅是一种形式上的循环系统的整合,而且是一种功能性的综合。超循环就意味着存在非线性作用,意味着具有自复制、自适应和自进化的功能。超循环组织是保持信息稳定性,并促使其继续进化的一个必要前提。因为超循环所能够容纳的信息量要比其他形式上的信息量大得多。使得组织的结合更紧密,组分和结构有更大的丰富性和多样性。使得能量汇聚起来,被体系多次利用、充分利用。于是体系越来越远离平衡态,体系的非线性特征也越来越强。超循环概念不仅提供了一种关于组织形式的概念和思想,而且也提供了一种演化的思想和方法。①

5.突变和拟种进化的概念。

超循环理论中还有一个最为重要的进化概念,即对"拟种"突变过程的概念描述,见图3-4,在 I_1 和 I_2 之间构成了一个超循环圈,在演化过程中,由于随机性的热运动,涨落或"漂移"等因素的作用,突然出现一个不稳定的、暂时虚拟性的 I_2 的突变体——拟种 I_2'。这个拟种 I_2' 以一种暂时联盟的形式参加到 I_1 和 I_2 之间构成的超循环圈中,使得原来的两个实体性质的超循环暂时得到了三个实体性质的超循环圈的形式,但是这种三体超循环是一种暂时的、临时的超循环。如果外部条件不合适,或外部条件、环境(温度、压强和能量等)对于形成和巩固这种三体超循环不利,那么这种超循环很快就会解体,继续两体的 I_1 和 I_2 之间的超循环圈。实际上自然界进化过程中绝大多数是这种情况。然而,只要有万分之一的可能,即一旦出现了外部条件合适,或外部条件、环境(温度、压强和能量等)对于形成和巩固这种三体超循环有利的情况,那么这种超循环也将很快巩固起来,固定成为真正的三体的超循环。于是两个实体的超循环就

① 参见吴彤:《自组织方法论研究》,清华大学出版社2001年版,第89页。

进化成为三个实体的超循环了。①

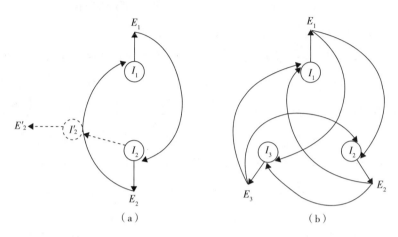

图 3-4

注:(a)出现了 I_2 的突变体 I'_2;(b)此突变体现在并入了此循环环中 I_3。

(二)超循环理论的基本原理

1.循环和相互作用。

超循环理论所理解的循环是由循环的亚单元之间的相互作用造成的循环。恩格斯认为,相互作用是事物的终极原因。相互作用构成了循环,是超循环理论的一个基本思想。超循环理论所理解的相互作用,是因果相互转化的、动态发展的相互作用。从这一观点出发考察分子生物学水平上关于生物信息起源的"先有蛋还是先有鸡"之争,即"先有信息还是先有功能"之争,认为,"信息"和"功能"是一种互为因果的相互依存、相互作用的关系,两者之间谁也不可能"在先",它们必须共同进化。循环发展的内因和外因按照超循环理论的观点,组织内部的相互作用、因果转化是自组织得以发生和发展的内部原因。而自组织的选择进化得以实现,不仅取决于物质系统的结构,取决于系统的内因,而且取决于物质系统所处的条件,取决于系统的外因。这就是所谓的在特定条件下物质出现选择。正是在这一点上,超

---

① 参见吴彤:《自组织方法论研究》,清华大学出版社 2001 年版,第 90 页。

循环理论的奠基者既高度赞扬了普里戈金等人的耗散结构理论,认为它是研究分子自组织的基础,同时又指出,把耗散结构理论应用到研究生物信息的起源上,还必须与生物大分子的特性结合起来,要引入新的参数,从而超出现有的热力学理论。由此可见,内因是发展变化的根据,外因是发展变化的条件,外因通过内因起作用,是超循环理论自觉不自觉地坚持的又一基本观点。物质系统内部、物质系统与环境条件的相互作用、相互转化构成了循环发展,这是超循环理论给予蛋、鸡之争的新解。正是这种理解,排除了生物信息起源中的"巨大的创世行动",更一般地排除了自然界物质自组织系统演化中的"巨大的创世行动"、"第一推动力"。

2.循环发展的竞争和协同。

"话说天下大势,分久必合,合久必分",社会似乎也采用某种循环的形式发展。恩格斯曾经这样概括:"整个自然界被证明是在永恒的流动和循环中运动着"。① 自然界采用什么样的形式循环发展,这是科学和哲学一直都在探讨的课题。德国生物物理化学家、诺贝尔化学奖获得者艾根于 20 世纪 70 年代初在研究生物信息起源的过程中建立的超循环论,对这一问题提出了一种新的假说。循环和超循环按照艾根的超循环理论,自然界的循环发展有不同层次不同等级,可分为反应循环、催化循环和超循环三大层次。在反应循环中,反应物先与催化剂作用生成中间物,然后逐步转化,最后分离出产物,同时催化剂复原,完成了一次循环。化学中极为普遍的催化反应,生物化学中普通的酶促反应,太阳中能量的主要来源的碳循环,都是反应循环。如果以反应循环为亚单元,形成一个更高级的反应系统,其中至少有一个环节即一个亚单元进一步形成了自催化反应,也就是该亚单元的产物本身又作为进一步反应的催化剂,那么这样的反应系统是一个自催化系统,相当于一个自复制系统,称之为催化循环,这是一种循环的循环。DNA 的自我复制,化学和生物化学中广泛存在的自催化反应,就是催化循环。超循环则是以催化循环为循环的亚单元,亚单元在功能上循环联系起来成为

① 《马克思恩格斯文集》第 9 卷,人民出版社 2009 年版,第 418 页。

更高级的循环,这是一种更高层次的循环的循环,其中每一个亚单元既能自复制,又能催化下一个亚单元的自复制。DNA 和 RNA 的相互作用就是一种超循环,在社会系统和神经系统中也存在着不同等级的超循环组织。艾根的超循环论中,不仅把不同等级的循环与不同程度的功能联系起来,而且把它们与自然、生命甚至社会的发展联系起来。反应循环只具备自再生能力,催化循环已具备自复制能力,超循环则进一步具备了自选择的能力,成为了活物质系统。从太阳中的反应,到化学、生物化学中的反应,再到生命系统、社会系统中的种种相互作用之网,都与循环的低级形式到高级形式互相呼应。超循环论中提出的自然界的循环演化的思想,使我们想起了辩证法大师们的循环发展学说。黑格尔在研究哲学史的过程中,曾经将人类思想的发展比作一个大圆圈。列宁高度评价了黑格尔的这一思想,认为它是"一个非常深刻而确切的比喻"!① 科学家在实证科学领域中发现整个自然界通过循环的循环进化,由低级循环向高级循环发展,哲学家则在理性思维的王国中证明人类知识通过圆圈的形式演进,从一个圆圈向另一个圆圈。恩格斯谈到达尔文进化论的片面性时,结合生物学史曾批判过片面强调斗争和片面强调协作的两种见解。他说,这两种见解在某种狭窄的范围内都是有道理的,然而两者都同样是片面的和褊狭的。自物体的相互作用包含着和谐和冲突;活的物体的相互作用则既包含着有意识和无意识的合作,也包含有意识和无意识的斗争。艾根在把达尔文原理推广到分子水平的组织过程时,注意到竞争中的协同,协同中的竞争,把竞争和协同结合起来,并认为它对整个自然界的演化也适用,从而提出了一种意义更为广泛的进化论。超循环理论的这种概括,已经接近事物的发展就是差异和协同的观点了。按照这一理论的观点,虽然大分子的自组织必定起始于随机事件,但在条件具备时,从分子的随机运动中形成自组织以至逐步向有生命发展却是现实可能的,这个过程虽然不是决定论的,但却是不可避免的。物质的自组织的起源,即从低一层次的循环向高一层次的循环的飞跃,有其偶然性的一面,

---

① 列宁:《哲学笔记》,人民出版社 1974 年版,第 271 页。

也有其受必然性支配的一面,按照艾根的说法,在此"绝对偶然性"的观点和"上帝不掷色子"的观点都是不可取的。而且,物质系统的自组织的发展,即高级循环组织的复杂性的增长,也是既受到必然性支配,也有偶然性的一面的过程。按照这一理论的研究,超循环组织的进化中有大量的随机事件,存在各种各样的自复制误差和突变;但是,超循环组织正是用这种误差之机,利用有利突变扩大循环组织并增加信息容量,向更高复杂性进化的。必然性通过大量的偶然性表现自己,并为自己开辟着道路。①

(三)哲学意义

耗散结构是比利时布鲁塞尔学派的领导人普里戈金在20世纪60年代末创立的一门新兴学科,他突破了以往传统物理学主要从封闭系统和平衡结构为研究对象的框架,以研究远离平衡态的开放系统,怎样通过不断与外界进行物质和能量交换而形成新的稳定有序结构,称耗散结构。所谓"耗散",是指系统维持这种新型结构需要外界输入物质和能量。这种系统能够自行产生的组织性,称自组织现象。因而,耗散结构又称为非平衡态系统的自组织理论。协同学是原联邦德国著名物理学家哈肯于1977年提出的新概念。他开始由思考不仅在热力学系统中而且在远离平衡态系统中,也同样普遍存在相变现象,创立了协同学理论。协同学在吸取耗散结构的一些理论观点,对开放系统作进一步深层研究,生动描述非平衡态系统从无序转化为有序的微观机制,揭示序参量与子系统以及序参量之间的竞争、协同是形成自组织结构的内在根据。哈肯在研究中发现非平衡态系统和平衡态系统有惊人的相似,因而可以用同样的理论方案和数学模型进行处理。这样就不仅扩大了研究范围使之具有更大的概括性,而且更进一步解决了耗散结构尚未解决的问题——系统稳定性和目的性的具体机制问题。超循环理论是原联邦德国艾根教授及其同事于1971年创立的一门新的科学理论。它是从生物领域入手来研究非平衡系统的自组织问题,因而也称为自组织理论,又称生命起源和进化机制理论。艾根提出"超循环"就是经过循环联

---

① 参见沈小峰、曾国屏:《超循环论和循环发展》,《现代哲学》1991年第1期。

系把自催化或自复制单元连接起来的复合循环系统。它包括许多单一循环或子循环系统,这种单一或子系统,就是每个自催化或自复制单元。生命起源的关键是分子的自组织性,表现为超循环。从有机大分子到第一个细胞的产生,是个漫长多级的进化过程,之所以最终形成具有统一的遗传密码的细胞结构,正是由于受到分子这种特殊自组织即"超循环"的支配。它对揭示生命起源的机理问题,作出了特殊贡献。超循环论和耗散结构、协同学,共同对系统科学的丰富发展起了重大的推动作用。耗散结构、协同学、超循环论这"三论",同控制论、信息论、系统论这"三论"有着内在逻辑的"亲缘"关系。例如,后"三论"所研究的系统的相关性、组织性、结构—功能、有序性、随机性、熵等概念,以及抽象和类比方法、形式化和数量化方法、黑箱方法等等,在前"三论"中又得到进一步的深层发展。特别是系统论的创始人贝塔朗菲所研究的"开放系统"概念,也成为前者"三论"研究的基本范畴之一,他正是沿着研究开放系统这条思路发展起来的。贝塔朗菲把开放系统定义为:处于一定的相互联系中并与环境发生关系的各组成部分(要素)的总体。并指出这种系统最根本的要素,就是"组织联系"。正因为这样,系统总是一个动态结构,具有整体性功能。前"三论"把开放系统引申为远离平衡态开放系统,因而深化发展了系统的功能性,揭示出这种系统演化的机制,把握其内在规律性,并建立数学模型进行深刻描述。这就表明耗散结构、协同学、超循环论,是对控制论、信息论、系统论的丰富创新和深化发展。两个"三论"都体现了当代科技横断跨界、渗透交汇、多元化、多学科结合整体化发展的趋势特征。它们具有重大的科学实用价值,对系统哲学提供了新的科学论据,深化丰富了唯物辩证法规律的内容。

1.充实了物质世界多样性有联系统一的原理。

人类对物质形态多样性和有联系的认识,按物质的质量性质和空间分布特性,可分为实物形态和非实物形态。实物具有静止质量,空间分布具有并列、间断性,都占有一定空间,不可叠加,是以间断性形式存在的物质形态;非实物形态即"场",如引力场、电磁场、核力场、希格斯场等,不具静止质量,但具有运动质量,没有确定空间尺度,可以叠加互侵,是以连续性形式存在的物质形态。系统论把物质形态和联系划分为孤立系、封闭系、开放系。所谓孤立系，是指与外界没有物质和能量交换的系。如以绝热材料封闭保护气缸中的气体，就是孤立系。封闭系是指与外界只有能量而没有物质交换的系统。如地球除了极少数天外飞来的陨石外，与其他天体几乎没什么物质交换，但却经常与太阳等天体进行能量交换。开放系是指与外界进行物质和能量交换的系统。如生物细胞、生物体、人类社会等系统。耗散结构、协同学、超循环论从新的角度审视物质形态和联系，提出平衡态、近平衡态、远离平衡态。同时揭示了这三种平衡态之间以及原来系统论所提的孤立系、封闭系、开放系之间的联系。平衡态是指物质（系统）的性状或物理量达到均匀一致的状态。其特征：一是系统的物理量不再随时间变化达到稳定态；二是在定态内部不存在物理的宏观流动，如热流、粒子流等。近平衡态是物质（系统）内部的性状或物理量保持微小的差别状态。远离平衡态是物质（系统）的性状或物理量存在较大差距的状态。近平衡态和远离平衡态都属于非平衡态，但这两种非平衡态又有根本区别；近平衡态内部不同元素之间存在着线性作用，因而，它对平衡的偏离较小，故而倾向于平衡态运动；远离平衡态内部不同子系统之间存在着非线性作用，因此，它对平衡的偏离较大，所以，它有可能导致耗散结构的出现。但是，以上所述几种形态系统并非孤立存在的。通过条件的改变可由孤立系进入封闭系以至开放系；又通过强化外界的驱动作用，可以由开放系中的平衡态进入近平衡态甚至远离平衡态。由此可知，它们之间是彼此联系相互转化的。系统哲学是把自然界看作是相互联系可以转化的系统整体性来考察认识的。系统之间不断地进行物质和能量交换，反映了物质世界普遍联系变化发展的内容实质。自 1850 年克劳修斯提出热力学第二定律"熵增加"原理，当时物理学普遍认为：系统总是自发地从有序变为无序，即在一个孤立系统中，任何物理或化学过程中总是导致"熵"的增加（分子混乱程度），熵增加是个不可逆的自发过程。这样就是把无机物的自发无序的离散的演化，与生命现象有序自组织演化之间划了一道不可逾越的鸿沟。耗散结构、协同学、超循环论在研究远离平衡态相变过程中，发现不仅有序向无序转化，而无序也可以再向有序转化,填平了无序演化与有序演化二者之间的鸿沟。普里戈金创立的耗散结构理论,揭示远离平衡态形成耗散结构所遵循的共同规律及其数学公式;哈肯提出的协同学,揭示不同系统自组织起来形成有序结构所遵循的共同原理、不同物态在临界点上发生相变所遵从的同类的数学方程;艾根提出对生命起源的超循环机制理论,对更深层地认识和反映物质世界的统一性,多样性作出了崭新的科学贡献,丰富了辩证唯物主义哲学关于物质世界多样性有联系的新内容;对评析克劳修斯的"宇宙热寂说"的形而上学观,提供了新的科学理论根据。

2.丰富了差异协同规律的内容。

耗散结构的形成离不开"非线性的相互作用";协同学提出的自组织系统的演化离不开"序参量的竞争和合作";超循环论揭示生物分子自组织受到"超循环相互作用的支配"等等,都是对差异是事物发展的源泉和动力的体现。由于一切系统都不是孤立存在的,而是处于普遍联系之中,因而各个系统都是由内部和外部构成差异协同的复杂体系。超循环论揭示生命起源于生物自组织阶段。在原来地球上无生物的条件下,曾经通过核酸或类核酸等大分子,包括自催化或交叉催化的反应网络的自组织,实现物理系统向生命系统的突变,正是这些大分子同周围环境不断进行物质和能量交换的前提下实现的。超循环论的理论观点也反映在协同学当中。协同学是通过将控制参量作为一个全局性的变化,在自组织下让系统发生结构的变化。系统行为往往并不是子系统行为的简单叠加,而是所有子系统之间的相互作用,使整个系统有调节、有目的地自组织起来的。哈肯在协同学研究中也关注到系统内部的协同和竞争的关系,认为系统的作用是通过内部差异自组织实现的。他提出:子系统在竞争中产生了序参量,又在序参量支配下协同合作产生宏观有序结构。哈肯在深入分析系统内部时,认为子系统之间的差异、系统内部的"慢参量"与"快参量"之间的竞争,就是这种差异的体现。在这种竞争中,慢参量通过涨落放大可以上升为序参量,而序参量主宰着系统演化的全过程、决定着演化结果出现的结构功能。所以,整个系统的性质用一个或几个序参量来描述,即是说:在整个系统中,用很少的自由度来代替子系统的很多的自由度。正是基于这种思考,哈肯运用"绝热消去原理",将快参量斩去而不致影响结果,从而得到序参量方程。有时如果有几个序参量同时存在于一个系统中,它们就展开竞争,各自力图占据主宰支配地位。例如,对液体加热,产生对流不稳定,处于混沌运动阶段,就有三个序参量同时存在处于相互交叉关系中,它们就展开激烈竞争,从而在不同的运动状态间来回推动系统。在竞争中,当一个序参量起主宰作用,支配其他两个序参量,其运动就由这个序参量规定。隔不久,这一序参量在竞争中失去主宰地位,就由另外两个中的一个佼佼者取而代之。这里描述反映序参量之间的竞争就是内在差异。表明差异的地位是依条件的改变而相互转化的。哈肯协同学中的"协同"并非认为只有合作才是积极因素,竞争是破坏系统的消极因素。他是把协同合作同差异竞争统一起来考察论证的。他提出:我们将看到很多个体,不论是原子、分子、细胞、动物或人,都有其集体行为,一方面通过竞争,另一方面通过合作,间接地决定着自己的命运。竞争导致合作,合作之中有差异,差异是始终普遍存在的。例如,激光就是由于不同光波通过非线性作用而导致协同动作的结果。激光虽然发射单色性、方向性极好的相关波列,但它所发射的光波并非是单一色的。实际上,激光在每一次发射之初,都存在不同的光波。它们彼此竞争,而那些符合光电子"内部舞蹈节拍"的光波,则优先得到其他受激的光电子赋予的能量而加强,因而战胜了所有其余的光波;反过来,它们又不断迫使每一个新受激的光电子,在波的轨道上有节奏地共同振荡,从而使激光朝着越来越有序的方向发展。这表明即便在某些新的集体行为协同合作的情况下,也仍然存在着差异竞争。新的科学事实雄辩地表明事物的差异是客观普遍存在的。耗散结构、协同学、超循环论丰富了事物的差异法则、深化了唯物辩证法差异协同规律的新内容。

四、突 变 论

现代科学方法论之一的突变论,在 20 世纪 70 年代伴随新技术革命的发展而崛起。它和耗散结构论、协同论一起越来越广泛地应用于各门科学和社会经济领域的研究,日益展现出广泛的前景。它们标志着现代科学技术已经进入综合化、一体化的新阶段。突变论是法国著名数学家勒内·托姆于1968年开始提出,并于1972年发表在《结构稳定性和形态发生学》一书中,系统阐述了这一理论,它标志着突变论的产生。它是研究自然和人类社会中连续的渐变如何引起突变,并力求以统一的数学模型来描述、预测和控制这些突变的一门新兴学科。"突变"一词,原意指灾难性的突然变化,强调变化过程的间断性。突变论是数学最年轻的分支,是微分拓扑学的新成果。它运用拓扑、奇点、微分定性理论或稳定性数学理论,来研究自然界各种形态、结构和社会经济活动的连续性的量变如何引起非连续性突然变化的。它被誉为一"微积分以后数学的一次革命",是"用精密的数学工具描述生物、社会科学等复杂现象的一次突破"。

勒内·托姆教授在法国比尔高等研究院从事微分拓扑学研究,1951年获法国国家博士学位,1954年首创"协边理论",获1958年菲尔兹奖。他自20世纪60年代起就潜心研究突变现象。1968年他的第一部介绍他在这方面研究的著作《结构稳定性和形态发生学》出版。这部著作尚未问世就激起人们浓厚的兴趣。齐曼将这一新的理论定名为"突变论",并将它纳入系统论的范畴。三百年来,人们运用微积分、微分方程成功地建立了各种模型,例如牛顿的运动学与动力学模型、麦克斯韦的电磁场模型、爱因斯坦的狭义乃至广义相对论的场方程等等,但这些分析数学只能描述那种连续的和光滑变化的现象。然而,自然界与人类社会充满着不连续的和突变的现象,诸如水沸冰融、弹性结构的塌陷、冲击波的形成和散射、火山地震、胚胎中胚囊的形成、心搏、神经冲动的传播、旧物种绝迹、新物种纷呈等等,又如舟覆机坠、古城兴衰、工厂倒闭、经济危机、改革维新、囚犯扰乱、政权更迭、战争爆发等等。突变论运用微分拓扑对奇点性质的研究成果,包括分类定理,试图对突变现象作出解释。这一理论来源于托姆在拓扑学与分析学中关于结构稳定性的研究,以及作者与生物学家们关于形态发生学的探讨。为了说明突变理论的模型,常用狗的攻击作为例子——狗同时又发怒又恐惧。若不用突变论模型,似乎两种刺激将相互抵消呈现平静的中间状态。但实际情况却是中间状态极少发生,而两种极端状态出现概率较高。我们用水平面上两根轴分别表示发怒和恐惧,这是成为突变原因的连续变化的因素,称为控制变量。竖直轴表示狗的行为的度量,如仓皇奔逃、退缩、回避、漠然、惊叫或咆哮进攻,称为状态变量。对于控制平面上的每一点,即对于发怒和恐惧的每一种组合,至少存在一个最可能的行为,即得到一个行为点,这些行为点组成行为曲面。突变论模型表明行为曲面在中间发生折叠。在表示最少可能行为的中间区域,控制变量的微小变化对可能导致状态变量的急剧突变,表现为狗受到逼迫时的行为,这类突变论模型称为尖顶型突变。可解释一系列现象,如以威胁与代价为控制变量,政府的决策(攻击性或防御性)等等。托姆证明:只要控制变量不多于四个,在某种等价意义下,只有七种基本突变:除尖顶型外,还有折叠型、燕尾型、蝴蝶型、双曲脐点型、椭圆脐点型、抛物脐点型。经过托姆、齐曼、阿尔诺特等人的工作,突变论的应用遍及自然科学和社会科学。总起来说,突变论的应用分两类:一类是"硬"应用,如力学、物理学等;另一类则是"软"应用,如生物学与社会科学。突变论表明数学既能处理连续和光滑的变化,又能处理不连续和突变的现象;既能有定量的应用,又能有定性的应用。研究"黑箱"有助于打开"黑箱"。我们期待着突变论的进一步发展和深化,期待着像突变论那样新的数学工具应运而生,从而揭开突变现象之谜,探寻自然界与人类社会的奥秘。①

(一)突变论的基本概念

1.突变的概念。

事物发展存在两种演化方式即渐变和突变。前者如植物正常生长、行星绕太阳运行;后者如火山爆发、地震、新星爆发、股票暴跌、政治风云突变。表面上,渐变似乎比突变事件多得不可比拟,而且对于人类的认识而言,渐

---

① 参见勒内·托姆:《突变论:思想和应用》,周仲良译,上海译文出版社 1989 年版,"译者的话"。

变比突变更好认识和处理,从牛顿和莱布尼茨创立微积分以来,数学的大部分内容几乎都是处理渐变现象和变化的,其方法卓有成效。而突变则瞬息万变,似乎太难认识和把握了。突变论创立以来,人们发现:第一,讨论突变,首先必须重新界定"突变"。人们常把缓慢变化称为渐变,把瞬间完成明显急促变化称为突变。这种经验性认识既不精确也不科学。突变与渐变的本质区别不是变化率大小,而是变化率在变化点附近(即一个所谓临界局域)有无"不连续"性质出现,突变是原来变化的间断,渐变是原来变化的延续。所以突变与渐变,一个属于间断性范畴,另一个属于连续性范畴。第二,就自然界和社会而言,复杂性的突变现象并非凤毛麟角,倒是简单连续性现象的测度几乎为零。同时,连续性现象中存在着突变过程,突变现象中也存在连续性发展演化事件和过程,这就使得过程更为复杂。第三,突变性与不连续现象具有不同的本质特点,一种过程本身就是不连续的,它是由一种离散力作用或离散采样引起的,不连续原因引起不连续现象,不是托姆突变论研究的突变现象。第四,托姆区分了两种突变,他认为突变概念有两种,即有普通意义的突变和突变论意义的突变。系统遭到了破坏并不可逆转地让位于另一个系统,是托姆所说的普通意义下的突变。例如,原来的草地生态系统遭到破坏,不可逆转地让位于荒漠、沙漠生态系统,就是普通意义上的突变;人的生命并非自然走向死亡,而是突然遇到外部某种情况,如车祸、飞机失事、自然灾害等不可抗拒的事情而死亡,就是普通意义上的突变。那么什么是突变论意义的突变呢?现在考虑特征 Γ 看上去像一条S形曲线的情况(见图3-5)。在这种情况下,同样有两点 a 和 b 具有垂直的切线,这两点是临界点。在区间 (a', b') 中取一值 u_0,相应于输入 u_0 值为 y_0,且 (u_0, y_0) 位于曲线的下方分支上。此时,让 u 从 u_0 开始增加,并使 $u<b$,那么根据连续性,我们将沿着局部解 $y=\varphi(u)$ 前进。如果将 u 推向 b' 外,那么系统未必会受到破坏,其内部状态会突跃到上方分支的点 (b', b_1) 上,并从那一点开始继续在上方分支上增长。这一突跃使系统能继续存在,不再像通常情况那样会消失。托姆将这种突跃称为(突变论意义下的)"突变"。突变没有使系统消灭,是系统得以"生存的手段",它帮助系统脱离通常的

特征状态。因此,出现(突变论意义下的)突变显然是件好事。第五,托姆还把突变推广,用他的话即为解析延拓成为"广义突变"。一般说来,在原先是均匀的介质中出现一种新的"相"时,就有可能带来突变,托姆称之为"广义突变"。如果出现初始对称性破缺,从而使过程失去结构稳定性,那就会引起一种广义突变。这种过程并无确定的形式,但即使过程不是结构稳定的,其最后结果仍是非常确定的。第六,有一些理论利用连续性方法近似描述或模拟自然界中的不连续现象,而不去揭示连续变化引起的突变现象的内在机制。很显然,这些方法仅提供了处理不连续现象的数学技巧,甚至还掩盖了突变的间断性演化的本质。托姆的突变论思想不同,它强调的是过程结果的不连续性,着眼点是揭示造成这种不连续现象的一般机制,因而它的思想更为深刻。①

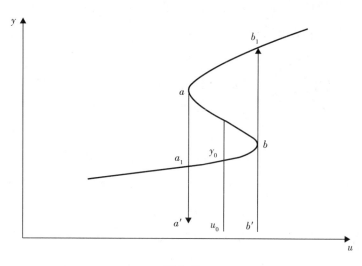

图 3-5

2.突变论的概念。

任何一种理论和它的方法都有自己的基本概念和定理,通过运用这些被定义的概念、术语和定理描述、解释该理论的指称对象与问题域以及演化

---

① 参见吴彤:《自组织方法论研究》,清华大学出版社 2001 年版,第 68—70 页。

规律。这些基本概念和定理就是其方法的基本工具。

(1)突变论基本概念。初等突变论研究的是有势系统。严格力学意义上的势，是一种相对的保守力场的位置能。在热力学系统中，热力学势是自由能，系统演化的方向由它决定。势的概念也可以适当推广到其他领域，如社会领域。如可把势看作系统具有采取某种趋向的能力。势是由系统各个组成部分的相对关系、相互作用以及系统与环境的相对关系决定的，因此系统势可以通过系统行为变量(状态变量)和外部控制参量描述系统的行为。这样，在各种可能变化的外部控制参量和内部行为变量的集合条件下，可构成行为空间和控制空间，我们把由 n 个行为变量构成的 n 维行为空间(又称状态空间)记为 R_n，把 m 个控制变量构成的 m 维空间称为控制空间，记为 R_m。综合空间则表示为 R_{n+m}。突变论就是把事物状态的变化发展演化放置在这样的 R_{n+m} 空间中研究其行为突变的。一般而言，R_{n+m} 是高维空间，被研究对象行为构成的控制与行为空间构成了一种数学上称为超曲面的高维状态曲面。给定控制参量变化范围即在给定控制空间中，看系统的行为参量如何变化，在数学上就称为把系统的行为投影到控制空间上。突变论的另一个重要的方法论特点，就是把高维曲面 R_{n+m} 空间投影到控制空间 R_m上，研究控制参量 C 连续变化时事物位势的性质如何变化。m 不大时，可以大大降低问题的复杂性。如当 m≤3，特别是 m≤2 时，研究势函数非常方便和容易，并且具有明显几何意义。

(2)平凡点与奇点。在 R_n 空间的超曲面上，并非所有点都具有相同的重要性或相同的价值。从数学上看，超曲面上某些点的势函数的一阶导数不为零时，系统行为是平凡的(原来变化趋势怎样，现在还怎样)，而超曲面上某些点的势函数一阶导数为零时，系统的行为则可能是不平凡的(原来变化趋势现在可能发生突变)。A.定态点：突变论把满足一个光滑函数的位势导数为零条件的点称为"定态点"。定态点在不同条件下有不同的分类。如当 n=1 时，定态点有三种类型：极大、极小和拐点。当 n≥2 时，对不同的势函数，定态点有更多的类型。更深刻的差异反映在定态点的退化和非退化上。退化定态点称为奇点，因为在该点附近系统往往出现许多奇异行为。连续变化的原因引起的不连续结果,就发生在奇点上。我们会看到,奇点研究是突变论的重要方法,是突变论的一种从整体到局部的基本方法。B.势的局域性质:孤立点性质并无太大意义,我们感兴趣的是该点附近系统行为的变化,突变论通过考察,找到了利用一系列定义和定理表达的关于点附近的系统局域性质特征:a.非定态点局域无奇异性;b.非退化定态点局域无奇异性;c.退化定态点局域(莫尔斯与非莫尔斯部分),其中非莫尔斯部分包含奇异性。

(3)吸引子:吸引子是系统趋向的一个极限状态。作为一般规则,系统将逐步趋向于唯一的极限状态。不过,也有可能存在多个极限点的情况。根据具体情况,极限状态可能是闭轨线,也可能是更为复杂的图形,如一曲面或维数很大的一流形。这些极限点的连通集就被称为系统的一个"吸引子"。按照托姆定义,给定这样一吸引子 A,动力场中趋向于 A 的轨线集合构成空间 RK 一个区域,此区域称为吸引子 A 的洼(basin)。若系统具有多个互不相交吸引子,这些吸引子就将处于相互竞争状态,吸引子 A 有可能受到破坏分解为多个吸引子(彭加勒将这一现象称为"分岔")。这种情况类似于一个小球在一个凸凹不平的高尔夫球场滚动时的全部行为构成的"相空间",其行为必然会受到那些被高地分割开的各个低洼的竞争"吸引"。这时,小球的行为在不同地点是不同的,在有些地点就会变得不稳定,其行为的结构空间也因此出现了局域的结构非稳定性。

3.初等突变论类型。

(1)托姆初等突变论基本突变表的初等突变类型共有折叠、尖顶、燕尾、蝴蝶、双曲脐点、椭圆脐点或毛发和抛物脐点。上述各种情况可以构成一定的几何结构,构成托姆所说的奇点 S 的"万有开折"(在局部同胚的意义下)。遗憾的是,对于与多维吸引子有关的"分岔"现象以及由此引起的突变的拓扑特性,在数学上却研究得很少(这无疑是一大难题)。但有一点可以肯定,即如用多面体集合来定义与梯度动力场有关的突变,则由于吸引子维数的缩减(如在出现共振现象时)而引起的突变,一般会产生拓扑特性非常复杂的树枝状突变集。所以,我们看到,非生命过程(结晶,晶体的生长)和生命过程(树木、血液循环、记忆过程中可观察到的"分类方式")不仅有着共同的变化源,因而需要我们进行相同的研究,而且它们也产生了后来所谓的"分形"和"混沌"特性的千姿百态的丰富形态。(2)基本类型托姆在初等突变论中把突变分成两种类型,即冲突型和分支型。冲突型突变:存在相互竞争的各个吸引子所支配的不同区域。分支型突变:吸引子之间存在冲突且至少有一个不再结构稳定。初等突变给出了系统行为时空的基本形态学特征。①

(二)突变论的方法

1.转换时间维度为空间结构的方法。

传统上研究突变现象多从时间维度入手,但是由于突变现象转瞬即逝,很难把握,因此许多人在突变现象研究的难度面前望而却步。而托姆另辟蹊径,把一个动态的时间突变问题(数学上称为"不连续性"问题)转换为一个突变行为集合所构成的一个"静态"的结构问题。正如可以通过同时呈现在宇宙同一空间的不同恒星的不同演化阶段形态方法,表达为不同阶段的恒星时间演化一样,这种转换具有重要方法论和认识论意义。

2.反向分析方法。

所谓稳定性即对扰动的不敏感性。最初稳定性仅指某点运动稳定性。稳定性又分为运动稳定性和结构稳定性。在经典科学下,运动稳定性是指系统在受到初始条件扰动下的运动轨道即受扰动轨线与未受到扰动的运动轨线充分的接近。在量子力学条件下,运动稳定性指的是运动的状态函数的态稳定性。运动稳定性提法本身具有一定局限性,它从运动物体或运动状态本身出发,未考虑外部环境、条件以及其他方面对于系统的运动限制。就系统自身而言,它也仅考虑了一条运动轨线或一个运动状态的附近局域情况,这是不够的。因为运动过程中系统结构参数也会随之变化,这也可能导致系统结构类型的整体变化。结构稳定性则不然,它侧重考察的虽然也是系统的局域特征,但却不是系统点的特性,而是一个局域的结构变化特

---

① 参见吴彤:《自组织方法论研究》,清华大学出版社 2001 年版,第 71—73 页。

性。与运动稳定性分析相类似的是,它用来分析的对象不是运动函数,而是反映结构性的势函数。

3.定性方法:类比与结构化。

突变论表明,在科学中可能存在着完全定性的数学用法,这种方法对于不能定量描述和解决的问题领域可能更有应用的价值。关于定性与定量概念,卢瑟福(Rutherford)曾有句名言:"定性概念无非就是定量性极差的概念",这实际是19世纪末风行一时科学思想的一种写照。如果要求模型有效,那么这种模型一定要包含一种定量的成分,使我们有可能对它所描述的现象进行时空的定位。一个纯粹的定性预测,若不具体指明时间或地点,在实践中意义就不会很大。而突变论提供的模型基本是属于定性方面的结构化模型。这样的模型毫无价值吗? 托姆认为,即使初等突变论模型无助于我们进行定量的预测,它们的价值还是无可非议的。类比的突变论模型可用来对相似情况作分类,这一简单事实是一个不容忽视的收获,类比这个概念受到新实证主义认识论的怀疑而被拒之门外,但突变论证明它在科学中发挥的启发性作用还是不可小看的。在突变论这一领域,当然没有包医百病的良方,解决问题还得视具体情况而定。但是突变论方法提供了一种几何化或结构化思路,在托姆看来这就提供了一种整体的看法,他尤其不喜欢总是用自然语言去表达问题,他认为支离破碎地用语言来表达只能使人得到肤浅的概念。试用整体上几何化的思想在理论上有着巨大的意义。在许多学科中用到的某些概念,其意思并不清楚,无法形式化。按照托姆的观点,用语言表达的思想总倾向于将概念硬化,从而将概念的内在可变性遮盖起来了。而突变论允许使用一种连续性逻辑(logic of continuity),因为在正常思维中都有一个门槛;因此,突变论提供了超越同一性原理的可能性。

4.崇尚冲突与斗争的变化方法论。

在突变论的模型中,一切形态的发生都归之于冲突,归之于两个或更多个吸引子之间的斗争。事实上,它们构成了不同的区域,反映了系统的结构与运动演化的变化特性和相互作用特性。在现实世界里,例如在生物学里,个体或种系的稳定性依赖于各种"生态龛,或生态位"(托姆称为"场")之间的竞争,依赖于更为初级的各种"原型"之间的竞争。由此出发,通过竞争,出现了结构稳定的几何形体,如英国栎树林中原来的山雀通过生存竞争,最终演化成为三种山雀,三种山雀的觅食就具有不同的生态位,蓝山雀在树冠顶部;沼泽山雀在较低的树冠和灌木丛里觅食;而大山雀主要在地面觅食。"斗争"不但发生于个体和物种之间,而且发生于有机体发育的每一时刻,还发生在人类社会的各个层面。托姆特别喜欢重温赫拉克利特的一句名言:应知冲突无处不在,正义就是斗争,万物的发展皆可归于斗争和必然。①

(三)突变论的哲学思想

依据突变论中的稳定理论,提出了一条判断飞跃的原则。在严格控制条件的情况,如果结构变化中经历的中间过渡态是不稳定的,那么它就是一个飞跃过程;如果中间过渡态是稳定的,那么它就是一个渐变过程。他们还进一步指出,结构态的转化,既可通过飞跃来实现,也可通过渐变来实现,关键在于说明在什么控制条件下结构变化是飞跃的,在什么控制条件下结构变化是渐进的。资本主义的经济危机最能说明渐变与飞跃相互发生转化的现象。经济危机在爆发时,常常是一种突变;在复苏时往往要经历一个缓慢回升的过程,这就暗示着相应的经济模型中有一个折叠区,危机爆发时各种因素将经济行为推入这个折叠区,复苏时各种因素导致经济行为绕开折叠区,沿着曲面的连续部分回升,从而表现为渐变。突变论的成果使我们有可能对突变进行预测和控制。在求出状态与控制参数之间关系,知道了势函数、分支集和平衡曲面方程的基础上,能够主动地控制演化过程,绕过突变的临界点,避免突变发生;引导系统向人们所希望的方向演化,通过不稳定状态到稳定状态的突变,达到新的更高级的稳定态。从历史的角度看,自然发展和人类变革的步伐体现为一个一个的突变事件,发生突变的临界点(也常常是转折点)之间的连线所描绘的就是历史前进的痕迹。突变论的成果给了我们信心,我们可以在将来这个未决的世界中,更主动地作出我们

---

① 参见吴彤:《自组织方法论研究》,清华大学出版社 2001 年版,第 74—78 页。

的贡献。突变论是通过描述系统在临界点的状态,来研究非连续性突然变化现象。它用精密的数学工具为各类突变建立了模型,直观地描述了在临界点附近,外部条件微小变化引起的系统突然的结构变化的规律,对于防止突变,促使事物向良好预后转化有重大意义。突变论对临界效应、分支演化的研究充分体现了差异协同的思想,它之所以一度带来"突变热",与其所蕴含的哲学意义不无关系,而且在其问世后的不长时期内,就在系统科学以及其他各学科领域里找到了自己稳固的立足点。

　　长期以来,人们对结构质变的形式问题一直存在着不同见解,总的来看,有三种不同的倾向:一种是"飞跃论",认为从一种质态向另一种质态的转化是以不连续的方式通过飞跃实现的;另一种是"渐进论",认为在任何两种质态之间不存在着什么绝对分明和固定不变的界限,一切质态的差异都在中间阶段互相融合,因此不同结构变化的转化是以连续的方式通过渐进完成的;第三种是"两种飞跃论",认为飞跃可分为"爆发式"和"非爆发式"两种,旧结构到新结构的转化有的是以爆发式飞跃完成的,有的则是以非爆发式飞跃完成的。产生上述分歧的一个重要原因,在于对"飞跃"缺乏明确而科学的判定原则,一般只简单地把飞跃理解成是一个突然的、迅速发生的过程,而这种理解作为一种判定原则并不总是适用的,因为现实世界中既存在着迅速发生的渐进过程,也存在着时间较长的飞跃过程。突变理论对哲学的一个重要贡献,就是从稳定性理论出发,科学地回答了究竟什么是飞跃这个关键问题,为考察一个过程是飞跃还是渐变提供了新的判定原则。这就是,在严格控制条件情况下,如果结构质变中经历的中间过渡态是稳定的,那么它就是一个渐变过程;如果中间过渡态是不稳定的,那么它就是一个飞跃过程。稳定性理论是突变理论的基础。所谓稳定性,简单地说,就是当干扰改变事物的原有状态时,事物所具有的抗干扰能力,或者说当干扰使事物偏离稳定态时,事物依靠某种作用回到稳定态的能力。放在一个洼底部的小球就处于稳定态,而放在一个突起顶端的小球则处于不稳定态。科学研究表明,任何事物的稳定态必处于某一"洼"的底部。一般说来,事物稳定态的"洼"是看不见的,它是指抽象空间中热函数的洼,即势函数的极小值点。稳定性理论告诉我们,事物的渐变和飞跃过程,也就是这种洼的移动和消失。这就为哲学上判别飞跃提供了一个科学的依据。突变理论通过模型还揭示了事物的质态的转化,既可以通过飞跃来实现,也可以通过渐变来实现,关键在于控制的条件的不同。认识飞跃和渐变之间的相互转化关系,对全面而深刻地理解结构功能规律,并运用于认识和改造世界,无疑有着十分重要的意义。

第三节　混沌理论和分形理论

一、混沌理论

以前人们在研究动力学系统的状态随时间变化的规律时,采用线性方程来描述。这时,描述系统状态变化的方程是确定的,即只要知道系统的运动方程和初始条件,就可以确定系统的运动轨迹,从而也就知道系统在任何时刻的位置(或状态)。1963 年,美国气象学家洛伦兹发表论文《确定性的非周期流》,第一次明确地从确定性方程得到随机性的结果。洛伦兹的数值天气预报方程是确定的、非线性的,通过计算机数值计算时,却发现当初始值出现微小误差时,方程的解出现非周期性振荡(即随机性)。随后埃农、若斯勒等人也得到类似的结果,科学家们对这类随机运动特性作了更深入研究后发现,这类随机性不同于一般由外噪声引起的随机性(即外在随机性),因为它既不是由于系统存在着的随机力或受环境外噪声的影响,也不是由于无穷多个自由度的相互作用而产生的,更不是与量子力学的不确定性有关的,而是来自系统内部的,所以科学家们称之为"内在随机性"。因此,有的混沌学家就把混沌定义为"确定性系统的内在随机性"。这类随机性具有一个重要特性:对初值的敏感依赖性。也就是说,当初始值产生微小偏差时,就会出现轨道按指数速度分离。这就是我们平常所说"差之毫厘,失之千里"。洛伦兹把这一特性所产生的现象形象地比喻为"蝴蝶效应",即在巴西一只蝴蝶翅膀的拍打能够在美国得克萨斯州产生一股龙卷风。

混沌是自然界的一种普遍运动形式。根据现代非线性动力学和混沌的研究结果,我们知道,耗散系统由于能量的耗散而使轨线在相空间中的相体积不断收缩,或者使不同初始条件所确定的轨线可能趋向于同一点集,从而形成保守系统的吸引子。根据刘维尔定理,保守系统在相空间中,始终保持相体积不变,因此,保守系统在相空间中的运动轨线不可能产生奇怪吸引子。但是,20世纪五六十年代,出现的KAM定理使人们认识到,保守系统除了可以作规则运动之外,在一定条件下,也可能出现随机性而作混沌运动,具体地说,当系统的自由度超过3时,就会出现阿诺尔德扩散,即混沌。或者当加大微扰时,系统也会产生混沌。这些情况说明,对于保守系统,除了可积系统和满足KAM定理条件的近可积系统外,它的运动将是随机的混沌运动。根据20世纪40年代德国数学家L.西格尔等人的证明,不可积系统多得不可胜数,而可积可解的力学系统却是寥寥无几。这就是说,在动力学系统中,系统作确定的有规律的运动是极其个别的,而绝大部分可能是作混沌运动的。因此,混沌学家们认为,混沌是自然界的一种普遍运动形式。①

(一)混沌理论的基本概念

自1963年洛伦兹发表《确定性的非周期流》论文以来,非线性科学获得了迅猛的发展,进一步深刻地揭示了非线性系统的共同性质、基本特征和运动规律。非线性科学是一门跨学科的综合性基础科学,而非线性动力学,在非线性问题中又是当前科学研究的前沿;其中,非线性动力学中的分岔、混沌、分形和奇怪吸引子等方面是非线性问题中极为重要的而又彼此相关联的问题。

1.混沌的概念。

人们把在某些确定性非线性系统中,不需要附加任何随机因素,由于其

---

① 参见林夏水:《分析的哲学漫步》,首都师范大学出版社1999年版,第10—11页。

系统内部存在着非线性的相互作用所产生的类随机现象称为"混沌"、"自发混沌"、"动力学随机性"、"内在随机性"等等。"混沌"一词由李天岩(Li TY)和约克(J.A.York)于1975年首先提出,现称为Li-York定义。除此之外,还有诸如Smale马蹄、横截同宿点、拓扑混合以及符号动力系统等定义。迄今为止,混沌一词还没有一个公认的普遍适用的数学定义。有人认为,不严格地说,当一个系统如果同时具有对初值的敏感性以及出现非周期性运动时,则可认为该系统是混沌的。而多数学者则认为,给出混沌的精确的定义是一件相当困难的事。这是因为:(1)不使用大量的技术术语不可能定义混沌,(2)从事不同研究领域的人使用的混沌定义应有所不同,如正拓扑熵、正lyapunov指数以及存在奇怪吸引子等。突变论的创始人,托姆更是认为"混沌"一词不可能有严格的数学定义。尽管如此,从事不同领域研究的学者都是基于各自对混沌的理解进行研究并谋求各自的应用。混沌现象的发现以及基于上述定义,使人们认识到客观事物的运动不仅是定常、周期或准周期的运动,而且还存在着一种具有更为普遍意义的形式,即无序的混沌。正是有了混沌现象,人们发现,在确定论和概率论这两套体系的描述之间存在着由此及彼的桥梁。混沌的发现还使人们认识到,像大气、海洋这样的耗散系统是一个对初始条件极为敏感的系统,即使初始条件差别微小的两种状态,最终也会导致结果的很大差异,甚至两种结果变得毫无关系,这就是所谓的非线性确定性系统的长期不可预测性。混沌概念的提出,还使得人们能够将许多复杂现象看作是有目的、有结构的行为,而不再是某种外来的偶然性行为。除此之外,混沌还丰富了人们对远离平衡态现象的认识。物理系统在远离平衡条件下,既可通过突变进入更为有序和对称的状态,也可能经过突变进入混沌状态。然而混沌并不是简单的"无序"或"混乱",而是没有明显的周期和对称,但它却具备了丰富的内部层次的"有序"状态。一般来说,在自然界中,混沌是更为普遍的现象。大家知道,在经典力学中,不论耗散系统还是保守系统的运动,都可用相空间中的轨道来表示。若运动方程不含随机项,它描述一种确定性的运动。混沌运动是确定论系统中局限于有限相空间的轨道高度不稳定的运动。正是这种不稳定性,从而使系统的长时间行为会显示出某种混乱性,对时间的或相空间的粗粒平均将呈现典型的随机行为。

2.混沌的特征。

有的学者认为,混沌所必须具备的两个主要特征是:(1)对于某些参量值,在几乎所有的初始条件下,都将产生非周期动力学过程;(2)随着时间的推移,任意靠近的各个初始条件将表现出各自独立的时间演化,即存在对初始条件的敏感依赖性。这两个特性可能是非线性混沌最具特点的性质。

混沌是一种貌似无规则的运动,指在确定性非线性系统中,不需附加任何随机因素亦可出现类似随机的行为(内在随机性)。混沌系统的最大特点就在于系统的演化对初始条件十分敏感,因此从长期意义上讲,系统的未来行为是不可预测的。混沌科学是随着现代科学技术的迅猛发展,尤其是在计算机技术的出现和普遍应用的基础上发展起来的新兴交叉学科。在现代的物质世界中,混沌现象无处不有,大至宇宙,小至基本粒子,无不受混沌理论的支配。如气候变化会出现混沌,数学、物理、化学、生物、哲学、经济学、社会学、音乐、体育中也存在混沌现象。因此,科学家认为,在现代的科学中普遍存在着混沌现象,它打破了不同学科之间的界限,它是涉及系统总体本质的一门新兴科学。人们通过对混沌的研究,提出了一些新问题,它向传统的科学提出了挑战。如美国著名的气象学家洛伦兹在数值实验中首先发现,在确定性系统中有时会表现出随机行为这一现象,他称为“决定论非周期流”。这一论点打破了拉普拉斯决定论的经典理论。在这一论点的支配下,洛伦兹曾提出:“气候从本质上是不可预测的。”这个论点一直困扰着动力气象学界。后来人们认识到,当时洛伦兹所发现的“决定论非周期流”现象其实就是一种混沌现象。如人们常说的“天有不测风云”,就是指气候系统对初始条件非常敏感。初始条件的极微小差别会导致巨大的天气变化这一混沌运动的基本性质。继洛伦兹之后,于1975年“混沌”作为一个新的科学名词正式出现在文献中。随着对混沌现象的深入研究,混沌理论迅速发展起来。气象学家们将它应用于气候系统中,发展成为混沌气候学。随着对混沌气候学的深入研究,人们才逐渐认识到气候是一个有层次的复杂系统。这个系统在不同层次上,在一定范围内,还可以建立起各种预报模式,并已取得了较好的效果。因此,与传统的预报模式相比,人们深信,随着对气候系统各种层次结构的深入认识,各种不同层次模式的建立,长期气候预测的精度也将会大有提高。不仅上述天气变化受到了混沌的支配,就连根深蒂固的牛顿力学也受到了它的冲击。众所周知,三百多年前,牛顿的万有引力定律和他的三大力学定律将天体的运动和地球上物体的运动统一起来。牛顿这一科学贡献曾被视为近代科学的典范。然而,随着科学的发展,人们进一步认识到,牛顿力学的真理性受到了一定范围的限制。19 世纪末20 世纪初,人们发现牛顿力学不能反映高速运动的规律,接近光速的运动应当用爱因斯坦的相对论方程来计算,光速 C 便成为牛顿力学应用的第一个限制。在此前后,人们又发现,微观粒子的运动并不遵守牛顿力学的规律,在微观世界中应当用量子力学中的薛定谔方程来代替牛顿力学方程,普朗克常数 h 就成了牛顿力学的第二个限制。实际上,早在 20 世纪初研究复杂系统时就已经涉及牛顿力学应用的第三个局限性问题,即牛顿力学在研究复杂系统时遇到了困难。当时美国数学家庞加莱就发现,力学无法精确地处理"三体问题"并已意识到混沌运动的复杂性。直到洛伦兹发现,一个确定的含有三个变量的自治方程,却能导出混沌解,说明天气从原则上讲不可能作出精确的预报,因此,在复杂性面前,牛顿力学是无能为力的,从此就拉开了对混沌研究的序幕。著名的比利时科学家、诺贝尔奖获得者普里戈金等人在《探索复杂性》专著中,又从多方面研究了混沌问题。他们通过对一些非平衡过程可以以各种不同的方式进入混沌以及对混沌特性的研究后发现,这种混沌不同于宇宙早期的混沌、热力学平衡态的混沌,它是有序和无序的对立统一,既有复杂性的一面,又有规律性的一面。因此,这就意味着,当代对混沌科学的深入研究将会给自然科学带来新的突破。正如日本著名统计物理学家久保在 1978 年所指出的:"在非平衡非线性的研究中,混沌问题揭开了新的一页。"美国一个国家科学机构,把混沌问题列为当代科学研究的前沿之一。混沌科学最热心的倡导者、美国海军部官员施莱辛格说,20 世纪科学将永远铭记的只有三件事:相对论、量子力学与混沌。物理

学家福特认为混沌就是 20 世纪物理学第三次最大的革命。与牛顿力学的
应用经受相对论和量子力学革命性的突破有所不同,这次革命的实质就在
于混沌是直接用于研究人们所感知的真实宇宙,用在人类本身的尺度大小
差不多的对象中所发生的过程。人们研究混沌时所探索的目标就处在日常
生活经验与这个世界的真实图像之中。众所周知,牛顿力学所描绘的世界
是一幅静态的、简单的、可逆的、确定性的、永恒不变的自然图景,形成了一
种关于"存在"的机械自然观。而人们真正面临的世界却是地质变迁、生物
进化、社会变革这样一幅动态的、复杂的、不可逆的、随机性的、千变万化的
自然图景,形成的是关于"演化"的自然观。因此,混沌是一种关于过程的
科学而不是关于状态的科学,是关于演化的科学而不是关于存在的科学。
实际上,混沌科学的研究表明,现实的世界是一个有序与无序相伴、确定性
和随机性统一、简单与复杂一致的世界。显然,以往那种只追求有序、精确、
简单的观点是不全面的。因为牛顿所描述的世界是一个简单的、机械的、量
的世界。而人们真正面临的却是一个复杂纷纭的质的世界。因此,只有抓
住复杂性并对它进行深入研究,才能为人们描绘出一个客观的世界图景。

（二）判别混沌的方法

有的学者给出描述混沌的四个基本判断尺度:(1)混沌(存在数学方程
可数学分析的情况下)存在的必要条件是存在正李亚普诺夫特征指数。
(2)刻画系统在相空间中运动或结构复杂性的维数一般为分数维,表明混
沌存在分形结构。分形存在意味着混沌内部存在自相似的结构,这同时表
明,混沌内部具有精细的周期结构。关于此点具有方法的可操作性。不管
我们是否可以得到一个混沌系统或混沌运动的维数刻画,在直观上,分形与
整形是可以区分而且容易区分的。(3)用来反映动力学系统非线性状况、
复杂性程度和运动不稳定性的拓扑熵非负。(4)混沌运动的功率谱连续,
类似白噪声。于是在判定力学模型、物理过程等具体系统是否存在混沌性
态时,人们往往根据以上判据采取以下方法研究混沌:(1)通过数值计算,观
察系统的相图结构;(2)计算李亚普诺夫指数,若存在正的李亚普诺夫指数,
则认为系统是混沌的;(3)计算拓扑熵或测度熵,若拓扑熵或测度熵大于零,

则认为系统是混沌的；(4)计算容量维或豪斯道夫维数，若容量维或豪斯道夫维数为分数，则认为系统是混沌的；(5)分析功率谱，若功率谱是连续的，则认为系统是混沌的。以上在系统可以描述或表达为一个(或一组)微分方程时，是极其有效的方法。但是系统不能用微分方程表达时，如何判断系统有混沌运动或系统就是某种混沌系统呢？郝柏林先生提出，在尚未找到混沌的统一而严格的定义的情况下，可以从如下情况对混沌系统进行判别：一个确定性系统在没有外部随机因素影响的情况下出现下列现象：(1)系统的运动状态无规律而复杂，看上去与随机运动类似；(2)系统的输出单个地看，敏感地依赖于初始条件；(3)系统的某些整体特征(如正的李亚普诺夫指数，或正的拓扑熵，或分数维的吸引子等)与初始条件的选择关系不大，则称此系统是混沌的。以上三条中，可以概括为：(1)貌似随机性或非周期性；(2)单轨敏感依赖性；(3)整体不敏感性。可以成为判断混沌征兆的"现象学"方法。另外，在对混沌无法以定量方式进行研究时，也可以通过区别随机噪声和确定混沌，研究混沌所具有的一般特性来判断系统是否为混沌的。

混沌的一般特性有以下四点：(1)确定性。产生非线性混沌的系统是确定性系统(如果可用方程描述，那么动力学方程是确定性方程)。(2)非线性。有非线性不一定产生混沌，但是没有非线性则根本不可能产生混沌。因此我们才把混沌称为非线性混沌。(3)对初始条件的极端敏感依赖性。混沌的一个主要特征是，动力学特性对初始条件有敏感依赖性。这意味着虽然理论上应当有可能预测作为时间函数的动力学特性，可实际上却做不到，因为给定初始条件时出现的任何偏差，都会产生在将来某个时刻错误的预测。对初始条件的敏感依赖性不是处处时时都是成立的，但是，对初始条件不敏感，就不是在混沌所发生的奇怪吸引子区域内了。所以，以对初始条件的极端敏感依赖性表达混沌，是非常确切的，这个特性是混沌最特殊、最突出的特性。以下我们还可以从此点来区分混沌和噪声。(4)非周期性。混沌运动一定是非周期性的，但是全体混沌运动组成的混沌系统却存在稠密的周期轨道。这四条中只有第(3)条可以称为产生混沌的充分必要条件，而另外三条却不是充分条件。即有这样的条件，有可能产生混沌运动或混沌系统,但是却不能完全判别系统就是混沌。但是仅仅有第(3)条是否就必然是混沌呢?原则上或理论上,如果我们能够用一组确定性非线性微分方程表达系统,并且可以解方程,方程的演化具有对初始条件敏感依赖性,那么只要有第(3)条就可以判断系统运动的混沌性。但是在实际系统演化中,我们无法做到处处以微分方程表达系统,那么单凭敏感性就无法判断系统是否混沌了。原因是:第一,对敏感性测量的敏感本身会有测量误差;第二,实验研究测量实际系统敏感性常常不可重复,特别是非自然科学领域。由于以上原因,其他条件也是需要的,可以进行综合判断。①

(三)混沌研究的意义

上节所提到的 KAM 定理讨论的是保守系统,说明了近可积的哈密顿系统中也会出现混沌现象。这里仅指出其一,对保守系统,混沌运动的研究不仅具有基本的理论意义,而且具有实际意义。与保守系统相比,对耗散系统混沌运动的研究具有更为重要的实际意义。目前非线性科学最重要的成就之一就在于对混沌现象的认识。而关于混沌动力学的许多概念和方法,如奇怪吸引子、相空间重构和符号动力学,正在广泛运用于自然科学和社会科学的各个门类之中,并取得了普遍的成功。自 20 世纪 70 年代以来,混沌和有关奇怪吸引子的理论有了很大的发展,并直接影响到数学;物理学中的许多分支,具有重要的实际意义。在力学方面,以往总是把牛顿力学和"决定论"联系在一起,只要初始条件和受力状态确定,以后的运动就完全确定了。然而由于运动具有内在随机性,使其由牛顿运动定律所确定的"初态"变得不可预测,它只有某种统计特性。在分析力学方面,过去主要是通过建立一般系统的力学方程来进行求解,或当大多数方程无法积分时,只能研究其解的各种性质。混沌理论明确指出,高维非线性系统的方程不仅不能积分,而且其解对初值有敏感的依赖性。因此,还得用类似于统计力学的观点去处理。在流体力学中,湍流是一种极为复杂的现象,它的产生机理长期以来一直是一个悬而未决的难题。其困难的部分原因在于它同时存在着许多

① 参见吴彤:《自组织方法论研究》,清华大学出版社 2001 年版,第 128—132 页。

长度标度,即缺少单个的特征长度。在非线性振动理论方面,大家知道,即使在周期性的激励下,非线性系统也会出现随机运动,那么在随机力的作用下,非线性系统又会出现哪些动态呢? 这里的随机力是指它的作用与宏观变量相比是很小的,并且它反映了微观运动对宏观变量在演化过程中的杂乱无章的作用。因此,以往人们总是期望这种随机力对宏观运动的影响是小的,并作为一种消极的干扰来处理。然而,自 20 世纪 70 年代以来的非线性科学和统计物理的最新发展表明,一个小的随机力并不仅仅对原有的确定性方程结果产生微小的改变,而且它能出人意料地产生重要得多的影响。在一定的非线性条件下,它能对系统演化起决定性的作用,甚至能改变宏观系统的未来命运。另外,这种无规则的随机干扰并不总是对宏观秩序起消极破坏作用,在一定条件下它在产生相关运动和建立"序"上起着十分积极的创造性的作用。所以,揭示非线性条件下随机力所产生的各种重要效应,进而研究这类效应产生的条件、机制及其应用便成为目前非线性科学和统计物理发展的一个重要任务。综上所述,通过对混沌的研究,极大地扩展了人们的视野,活跃了人们的思维。过去被人们认为是确定论的和可逆的某些力学方程,却具有内在的随机性和不可逆性。确定论的方程可以得出不确定的结果,这就跨越了确定论和随机论这两套描述体系之间的鸿沟,给传统科学以很大冲击,在某种意义上使传统科学被改造,这必将促进其他学科的进一步发展。①

如果仔细考察人类在自己的生命演化过程中的关注,似乎有两个问题最重要:第一,如何预测未来;第二,是否能够预测未来,因果关系等问题均在此列。此间第一个问题是实用性的,而第二个问题则是理论性的,它关系到一种原则和生活的意义。这也就是人类为什么那么关注动力学系统的原因。以往科学的全部历史甚至都可以归结为研究动力学,追求确定性的历史。如果哪一个学者没有在自己的概念体系中建立起动力学系统的解释,那么人们就不承认他的学说和体系是科学,因为那里缺乏严格的决定论。在这里,决定论 = 规律 + 预测。亚里士多德建立了一套庞大而虚幻的自然哲

---

① 参见黄润生、黄浩编著:《混沌及其应用》,武汉大学出版社 2005 年版,第 1—10 页。

学因果解释体系,后来被伽利略等人推翻,就是因为其动力学系统出现了问题。牛顿之所以受到如此尊敬,就是因为他建立了一个严整的力学体系,在那里,知道过去,就可以判断现在,就可以预测未来。如果此时还没有做到预测未来的话,那不是体系不行,而是我们人类的认识能力不足所至。从18世纪起,决定论和确定性观念盛行于世,20世纪以前人们对此一直深信不疑。20世纪初,科学这个自组织系统产生了相对论和量子力学。后者在自己的演化过程中,几经周折最后还是把概率解释当作自己的正统旗帜,于是爆发了爱因斯坦和玻尔领导的哥本哈根学派长达30年的争论。决定论第一次受到比较严重的质疑。20世纪中叶以后,科学自组织地又产生了进一步冲击所谓严格确定性和线性决定论的理论——混沌理论。当气象学家洛伦兹提出"蝴蝶效应"时,人们了解到,就是完全确定性的动力学方程,也仍然会出现类似随机性的不确定演化。那么,如何预测未来呢? 预测还可能吗? 人们现在更害怕混沌理论打破他们对未来可预测性的幻想。但是这种幻想实在只能是一种幻象。其实,从休谟起,科学哲学对归纳问题本质的揭示已经对单一的决定论因果观念给出了不可能的回答。有哪一个人知道自己的生命和生命之途将如何走向呢? 哪一个生命的道路不是在生命演化过程中逐渐完成的呢? 其实,宿命论与线性决定论的联系比与非决定论的联系更强。另外,也出现了相反的误读和误解。人们以为,混沌理论如果正确,那么世界将完全不可预测。似乎混沌理论助长了悲观主义。其实,混沌理论的出现,一方面揭示了自然界和社会客观存在混沌,谁都无法避免;另一方面,混沌理论对混沌动力学系统的研究,恰恰帮助人们了解混沌现象,对混沌不"混沌",才能处事(处世)不惊、不乱。混沌理论在一定意义上更支持了决定论,因为它把原来属于随机性的、偶然性的领域,也纳入到决定论的管辖范围内,所以,在一定意义上,混沌理论是预测混沌的,是认识和控制混沌的工具和方法。而且后面我们将看到,混沌强弱不同时,系统演化行为的预测完全是不同的。[①]

[①] 参见吴彤:《自组织方法论研究》,清华大学出版社2001年版,第124—125页。

（四）混沌理论的哲学意义

1.混沌理论对研究复杂性的非线性方法论的贡献。

在传统上或日常意义上，20 世纪 70 年代以前，人们总认为，简单系统行为一定简单，复杂行为一定意味着复杂原因。此外，人们也常常认为，随机性的混乱行为只能出现于具有大量的或无限自由度的体系中；整个传统的经典科学的观念就是建立在这样的双重"公理"系统基础上的，只不过人们常常意识不到而已。人们通常也认为，事物的运动状态的复杂性是外界加在事物上的，而不是系统固有的；另外，越复杂的事物或运动越随机。混沌理论的出现，完全破除了上述迷信。首先，混沌不仅可以出现在简单系统中，而且常常通过简单的规则就能够产生混沌。对简单系统的复杂性的揭示，打碎了简单性的线性基础。简单系统能够产生出复杂行为，复杂系统也能够产生简单行为。分层、分岔和分支，锁定，然后放大，非线性的发展或演化过程就是这样神奇而不可预测。揭示简单系统可以产生复杂性的方法论意义，还在于人们不能在面对简单系统时放心地认为这样的系统不会产生复杂行为了，把复杂事物当作复杂事物对待已经是一次了不起的思想转变了，如今我们还要做好思想准备，准备把简单事物当作复杂事物处理。这个根本的改变之基础就是"把非线性当作非线性对待和处理"思想。其次，非线性动力学混沌是系统内在的，固有的，而不是外加的，外生的。通过非线性微分方程或拓扑理论的研究，我们知道混沌的内生性源于它的非线性，其实这可能还不够。混沌除了源于非线性这个最本质的原因外，可能还源于拓扑模式，即源于特定的非线性结构，或体系内部非线性相互作用产生的模式中，而不是产生于隐蔽的随机性力量。这样我们就可以在方法上通过确定性寻找混沌，而不是通过外在力量寻找混沌。换句话说，凡是在有外在力量起主导作用的地方就排除了存在非线性动力学混沌的可能。而且我们还可以进一步通过非线性的模式和结构寻找混沌，而不是通过一个微观点或轨迹寻找混沌。最后，传统上，人们在认识论上常常采取机会主义的态度，即常常承认有一个确定性定律所支配的世界，而它没有给新奇性留有位置；又常常承认另一个则是由掷色子的上帝所支配的世界，在这个世界里，一切都是荒诞的、非因果的、无法理喻的。这里两个世界是分裂的。由于混沌是决定性的确定论的,因此混沌与随机运动不同,混沌是一种貌似随机的状态。说它貌似随机,即指它的产生不是随机性所为,而是确定性体系所为。因此,混沌理论仍然在确定论或决定论的框架内。说混沌理论破除了决定论是一种误读。混沌理论对预测的可能性做了与以往不同的解释,实际上扩展了决定论的范围。强混沌或完全混沌预测不可能,而弱混沌预测是可能的。另外,我们是不是把预测建立在一种线性方法论的基础上了,才觉得混沌理论对预测的冲击与认识论上可知论与不可知论有关? 关于决定论和预测性的问题我们放在下个问题集中讨论。

2.混沌理论与决定论和可预测性问题。

预测一定是在一个起点上可以预知未来多少年吗? 这句话的意思是,预测有一个时间尺度,有一个预测起点,这两个东西都是固定的吗? 显然不是,但是我们在下意识中常常把它固定化了。混沌的不可预测性来自它的对初始条件的极端敏感性,这种敏感性在演化上与外界随机力带来的敏感性不一样,前者只在长期演化中发生作用,而不改变初始条件或仅仅与原来初始条件差之毫厘,后者则明显改变初始条件本身。因此,我们的生命处在一个过程中,自然界和社会也处在一个演化过程中,长期的不可预测,是指从事物差异自组织的起点到其终结时不可预测。这并不妨碍我们在演化中的不断预测和不断地修正预测。事实上,以上两个因素都在我们的生活世界中交互地发生着不可剥离的作用。因此,我们的生活轨迹就是在不断预测、不断修改预测以及不断改变轨迹的过程中展开的。正如那种洛伦兹"蝴蝶"吸引子一样,我们一会儿跳到这里一会儿跳到那里,这就是混沌。考察一个个体,我们的生命一开始就确定论地决定了它的全部历程和最终结构以及结果了吗? 显然没有。一个小孩对他(她)的未来最可以幻想,他(她)发展的虚拟可能性空间非常之大;当他(她)出生于一个好家庭或差家庭;进入一个幼儿园或没有进入幼儿园;进入一个好小学或一个差小学,或干脆没有进入小学;进入一个好中学或一个差中学,或干脆没有读中学;一个好大学或一个差大学,甚至没有能够读大学;遇到一个好教师或一个差教师;找到一个好工作或差工作,结识一些好朋友或差朋友,他(她)的生活道路可能就开始了依次分岔。而每一次分岔都是不可逆过程,他(她)发展的空间一点点被确定下来,虚拟空间一点点转化为实体空间。预测也随之清晰起来。回顾每一个人的生活道路,不都是如此吗? 事实上,混沌的不可预测的这种自组织的方法论是我们不知不觉中遵循、并沿之演化而来的,换句话说,这种方法论都是在过程中形成的,更不要说被测量的客体了。国外学者也将决定论划为四个层次:可微动力学、唯一演化、值的确定性和完全可预测性。混沌理论可能仅仅破除了完全可预测性这种操作性极强的严格决定论。而且把决定论的范围扩大到了可以与概率论接壤的领域。混沌理论对决定论的这种扩大,并不伴随着可预见性的扩大。混沌理论方法把决定论与可预测性区分开来,也是混沌理论对认识论和方法论的一个重要贡献。混沌的微观态具有"随机性",局域内没有两个相同的状态,这种混沌与平衡态的无序完全不同。此时,体系内部的微观态个数随演化时间长度增加而增加,区别越来越大,越来越多,混沌的程度也随演化时间增加,这样对混沌的全部微观态描述就是不可能的了。无序和混沌还有一个差别,那就是,产生无序的办法是随机性的,因此对其产生过程我们是无法描述的;但是对结果或体系最终结果或体系整个状态我们能够用简单方法(统计方法)加以描述(如热力学平衡态的气体)。而产生混沌的方法是确定性的,是有其简单性(动力学迭代)方法的,对其产生过程或演化过程的一部分(在有限时间内)我们可以描述,但是对结果或体系最终结果或体系整个状态我们无法加以描述。换句话说,我们无法描述无序的产生过程,但是能够确定性描述它的结果;能够产生混沌,但是无法描述它的结果。我们研究一个问题,一般先要界定清楚问题和环境。如果不能清楚地界定问题,你能拿它怎么办呢? 然而,许多复杂性问题都是其内容尚未界定清楚的问题,其环境因时间的推移而不断变化。适应性作用只是对外界对它的回报作出反应,而用不着考虑清楚行动的意义和对行动背后的理解。复杂性问题的复杂正在于此。作用者面对的是界定不清的问题、界定不清的环境和完全不知走向的变化,事实上人们经常在含糊不清的情况下作出决定,甚至自己对此都不明白。我们是在摸着石头过河,不断改变自己的思想,拷贝别人的经验,尝试以往成功的经验。以气象学为例,天气从来不会是一成不变的,从不会有一模一样的天气。我们对一周以上的气候基本上是无法事先预测的,有时1—2天的预报都会产生错误。但我们却能够了解和解释各种天气现象,能够辨认出像锋面、气流、高压圈等重要的气象特征。一句话,尽管我们无法对气象作出完全的预测,但气象学却仍不失为真正的科学。

3.混沌理论所揭示的混沌边缘。

关于混沌的边缘,是美国圣菲研究所最关注的问题,他们认为可能进化的演化复杂性均来自这个边缘。一个传记浪漫地记载和揭示了圣菲研究所关于混沌边缘的观点。混沌的边缘,是一个系统中的各种因素从无真正静止在某一个状态中,但也没有动荡至解体的那个地方。混沌的边缘就是生命有足够的稳定性来支撑自己的存在,又有足够的创造性使自己名副其实为生命的那个地方;混沌的边缘是新思想和发明性遗传基因始终一点一点地蚕食着现状的边缘的地方。混沌的边缘是一个经常变换在停滞和无政府两种状态之间的战区,这便是复杂系统能够自发地调整和存活的地带。混沌边缘是一个具有不稳定性,也具有非稳定性的地方,因此这个地方最容易孕育新奇性的创造。新奇性起源于被现代动力系统理论确认的不稳定性之中。如果世界由稳定动力学系统组成,它就会与我们所观察到的周围世界迥然不同。它将是一个静态的、可以预言的世界,但我们不能在此作出预言。在我们的世界里,我们在所有层次上都发现了涨落、分岔和不稳定性。导致确定性的稳定系统仅仅与理想化、与近似性相对应。所以研究混沌的重要方法是要研究混沌的边缘。混沌的边缘作用就是在小说里都有反映,如钱钟书的《围城》所说,城里的想冲出去,城外的想冲进来。这种现象是不是混沌边缘所产生的奇怪吸引子的行为呢?这种现象是混沌的边缘的动态稳定性的反映,亦即极限环行为。混沌边缘作用给我们关于边缘研究的启示是,通过交叉和两个学科之边缘研究,可能新奇和创造会最为丰富。边缘研究涉及两个以上学科的交叉,当然容易产生创新。这是维纳早就说过的,混沌边缘的新奇性产生表明无论在本体论层次,还是在认识论和方法论层次,人与自然界和社会同样遵循这样的创造原则。

4.避免混沌还是建设混沌?

许多现象即使遵循严格的确定性规律,因为存在混沌,所以大体上也是无法预测的,比如大气中的湍流、人的心脏跳动等等,工程中也存在混沌振动等情况。因此这就提出一个问题,我们应该避免混沌还是要建设混沌。让我们先看几个例子。生理学新近工作表明,呈现周期性动力学特性的生理系统的数学模型在某些参量范围内,有时也会表现出不规则的混沌动力学特性。如心脏,但是心脏的混沌是弱混沌;如思考中和睡眠中的大脑,脑电波也有一定的混沌。强规则和强混沌对健康可能都是不利的。这表明我们既要避免混沌,又要建设混沌。脑科学研究心智的本质:我们头颅中几十亿个稠密而相互关联的神经细胞是如何产生感情、思想、目的和意识的? 在创造性思维的大海中,各种思想和概念荡漾漂游于其中,自我组合、相互传递。其中有混沌的作用吗? 混沌的非线性作用在思维中属于何类思维方法呢? 从物理学角度看,混沌中,无数碎片形成的复杂美感以及固体和液体内部的怪诞运动里蕴含了一个深奥的谜:为什么受简单规律支配的简单粒子有时会产生令人震惊的、完全无法预测的行为? 为什么简单的粒子会自动将自己组成像星球、银河、雪片、飓风这样的复杂结构——好像在服从一种对组织和秩序的隐匿的向往? 有人将混沌研究应用于大脑的研究,提出了"混沌是思维灵敏性的基础,分形是思维复杂性的表征"的重要猜测,认为一个正常人的思维中包含混沌的成分,不仅是可以理解的,而且是必不可少的。因为脑混沌是导致大量思维模式出现的根本原因,也是收敛性思维、发散性思维和创造性思维的基础。而思维中的条理性则是一种对混沌控制的结果,它导致了思想从混乱向有序的转移。近年来,人们还把混沌理论研究成果应用于通信保密研究,已经产生了一些重要意义。这些不同领域的不同情况说明,对待具体混沌应该具体分析。有些情况下应该避免混沌,有些情况应该控制混沌,有些情况可能要建设混沌。但是无论如何,混沌理论具有重要的应用前景则是确定无疑的。因此,无论如何,我们都应该研究混沌,并通过混沌研究,掌握判断混沌的方法,研究混沌性质的方法,并且应用于科学实践。①

物理学家认为,混沌学的创立是自相对论和量子力学问世以来对人类知识体系的又一次巨大冲击,是物理学的第三次革命。这正如郝柏林教授在《混沌学:开创新科学》一书的"校者前言"中写道:"混沌研究的进展,无疑是非线性科学最重要的成就之一。它正在消除对于统一的自然界的决定论和概率论两大对立描述体系间的鸿沟,使复杂系统的理论开始建立在'有限性'这个更符合客观实际的基础上。跨越学科界限,是混沌研究的重要特点。普适性、标度律、自相似性、分形几何学、符号动力学、重整化群等概念和方法,正在超越原来数理学科的狭窄背景,走进化学、生物、地学,乃至社会科学的广阔天地。越来越多的人认识到,这是相对论和量子力学问世以来,对人类整个知识体系的又一次巨大冲击。这也许是 20 世纪后半叶数理科学所做的意义最为深远的贡献。"②

二、分形理论

分形理论(Fractal Theory)是由法国数学家曼德勃罗特(B. Mandelbrot)创立的一门新的几何学,它的主要研究对象是传统几何学视野之外的极不规则、极不整齐、极其琐碎的几何形状。分形理论的出现是复杂性科学研究大潮中不可或缺的一股重要支流,它为复杂性理论研究提供了重要的数学工具。美国著名物理学家惠勒说过的一句话:"今后谁不熟悉分形,谁就不能被称为科学上的文化人。"

1967 年,曼德勃罗特发表了第一篇讨论分形的论文《英国的海岸线有多长?》,1975 年出版了他的专著《分形:形、机遇和维数》,1982 年又出版了此书的修订本《自然界的分形几何学》,此书成为分形理论的宣言,宣告了一门新几何学的诞生。

---

① 参见吴彤:《自组织方法论研究》,清华大学出版社 2001 年版,第 136—143 页。
② 格莱克:《混沌学:开创新科学》,上海译文出版社 1990 年版,"校者前言"。

(一)分形理论的基本概念

我国的地质学学者沈步明先生认为,分形几何"是研究自然界中没有特征长度而又具有自相似性的形状和现象。古代的几何学在希腊曾大放异彩,但它研究的图形只是用圆规和规尺画的简单图形,这样的图形全都是平滑的。自牛顿以后,由于微积分学与几何学的结合,才能表现更为复杂的形状,但这些形状的重要特征是具有特征长度,是平滑的,可微分的。分数维研究的图形是更为复杂的图形,是不平滑的,不可微分的。从这个意义上来说,分数维否定微分,这是一个划时代的革命,将建立在一个全新的理论体系上"①。日本的分形物理学家高安秀树认为,分形几何可能为物理学研究宏观现象提供一种数学方法。他说,物理学对宏观和微观现象有了较深入的研究,但对中等大小的物体却很难说有较深的研究。因为中等大小的现象,在本质上是多体系的,它们之间有着复杂的相互作用,如果只将特定的相互作用取出,则常会看不见其重要性质。在这一方面,解剖学的方法几乎不起作用。这和想要了解人的复杂微妙心理,手术刀和显微镜不起作用是同一道理。就像精神分析学给解析人类心理带来有力线索那样,希望分数维观点也能成为解析中等大小复杂现象的关键。②

1.分形的概念。

混沌理论与分形理论关系密切而含义又各不相同,要阐明它们的关系及差异相当困难。人们往往把它们放在一起加以解释,常有人说"混沌现象中包含分形",这虽然并不确切,但在一定程度上说明了它们之间的关系。混沌论是继相对论和量子力学问世以来,20世纪物理学的第三次革命,它研究自然界非线性过程内在随机性所具有的特殊规律性。而与混沌论密切相关的分形理论,则揭示了非线性系统中有序与无序的统一、确定性与随机性的统一。从字面上来说,"分形"是指一类极其零碎而复杂,但有其自相似性或自放射性的体系,它们在自然界中普遍地存在着。自然界大

① 转引自王东生、曹汤:《混沌、分形及其应用》,中国科学技术大学出版社 1995 年版,第4页。

② 参见高安秀树:《分数维》,沈步明等译,地震出版社 1994 年版,第 6 页。

部分不是有序的、稳定的、平衡的和确定性的,而是处于无序的、不稳定的、非平衡的和随机的状态之中,它存在着无数的非线性过程,如流体中的湍流就是其中一个例子。在非线性世界里,随机性和复杂性是其主要特征,但同时,在这些极为复杂的现象背后,存在着某种规律性。分形理论使人们能以新的观念、新的手段来处理这些难题,透过扑朔迷离的无序的混乱现象和不规则的形态,揭示隐藏在复杂现象背后的规律、局部和整体之间的本质联系。分形维数的非整数性欧几里得几何学研究的是规整的、光滑的图形,它是对自然形态的近似描述,其维数都是整数维的。例如,点是零维、线是一维、平面是二维、立体是三维。分形几何是研究自然物体形态的几何学。这种自然物体形态所表现出来的几何图形是不规整的、粗糙的、不可微的,分形几何的创立者曼德勃罗特于 1975 年创造"分形"一词表征这类图形的形态特点。它的维数一般是非整数(即分数)的。

分形体具有局部与整体的自相似性分形几何揭示出,分形体具有一个重要特点——局部与整体的自相似性。对于有规分形,这种自相似性表现为无穷嵌套或无穷自相似性,即不断放大微小部分,都可以发现部分(不管多么小)与整体的自相似;对于无规分形,自相似性只存在于一定的范围内,或在一定的标度空间中才呈现出自相似性。

复杂的分形图不能用传统数学方法描述,但却能用简单的迭代法生成分形图形从直观上看是不规整的、不光滑的,表现出自然物形态的复杂性,它无法用传统的数学方法来描述。例如,海岸线的长度,用传统数学方法——直线段逼近曲线时,随着直线段的无限变小,或者说,用盘尺来测时,随着盘尺的不断缩小,海岸线将变成无穷长。这说明传统数学方法无法描述像海岸线这类复杂的图形。但是,我们却可以用简单的迭代法来生成,比如,我们可以应用迭代函数系统生成诸如植物、丛林、山川、烟云等复杂的自然景物。①

2.数学分形。

自然界存在的分形称为自然分形,用数学方法造出的分形称为数学分

---

① 　参见林夏水:《分析的哲学漫步》,首都师范大学出版社 1999 年版,第 11—12 页。

形。给定一个"正常"的几何图形作为源图,按照一些简单的变换规则对源图进行变换,得到的结果比源图增加了一些细节,再对变换结果用同样的变换规则继续变换,图形将产生更多的细节,如此反复变换得到的几何图形便是数学分形。

(1)康托集合。如图 3-6 所示,源图是一条直线段,变换规则是将线段

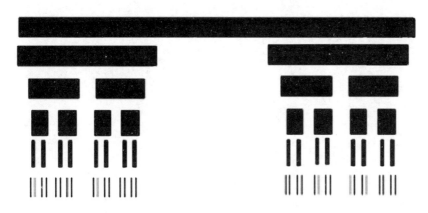

图 3-6

分为三等分,除去中间一段。按照变换规则经过无数次反复变换后,最后得到的极限结果是一些点的集合,称为康托集合。

(2)科赫曲线。如图 3-7 所示,源图为正三角形,变换规则是以图形②替换源图中的每一条边,生成线中的每一条线段都是三角形边长的四分之一。按照变换规则经一次变换后源图变换为图③,第二次变换后生成为图④,如此不断变换下去后,其极限情形是一条自身永不相交的平面曲线,称为科赫曲线,有点像雪花的边界,也称为科赫雪花线。

(3)谢尔宾斯基垫子。如图 3-8 所示,源图为正三角形,变换规则是将三角形分为四等分,除去中间的三角形,第一次变换后的结果为图②,继续对图②中的三个三角形进行变换,得到图③。随着变换的继续,三角形周边长度越来越大,所剩面积越来越小,极限情形就是形成谢尔宾斯基垫子,以无穷大的周边曲线包围着无穷小的面积。

(4)谢尔宾斯基海绵。如图 3-9 所示,源图为正立方体,变换规则是将

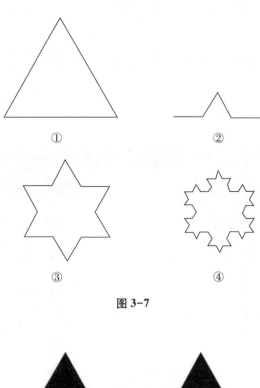

图 3-7

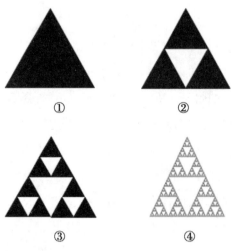

图 3-8

立方体分为 27 等分,挖去中间那一部分,再挖去六个面上的中心部分。反复变换后的极限情形是,整个图形是连续的,处处有洞,表面积无穷大,所包围的体积无穷小。

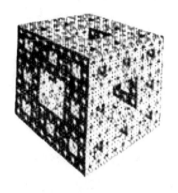

图3-9

以上的数学分形都是根据确定的变换规则变换得来的,若变换规则中加入一些随机因素,即按照一定的概率使用一定的变换规则,还可以生长出更为复杂的也更接近于自然分形的图案来。

3.分数维。

传统几何学的研究对象都有着非负整数维,点是零维的,线是一维的,面是二维的,体是三维的。但是,分形不具有整数维,比如康托集合既不同于零维的点的集合,也绝非一维的线段;科赫曲线不同于一维的线,也绝非二维的平面等等。对于这些极其不规则的几何对象,曼德勃罗特提出用非整数的分数维来刻画其维度特征。

分数维的定义是整数维概念的推广,即:如果对于某一对象,沿其每一个独立方向扩大 L 倍,得到 K 倍于原对象的新对象,则该对象的维数为:

$$D_f = \frac{\ln K}{\ln L}$$

根据此式可以计算上面提到的各种分形的分数维。

(1)康托集合的维数。线段放大了 3 倍,生成的线段是原图的 2 倍,康托集合的维数为:

$$D_f = \frac{\ln 2}{\ln 3} = 0.6309\cdots\cdots$$

(2)科赫曲线的维数。正三角形的每条边分为 4 条线段,生成后的边

为 3 条线段的长度,科赫曲线的维数为:

$$D_f = \frac{\ln 4}{\ln 3} = 1.2618\cdots\cdots$$

(3)谢尔宾斯基垫子的维数。正三角形在每个方向上放大了 2 倍,生成后的分形为源图的 3 倍,谢尔宾斯基垫子的维数为:

$$D_f = \frac{\ln 3}{\ln 2} = 1.5849\cdots\cdots$$

(4)谢尔宾斯基海绵的维数。立方体在每个方向上放大了 3 倍,生成后的分形为原图的 20 倍,谢尔宾斯基海绵的维度为:

$$D_f = \frac{\ln 20}{\ln 3} = 2.7263\cdots\cdots$$

(二)分形方法论

1.分形是观察无穷的有形思维方法。

有人认为,透过思维之窗,分形是观察无穷的方法。在人为制作的一些分形几何形状中,我们的确感受到了这样的思想。科克曲线,是利用极其简单的规则,在有限的面积上,构造出来的无限长度的曲线。一条简单的规则的一维欧几里得线根本不占有空间,而科克曲线以它无限的长度挤占了空间。它比线要多,又比面要少,科克曲线是一个数学怪物,它触犯了一切关于形状的合理直觉。但是,它不仅是可以构造的,而且与规则直线相比,它与自然界的事物更为接近(例如与海岸线)。因此,科克曲线可以通过简单规则而生成复杂至极的非规整形状;反之,极其复杂的事物也贯穿着极为简单的统一规律性。这表明,过去思维不能通过自身使复杂性的无限自我嵌套形象化,而有了分形概念,并且通过分形几何的方法,思维似乎看到了复杂性的无穷世界。

2.分形是理解各个学科内复杂性的新语言和新工具:递归、嵌套与自相似。

分形为研究复杂性提供了重要的思想和方法,例如,过去对相变点附近出现的彼此嵌套没有固定边界的动态花斑结构并不清楚,并且束手无策,今天知道那是典型的分形,因此可以利用标度不变性方法加以处理。分形方法的意义还特别在于分形的自相似性,而自相似恰恰是跨越不同尺度的对称性,它意味着递归,意味着嵌套,嵌套在不同层次的演化、出现和交替。我们原来看到的或理解的复杂性表现为一种对称性破缺,一种非线性过程的对称性破缺,但是在分形中,复杂性也表现为某种新意义上的对称性的无限或有限的自我嵌套。复杂性的精髓于是也表现出其规律——非自相似与自相似性的不同层次的统一。在后者,这种自相似性表现为几何的,但是却反映了事物结构内在的统一性,从大尺度到小尺度保持一致的分支行为。分形就是提供了这样一种语言,通过它把握由分支产生的整个结构,把握表现为复杂性的分支统一行为。分形概念也为我们提供了描述混沌形状的复杂性事物和过程的一种新语言。由于有了分形概念,近年来,科学家们在各自的专门领域几乎都发现了一些可能的空间或时间的分形结构。例如,在自然科学中,天文学中的星星和银河系的分级成团现象、地理学中河流与列岛、植物学中的树根与叶脉、生理学中的血脉和肺管,都可能是分形体。在技术科学中,随机游走行径、线状或枝状聚合物、地震波的波形记录、大气中的湍流与电击穿、电沉积、聚集体生长过程,也被证明为是一种分形过程。在生物科学的各个分支中,细菌群体的生长、血管的发育等等,都可能是分形。科学的演化特别是它的分化和综合,也可以运用分形概念加以说明。因此可以这样说,分形和分维数是科学家观察、描述和解释世界的新视觉、新视角。另外,分形的分数维还成为度量两个分形集的"不规则"程度和"复杂"程度的客观工具。分形维数的重要性就在于它们能够用数据定义,并且能够通过实验手段加以近似计算,分形维数突破了一般拓扑集的整数维数的界限,通过引进分维,就可以给出一个分形集充满空间的复杂程度的描述。

(三)分形方法的哲学意义

第一,无限与有限在本体论意义上,自然界里实际上存在许多有限与无限的真实的统一情况。例如我们问能够在有限的体积中制造无限的面积吗? 了解了分形后,我们豁然开朗,原来人或动物的肺叶的体积是有限的,但是肺泡的表面积与该体积大小相比就几乎是无穷大的。典型的具有无穷多空洞的海绵也是如此。这里无限与有限是统一于一个统一体中。而不是有些教科书中经常举例的把分别在不同层次的无限与有限硬拉成"统一"的情形。在认识论意义上，分形方法提供给我们通过有限认识无限、构造无限，通过"可能"认识"不可能"的方法（如艾舍尔的不可能图画、巴赫的音乐、哥德尔的定理）。

第二，从简单与复杂认识中，我们已经了解分形在数学上可以通过极为简单的规则生成。曼德勃罗特集在数学上是一个异乎寻常的复杂对象，但是却能够用简短的程序在计算机上显示出来。这表明，简单与复杂从来就不是截然分开的。本体上我们还不知自然界或其他事物的复杂性是否也是通过极其简单的规则生成的。但是有序通过无序而产生，世界的复杂性的逐渐生成，从逻辑上表明简单性可能是复杂性起源的源泉之一。简单的线性叠加当然还是简单的东西，但是简单的非线性叠加则出现了复杂。非线性的相互作用可以构成混沌动力学系统，而混沌动力学系统中的混沌的复杂性增长则可以进一步通过混沌的相互作用产生。

第三，整体与部分经典物理学占统治地位时期，人们以为部分之和即整体；系统论诞生和发展时期，人们发现整体大于部分之和；分形理论诞生后，人们发现部分与整体有自相似性。这是向经典物理学观点的回归吗？有人欢呼，再次发现了部分之和等于整体。实际上，分形发现的部分与整体的自相似性质完全不同于"部分之和即整体"的命题。经典科学中的部分与整体的关系是"部分的性质"相加后的"集合"＝"整体性质"，而分形理论下的分形体中，是任意小分形元和任意一部分分形元与整体自相似。可见两者根本不同。另外，分形理论仍然是系统科学中的一个分支。它不是从部分出发，仍然是从整体出发的理论方法。例如，在数学上构造分形时，我们所看到的如康托集合、曼德勃罗特集、科赫曲线等，都是先产生整体，而后通过一定规则产生其各个部分的。在自然界中，大自然也是先产生一个（可能混沌的）整体，然后才分形的。生命展开前的细胞、树木之芽、河流的开端不都是如此吗？

第四，分形的结构在整体上都是一种破碎的非规则的形体。然而一般在其内部却都存在内在的几何规律性，即局部与整体的比例自相似性，也就是说，整体的破碎几何体或形在自相似地规律地重复。大多数分形在一定标度范围内也是不变的。在这个范围内，不断地放大任何部分，其不规则程度都是一样的。按照统计的观点，几乎所有的分形又是置换不变的，即它的每一个部分移位、旋转、缩放等在统计意义下与其他任意部分相似，这些性质表明，分形决不是完全的无序或混乱，在它的不规则性中存在着一定的规则性。它同时也暗示了，自然界中一切形状及其现象都能够以较小或部分的细节反映出整体的不规则性。需要说明的还有一个问题，我们通过分形理论的创立发现了自然界和社会到处都存在分形后，很多人认为，自然界和社会处处皆分形，他们甚至否认存在整形，认为整形纯粹是人工创造物，如技术的各种产品。事实上，这是错误观念，大自然中存在自然的整形，如规则的晶体，就是一例。有整形也有分形，大自然和社会才因此而丰富多彩。也许，整形和分形的结合与统一，才是自然界和社会的本质。总之，分形理论方法为我们认识复杂性、非线性和系统演化的空间图景提供了重要的思考途径和方法。研究复杂性的哲学和认识论均应该继续关注分形理论与实验研究的进展，以提取更多更精粹的意义和方法。①

---

① 参见吴彤：《自组织方法论研究》，清华大学出版社 2001 年版，第 117—121 页。

第四章　系统哲学的基本原理

　　系统哲学在唯物辩证法基础上,进一步研究和探讨物质世界相互联系、相互作用的普遍本质,揭示物质世界发展的内在源泉、本质与动力、基本状态和总的趋势,进而揭示了支配自然、社会和人类思维的最一般的系统哲学基本原理。这些原理有:自组织涌现律、层次转化律、结构功能律、整体优化律、差异协同律。

第一节　自组织涌现律

　　自组织涌现律是建立在普里高津的耗散结构理论、哈肯的协同学、艾根的超循环理论、曼德勃罗特的分形理论以及圣塔菲学派理论等基础之上的,它表明宇宙系统在宏观与微观上协调演化的规律性,揭示了宇宙系统由奇点大爆炸开始,从简单到复杂,从对称到不对称,在零时空量子涨落中,宇宙系统自行组织、自行演化,涌现出新系统的一种机制。自组织涌现律说明了宇宙演化、地球形成、生命起源、经济发展、科技创新、社会进步等各个方面的系统演化规律性。自组织涌现律由自组织原理与涌现原理构成。

一、自组织原理

　　自组织原理就是宇宙系统自我组织的差异协同的过程,是系统结构与功能在时空中的有序演化。哈肯讲:"如果系统在获得空间的、时间的或功能的结构过程中,没有外界的特定干预。"这里的"特定"是指系统的结构与功能不是外界强加给系统的,那么,这个系统就是自组织的。

自组织是一种典型的依次递增复杂性的物质系统的自我运动、自我发展的历史,也是宇宙从奇点混沌无序的状态演化到现在复杂性的、多样性的世界的过程。自组织演化、进化的标志是对称性的破缺。系统的不断的演化,就是对称性的不断破缺的过程。在宇宙演化之中,自组织是一个对称性不断破缺的过程,起始的对称性破缺,导致了引力的产生,进一步的对称性破缺则产生了重力,第三步的对称性破缺产生了弱力和电磁力。生命的起源是宇宙演化过程中重大的对称性破缺。人的出现是具有自我意识的生灵的诞生,就更是一次重大的对称性破缺。对称性破缺的产生有三个重要的条件:一是开放系统;二是远离平衡态;三是要素之间的非线性相互作用。

自组织作用的过程中有三个主要特征:第一,演化、进化的不可逆性。因为时间与空间一样是有形的,有方向的,每个粒子、系统、事物都有自己独立的时间与空间,自组织涌现出一个终极态,即耗能最少,体积最小,维数最少,自由能最小,势能最低,但效益最好的状态,这个过程在本质上也是不可逆的。第二,产生突变的可能性。即在分岔的临界点产生突变,涌现出整体性能。第三,现象的不可预测性。在分岔的临界点上,有多种的可能性,有多种的选择,取决于自组织与环境的状况,取决于它们之间的交互作用。

自组织作为一种普遍的系统演化过程有三种状态:一是从组织程度相对低的状态到组织程度相对高的状态的演化,我们称之为自创生(或称之为从无到有),这也是复杂性增长的过程,其增长是超循环的,结果是间断性的突变。二是连续性的渐变,包括自调节、自重组、自适应、自会聚等,其增长主要是非线性的。三是维持稳定型,如一个人在七年中身体上每个细胞都会更新一遍,但是这个人还是这个人,其增长主要是线性的。以上三种状态通常是交织在一起的,只是有时以一种状态性质为主导,所以系统物质演化是一个极其复杂的过程。

对自组织理论作出系统阐述的是耗散结构理论、协同学和超循环理论。耗散结构理论把系统的方向性、复杂性、不确定性整合为一个自组织的动力学模型,可以模拟宏观的自组织行为。哈肯的协同学认为,系统的自组织是系统之间协同运动形成的,协同学就是给出这种协同运动的条件与规律。艾根的超循环理论认为,如果循环反应本身构成了某种催化剂,那么就可以形成更高层次的催化循环,即催化循环本身作为催化剂的超循环。超循环具有自我复制,自我选择,自我创生的能力。

在生态系统中,有声有色的超循环起着某种决定作用,这是生态系统的一种特色。超循环理论解释了在大分子存在的自组织进化中,自组织在物理化学层次上如何涌现出生命的整体宏观现象。在超循环反应中,增长不是线性的,而是双曲线型的,它既能保持稳定,又能相对独立;既能竞争也能进化,最终达到新的涌现的产生。艾根认为,超循环是一个自然的自组织原理,它使一组功能上耦合的自复制体整合起来并一起进化。

在自组织进化中,超循环是一个极普遍的反应形式,可以把反应归结为四种基本模式:一是物理反应,二是化学反应,三是简单与复杂的生化反应,四是超循环反应。

宇宙从简单到复杂,从无生命到有生命,都是循环及超循环的各种不同表现。每循环一次都产生一个新的涌现,这不是简单型的黑格尔的"三段式"的发展,也不是简单地通过一个圆圈又一个圆圈地再回归到起点的发展。超循环理论不仅仅是分子进化的自组织理论,而且也是对宇宙演化在整体上的描述。

维纳讲,信息是组织程度的量度,那么人类的追求,无非是在每个层次上获得最大的信息量。自然界也是通过一个又一个涌现,积累信息,不断地优化完善自己。

二、涌现(突现)原理

自组织涌现的性质、功能与行为不等于系统各要素性质、功能和行为的简单相加。如果强调环境系统的作用,涌现可定义为:涌现的特性、功能、行为是要素间的非线性相关与自然系统选择的产物。如果从层次上定义:涌现是高层次具有低层次所没有的特性、功能、行为,也是这个层次上的极值、最优值。自组织产生的涌现就是相应层次的系统。新的相应层次的整体、新的层次、新的个体。这种机制是宇宙系统不断演化、不断进化的一种本能,一种自然的趋势,一种优化的驱动力,一种求极值的自然内在力。这种机制是世界多样性的基础,是系统自我优化、自我创造、自我设计、自我适应的最根本的属性。

涌现往往与整体性联系在一起,但涌现不是整体。涌现性具有整体属性,但整体不是涌现。一般讲,整体有两种,一种是加和性的,另一种是非加和性的。我们把非加和性与加和性的差额叫作"剩余功能"。这个"剩余功能"是由系统的"剩余结构"引发的,也叫"剩余效应"。加和性的整体没有有机结构,也可以说"剩余结构"及"剩余效应"等于零,具有静态性。非加和性的整体是有系统整体性的整体涌现,它有动态性,这个涌现整体有层次性、结构性、功能性,一旦生成,又具有不可逆性。因此涌现有突变特性及不可预见性。它是更高层次的要素、更低层次的系统。涌现是诸"适应性主体"之间与环境(客体)选择生成的整体属性,因此涌现具有强烈的动态性质和主体性质,而整体是构成的静态的存在。当然,也应该承认,这种区分都是在一定条件下,因而也是相对的。比如,宇宙奇点处的大爆炸,最早生成的涌现:夸克、轻子、媒介子——各种粒子,这些宇宙创生时期到强子——轻子时代宇宙的第一批涌现者,它们都有一项或者数项天生的潜能,如电磁力、弱力、强力、引力和质量、能量、动量、角动量、定向的旋转、速度、寿命等。这些潜能就是最原始的"冲动"、"原始的推动力",构成涌现主动性的最基本的"力"。这些涌现者(粒子或要素或系统)构成了首批具有适应性能力的主体。由于这些主体的能动性,由于它们的差异及自组织性、适应性、自创性,演化出了我们现在的大千世界,我们的太阳系,我们的地球,我们的一切。在整体宇宙系统里,从大爆炸奇点到人类的产生,一直到宇宙收缩期为止,存在着数个超大级的超循环和其不断创新的涌现。

涌现是系统自组织演化最辉煌的硕果,它是系统演化的根本基石,是宇宙之砖。这首批涌现者是下一个层次的催化剂,新的涌现又是再下一个新催化剂,往复循环以至无穷。正如元素的形成加速了自然界的进化,大分子的出现加速了生物的进化,细胞的出现加速了生物的生成,遗传基因的形成加速了意识的涌现等等。如在生态系统,原始大气层的演变与生物的进化互相影响,形成相互加速的局面。又如在物质与精神系统,哈肯讲,身体与精神终究是相互依存的,序参量就是我们的思想,子系统就是大脑神经之网络电化学过程。马克思也说:理论一旦掌握了群众,就会变成物质力量。人类意识的进步又大大加快了社会的发展。美国学者戴维·兰德讲,国家的进步与财富的增长,首先是体制与文化,其次是钱;但从头看起,越来越明显的决定性因素是知识。历史学家汤因比讲,人类的关键装备不是技术,而是他们的精神。每一个新涌现的产生周期越来越短,速度越来越快,可预测性越来越低。当代科学与技术的周期、经济与社会的周期、人类智慧的周期都证明了这一点。在2001年,科学家证明,宇宙的膨胀不是等速运动,它在80亿年后还在加速。

中国改革开放就是在思想大解放的旗帜下取得成功的。经济的成功又推动了政治、文化的发展。人类意识、文化、传统的发展不是一个平和、中性的涌现,它或是催化剂、或是滞后剂。当代世界上一百多个国家、上千个民族以及地区的发展充分说明了物质与文化、政治之间相互交错、相互影响、相互加速(或相互减速)的耦合关联、交互作用。中国的五四运动、辛亥革命、马列思想的输入等等都说明了文化思想的新涌现对社会发展的推动作用。

这种超大级的超循环所产生的新涌现都是历史巨大进步的平台,都与伟大历史事件联系在一起,它们本身也是伟大的事件,这是艾根超循环理论的扩展与延伸。在自组织序列结构中,涌现是最关键的层次,系统选择消耗最少的能量,取得最大的效益和获得最高的速度,每一个新的涌现比旧的涌现都更节能,结构更优化,这是涌现的本质,也是涌现不断地去创新、去创造的驱动力。生物系统为了生存、发展、繁衍,在环境的整体作用下,以最少的能量取得最大的效益(即生存的机遇)、最高效率(生存的空间),这是生物涌现的精髓。如最大最小原理:耗能最小,体积最小,势能最低,维数最少,自由能最小。蜜蜂的蜂巢,耗费最小,蜜容量最大,这是涌现的终极性与不可逆性。在实践中,条件的不同有时只能到满意,不是最优,有时甚至只能是比较满意。这种求极值的趋势就是涌现的方向性,或方向性原理。这个方向不是任意的,只有符合量子理论中的量子方向,才是自组织涌现可能的演化方向。方向性原理源于宇宙首批涌现者具有适应性能力的主体——夸克、轻子、媒介子等,以及它们具有的物理量和四种基本力。因此方向性对于涌现具有广泛的普遍性、重要性。

涌现的产生是系统自主的适应性学习、探索、创立和寻找新的涌现过程——这是超循环以及超大循环的真髓内核。自组织涌现律是宇宙系统最普遍、最广泛的规律,是宇宙系统第一规律,它涵盖了宇宙演化的整体。

自组织涌现规律在实践中有极其广泛的应用:首先,在中国的经济体制改革、国企改革、金融改革等领域的实践中,所有的难点都与对自组织的认识有关,都与被改革的单位的"自组织"有关,都与用非自组织性原理而制定的政策有关。比如宏观上的自组织,包括国家宏观调控体系的形成、市场制度的规范与市场中介组织的建立等等;从过程来看,包括市场经济法规的逐步完善、社会自组织的进步、城市自组织的形成等等;在微观上,城市中社区的自组织、农村的村民自组织、企业的自组织是否有活力等等,这些都取决于被改革的相关机构的自组织结构是否优化。其次,自组织原理在政治体制改革中,在国家宏观层面上,主要表现为制度建设、法规制定、党派规范、机构设置、分权管理及分权制衡等等。在微观上,自组织表现为乡镇、村、居委会、学校、医院、企业单位以及村民、居民的自我管理、自治的民主化机制等等。凡是个人、单位、团体自组织有效率的时候,政府都不应该介入。凡是自组织无效的空间,他组织才能准入。一种社会系统,或是一种生态系统,自组织化程度越高,这种社会或生态系统就越先进,越具有可持续发展的能力,进化也就越快。一个自然人也是这样。

比如,在我国古代的春秋战国时期,应该是中国古代社会自组织最发达的时期。从秦朝的大一统,汉朝刘彻的"罢黜百家,独尊儒术",直到明朝朱元璋的特务组织和每个县里的剥皮厅,清朝的"文字狱"。中国社会皇权组织达到了顶峰,使得社会的自组织无法发展,这是中国落后两千多年的重要原因。因此中国的改革与发展应该是自组织的过程,是宏观、中观、微观自组织化协同进化的过程。这是历史的必然,是社会发展演化的必然。

第二节　层次转化律

层次转化律是系统哲学的基本规律之一,是对自组织涌现律的直接深化与发展,是差异协同律和结构功能律的前提与不同层次上的表征。层次转化律揭示了系统物质世界存在的基本形式和层次变化的方式,即系统物质世界总是以层次转化的形式运动或是发展。这种以层次转化的形式和发展的道路又是曲折的,是系统发展的前进性与曲折性的辩证统一。层次转化律与自组织涌现律都是从不同的角度来揭示系统整体发展运动的方式与途径。

自然界、人类社会和人的思维是一个分层次类别的大网络系统。这个偌大的网络系统组成一个和谐的整体。任何一个系统都存在着不可穷尽的子系统。而各层次类别的系统又相互联系、相互作用、相互转化,形成了活生生的大千世界。层次转化规律是对这一世界从又一个方面所作的概括,是描述系统物质世界本体演化的基本规律。

整个世界是一个由各种类型的系统和不同等级的系统所构成的系统世界,系统物质内存在着无限多的层次。由若干个子系统所组成的大系统,具有层次等级的结构关系,或者说众多子系统组成了一个层次分明的等级系统,系统本身层次是构成上一层次系统的子系统,又是构成下一层次子系统的母系统。系统的层次是相对的存在,并在相互作用下层次间相互转化。任何一个系统都是诸要素或子系统的集合,或者说都是作为要素集群或子系统的群体而存在,要素与系统的关系是一种"非加和性"的系统关系。处于同一层次上的要素具有一定的相同的性质,系统层次具有相对稳定性,但层次结构处于不断的运动转化中。

一、层次的客观普遍性

在任何系统中,整体性、结构性、动态性、开放性、预决性等都是有层次的,都具有层次性。层次是指系统内在组织结构有序的间断和连续,或是系统要素有机结合的等级次序。系统结构都具有层次性,是宇宙间系统存在的普遍现象。层次不仅是系统要素存在的差异,同时也是要素相互协同、进化的途径与方法;没有差异就没有层次,没有协同也就没有层次;没有层次也就没有协同。层次性强调的是系统要素在差异上的协同,也强调系统要素在协同中的差异。系统都是由低级层次向高级层次发展,低级层次孕育着高级层次,是高级层次发展的基础;而高层次又反作用于低层次,带动低层次协调发展。高层次包含着低层次的基本差异,但又具有低层次所不具有的差异,形成系统整体的差异协同运动。自然界、人类社会和人的思维在发展运动过程中,都呈现出层次性来,都以系统的层次转化来表征它们的存在、运动与发展。

恩格斯说:"我们所接触到的整个自然界构成一个体系,即各种物体相联系的总体,而我们在这里所理解的物体,是指所有的物质存在,从星球到原子,甚至直到以太粒子,如果我们承认以太粒子存在的话。"①恩格斯在这里所指的"体系"就是系统,"所有的物质存在"就形成一个系统,"星球到原子"和"以太粒子"是指一系列层次,这就揭示了系统层次的存在具有客观性和普遍性。从马克思主义经典作家那里可以看出物质世界是成系统分层次的,这是客观世界的基本属性之一。

当代的科学成果,阐明了世界不仅是系统的,而且是分层次的,系统层次间是相互作用和转化的。特别是系统论、信息论、控制论、耗散结构论、协同学、突变论等综合学科,从不同角度揭示了客观世界的层次转化规律。例如,宇宙论证明了宇宙是个大系统,具有整体性和层次性,并相互作用和转

① 《马克思恩格斯文集》第9卷,人民出版社2009年版,第514页。

化。宇宙中的化学元素,特别是氢与氦的丰度是相同的,所有的河外星系、射电源和类星体对我们都有红移,宇宙 2.7K 波背景辐射是各向同性的。这就表明了宇宙是一系列巨大的层次结构,而且这些层次相互作用,相互转化,形成了不同层次的天体。从生物系统来看,每一层次的存在是以层次的生长、衰老、消亡为前提的。马克思在谈到有机体、谈到社会的发展时说:"这种有机体制本身作为一个总体有自己的各种前提,而它向总体的发展过程就在于:使社会的一切要素从属于自己,或者把自己还缺乏的器官从社会中创造出来。有机体制在历史上就是这样生成为总体的。"①从人类社会发展史来看,各个社会的更替,都是遵循层次转化规律由简单到复杂、由低级向高级发展的。人类思维过程也是遵循主体—实践—客体—认识—主体—再实践—再认识这一层次转化规律的。

在客观世界这个大系统中,存在着复杂多样、层层叠叠的子系统。不同层次的系统内部、系统之间、各系统不同的子系统内部与子系统之间,都存在着相互联系、相互作用、相互转化的差异运动。这种运动转化有特殊性,也有共性,这就决定了系统的多样性与统一性。系统哲学要求从系统层次转化过程中,去把握客观事物的特性与共性,去把握系统转化的方式与途径,并从中找出规律性的东西来,去认识和改造世界。客观世界的系统层次不仅是普遍的客观的存在,而且客观世界的系统层次还是历史的产物,随历史发展而发展。无数旧系统层次在不断消亡,新的系统层次在不断诞生、循环与发展,永无停息。

二、层次转化的守恒原理

系统层次的转化有"自然的转化"和"能动的转化"两种形式。恩格斯认为:"社会发展史却有一点是和自然发展史根本不相同的。在自然界中(如果我们把人对自然的反作用撇开不谈)全是没有意识的、盲目的动力,

① 《马克思恩格斯全集》第30卷,人民出版社1995年版,第237页。

这些动力彼此发生作用,而一般规律就表现在这些动力的相互作用中。"①
我们把这种来自自然界中的相互作用,称为"自然的转化"。社会与思维领域
的转化,包括人们实践和主观能动作用在内的转化,称之为"能动的转化"。

恩格斯认为:"地球的表面、气候、植物界、动物界以及人本身都发生了
无限的变化,并且这一切都是由于人的活动"②。这就说明了能动的转化是
由于有人的活动,再加上自然界和一定的客观条件才能实现。对于转化恩
格斯有过精辟的论述,他指出:"新的自然观就其基本点来说已经完备:一
切僵硬的东西溶解了,一切固定的东西消散了,一切被当做永恒存在的特殊
的东西变成了转瞬即逝的东西,整个自然界被证明是在永恒的流动和循环
中运动着。"③他还认为:"整个自然界,从最小的东西到最大的东西,从沙粒
到太阳,从原生生物到人,都处于永恒的产生和消逝中,处于不断的流动中,
处于不息的运动和变化中。"④从以上论述可以看出,无论是"自然的转
化",还是"能动的转化",都是客观的普遍的。

系统层次转化遵循的普遍性的法则就是守恒。系统层次在转化过程
中,遵循着物质不灭和运动不灭的定律,能量与物质都保持着某种不变性,
即它的任何要素不会失掉,也不会无中生有。恩格斯指出:"物质在其一切
变化中仍永远是物质,它的任何一个属性任何时候都不会丧失"⑤。他还认
为,"运动的不灭性不能仅仅从量上,而且还必须从质上去理解"⑥。他强调
能量守恒定律是自然界"伟大的运动基本定律"。这个定律具有重大的普
遍意义,它揭示了各种运动的转化与守恒。

系统的层次转化之所以遵循守恒定律,其原因和动力是系统层次间的
相互作用,因为"相互作用是事物的真正的终极原因。我们不能比对这种

---

① 《马克思恩格斯文集》第4卷,人民出版社2009年版,第301页。
② 《马克思恩格斯文集》第9卷,人民出版社2009年版,第484页。
③ 《马克思恩格斯文集》第9卷,人民出版社2009年版,第418页。
④ 《马克思恩格斯文集》第9卷,人民出版社2009年版,第418页。
⑤ 《马克思恩格斯文集》第9卷,人民出版社2009年版,第426页。
⑥ 《马克思恩格斯文集》第9卷,人民出版社2009年版,第424页。

相互作用的认识追溯得更远了,因为在这之后没有什么要认识的东西了"①。系统层次转化守恒是对质量守恒、能量守恒、动量守恒、动量矩守恒、电荷守恒、重子守恒、轻子守恒等定律的一系列转化过程中的守恒性的概括和抽象,是对自然界、人类社会和思维等系统层次转化的反映。恩格斯指出:"所谓的客观辩证法在整个自然界起支配作用的,而所谓的主观辩证法,即辩证的思维,不过是在自然界中到处发生作用的、对立中的运动的反映,这些对立通过自身的不断的斗争和最终的互相转变或向更高形式的转化,来制约自然界的生活。"②这就是说,转化的最终结果是向"更高形式的转变"。

　　系统哲学对层次转化守恒概括为以下几点:一是系统层次的运动是在守恒中的转化,在转化中的守恒。二是系统层次转化的动力和原因应归结于客观系统的物质——能量——信息的相互作用。三是系统层次的转化与守恒的具体形式是复杂多样的。如转化可分为"自然转化"和"能动转化";从状态上区分,又可分为渐变和突变,守恒的形式则更多。四是恩格斯指出:"一个事物是它自身,同时又在不断变化,它本身含有'不变'和'变'的对立"③。系统层次转化与守恒是差异协同的表征。五是系统层次的产生、发展与消亡的全部过程,其物质系统的任何一种属性永远也不会丧失,也不会化为虚无,更不会无中生有,这就是系统层次转化的守恒法则。

　　系统层次转化还遵循着循环的法则,即沿着循环的道路前进。恩格斯在《自然辩证法》中,反复地强调了大循环的思想。他认为自然界在"永恒的流动和循环中运动着","这个循环完成其轨道所经历的时间用我们的地球年是无法量度的,在这个循环中,最高发展的时间,即有机生命的时间,尤其是具有自我意识和自然界意识的人的生命时间,如同生命和自我意识的活动空间一样,是极为有限的。"④这说明在系统层次转化的过程中,系统层

---

① 《马克思恩格斯文集》第9卷,人民出版社2009年版,第482页。
② 《马克思恩格斯文集》第9卷,人民出版社2009年版,第470页。
③ 《马克思恩格斯文集》第9卷,人民出版社2009年版,第356页。
④ 《马克思恩格斯文集》第9卷,人民出版社2009年版,第436页。

次具体存在的形式是相对短暂的,而系统层次及其运动的规律则是永恒的。恩格斯强调了不能把循环理解为形而上学的周而复始的简单圆圈,而应理解为发展。他认为,物质运动永恒循环是个"无限进步的过程",在这个过程中,实际上它并不是重复,而是发展,是前进或后退,因而它成为运动的必然形式。这就说明了系统层次转化过程中,有从低级向高级的发展,又有从高级向低级的演化,这种交互运动,形成一定的周期性。周期性是系统层次循环发展的表现方式,每一个周期都有一个新的层次的涌现。

综上所述,层次转化表现出循环性、周期性,而且是个历史过程。在不同的系统层次中,代表事物本质的系统总的发展趋势是波浪式前进,是螺旋式上升。但具体转化过程则体现出简单与复杂、无序和有序、上升和下降、进步和退步的统一。

总之,可以看出,系统层次转化呈现出的循环性、周期性是客观世界的普遍规律。在自然界中,地球的自转与公转,天体演化中物质聚集态的稀疏与密集、振荡与交替;在科学技术中,物理学中的卡诺循环,化学中的周期律,核物理与核化学中的核素图,生物学中的各种生物钟,地学中的潮汐与火山的周期变化;在人类社会发展史中,无论哪一个社会转化都有其产生、发展、消亡的周期过程;人类思维过程中,由感性上升到理性的认识等等,都有其循环性和周期性。而这种循环性和周期性都要遵循系统层次转化守恒原理。

三、层次等级秩序原理

系统哲学把世界看作一个巨大系统的有机体,是由从微观到宏观、从无机界到人类社会的形形色色的系统组成的层次等级秩序体系。各个层次等级之间除了共性之外,还有着自身所独具的特性。由于系统是结构和功能的统一体,因此层次等级秩序体系中既包括结构上的层次性,又包括功能上的层次性。结构层次性一般是由要素与结构的相对独立性构成的,功能的层次性则往往是由功能与活动过程的相对独立性造成的。

贝塔朗菲十分重视层次等级秩序原理,他指出:等级秩序的一般理论是一般系统论的主要支柱。他认为,宇宙是一个从基本粒子到原子核、原子、分子、高分子聚合物,到分子与细胞之间的多层次结构,到细胞、有机体,以及直至超个体的组织的层次等级系统。

系统复杂性是系统哲学中的重要概念,它是指存在着一种系统层次的等级秩序,上一层次都比下一个层次更加复杂,并具有在较低层次上不存在着的某些特征。各个层次所具有的组织是它们统一的基础。每一个层次上的组织都有着自身最佳规模和最优的状态,一个组织变得越大,通信线路就越长,起着一种限制要素的作用,并且不允许一个组织超越某个临界规模。

等级秩序原理是宇宙中普遍存在着的层次结构的反映。这个原理告诉我们,在分析系统对象时,要注意它的结构层次和功能层次。既要注意各层次系统之间的联系,又要注意某一具体等级上的系统所具有的独特结构与功能,从而采取措施,以便达到某一层次的整体优化。

四、层次中介原理

中介是客观事物之间联系的环节,是普遍的、客观存在的。在客观事物发展过程中,中介表现为转化或发展的中间环节。恩格斯指出:"一切差异都在中间阶段融合,一切对立都经过中间环节而互相转移……并使对立的各方相互联系起来。"①列宁指出:"一切都是经过中介,连成一体,通过过渡而联系的。"②列宁还指出:"要真正地认识事物,就必须把握住、研究清楚它的一切方面、一切联系和'中介'。"③通过以上论述,可以看到层次相互作用、相互转化之间还有一个中介。认识中介的存在、中介的地位和作用,有助于全面理解事物内在层次之间的复杂联系,有助于克服在对立统一规律

---

① 《马克思恩格斯文集》第9卷,人民出版社2009年版,第471页。
② 《列宁全集》第55卷,人民出版社1990年版,第85页。
③ 《列宁专题文集 论辩证唯物主义和历史唯物主义》,人民出版社2009年版,第314页。

上的简单化的二极倾向。

任何一个系统结构都包含着众多的要素、层次、中介;而系统层次存在的普遍性决定了中介存在的普遍性和客观性;系统层次内在的相互联系、相互作用、相互转化必须要有中介环节。层次转化并非是两极转化,而是多极的转化。在质量互变规律中,"度"就是指事物相互联系的层次,是中介层次。任何系统都具有结构的方面和功能方面的规定性,同时也必须看到"度"与"中介"方面的规定性。我们常说任何系统层次的结构都是具有一定功能的结构,任何系统层次的功能都是具有一定结构的功能。除此之外,还必须看到"度"是结构和功能统一的中介层次。任何一个系统在层次上只有结构和功能,没有"度"这个层次,就不成其为系统。"度"及中介层次是系统保持自己结构的功能界限,任何"度"的两端或更多端都存在一定的界限及临界点。在"度"这个层次中,结构规定功能的活动范围和变化幅度,功能的变化迟早要破坏结构的限度,超出结构的功能界限。同时,在"度"的层次中,结构和功能是相互结合的、相互规定的。"度"是结构与功能的差异协同。

系统哲学把"度"看成是一个中介层次或是中介系统,这是因为中介层次是旧系统向新系统转化的一个过渡系统。因此,把握系统结构中的中介层次,就成为把握系统内在本质不可缺少的环节,这对于认识事物系统内部结构的转化是很重要的。例如,脊椎动物和无脊椎动物之间,鱼和两栖类之间,鸟和爬虫类之间,低等动物中的个体和群体之间,等等。总之,在自然界的一切差异之间、一切联系之间,无不存在着中介层次。把握住中介层次,去认识人类发展的历史,去看待自然界的差异与统一,去了解系统内部层次的联系,等等,就有了科学的方法。又如,在社会主义初级阶段,所有制的结构呈现出其多样性:以公有制为基础的所有制形式,以外商独资的私有制形式,以集体、合资、合伙、入股的所有制形式,等等。这种所有制形式的多样性,是由于生产力发展水平决定的。在这些多样性的所有制形式中,有的学者把它定为姓"社"或姓"资",但也有许多企业很难用两分法界定,它们既不姓"社",又不姓"资",而是具有多重属性、可变性和过渡性,而这种所有制形式则是有利于生产力的发展,有其存在的必然性和客观性。它们属于"社会主义"与"资本主义"两种所有制形式之间的中介所有制形式。在我国政治、经济体制改革过程中,寻找一个从旧模式转化为新模式的中介过渡系统,就十分重要。这个过渡系统必须是符合我国客观事物发展规律的、比较有活力的系统,它也应该是符合人类社会总的发展规律的系统。在日常生活和工作中,先进与落后,开拓与保守,它们的根据与界限,都有一个中介层次。

当然这个中介层次不仅是一个数量范围,而且也是要素的特性、量子涨落平均规模与放大效率、时空序三者联系的立体网络系统。它包括了"局部涨落"或"局部失稳"等。因此,事物的变化即使超过了度的规定,如果没有"涨落"的诱因,也不会发生突变。依据突变论中的稳定理论,在严格控制条件的情况下,如果变化中经历的中间过渡态是不稳定的,那么它就是一个飞跃过程;如果中间过渡态是稳定的,那么它就是一个渐变过程。这说明中介系统有稳定与不稳定之分,因而也导致了事物变化有突变与渐变之分。因此结构层次性是层次转化律的动因,整体的层次是层次转化的阶段,系统的存在、发生、发展以至消亡,都是要经过中介层次的。

层次转化律是关于复杂事物中的层次之间的根本差异的理论。它要求人们在考虑每个系统层次时,既要考虑该系统层次的特性,又要同时考虑与之相近的一些毗邻层次。如在层次管理、层次决策中就要注意这些。这对我们系统辩证地认识客观世界和改造客观世界,都具有重要的指导意义。

第三节　结构功能律

结构功能律是对系统自组织涌现、层次转化的深化和发展,是系统事物内在性的规定,它揭示了系统物质世界内在结构的联系,说明了系统物质的运动和发展总是表现为系统结构与功能两种状态的相互转化,系统结构与功能之间的联系是辩证发展的过程。结构功能律是系统物质世界的普遍规律,也是系统哲学的基本规律。

一、结构功能律的基本内容

系统哲学认为,系统物质都具有一定的结构和功能,都是结构和功能的统一体,不具有结构和功能的系统物质是不存在的。

系统的结构是指组成系统整体的诸要素之间时空相互联系的总和,它是一系统区别于其他系统的内在规定性。结构规定了系统本身的特性,使这一系统和其他系统区别开来。世界上的系统形形色色,千差万别,就是因为每一个系统具有不同于其他系统的结构。系统结构是隐藏在系统内部的,它是通过系统的功能及属性表现出来的,而系统的功能又是在一系统与他系统作用时表现出来的。因此要全面地认识系统的结构,就必须全面地研究该系统与其他系统的关系和联系。例如酒精与水的联系,表现出它能以任何比例溶于水;与火相联系,表现出它可以燃烧的特性;与空气相联系时,表现出它能迅速挥发的特性。又如水的结构在电解作用时就会被破坏,水的功能及属性就会失去,又会出现氧和氢的新结构所决定的新的功能。

相同的系统要素可以具有不同的结构,这是由于系统运动形式多样性及系统与系统之间联系的复杂性所决定的。同一系统要素结构的多样性也就决定了系统表现出来的功能及属性的多样性。结构是系统物质世界本身所固有的。微观世界中基本粒子的结构,宏观世界中天体的结构,人类社会中的经济结构和政治结构,思维中的语言与逻辑结构,等等,都证明结构无处不在,结构无处不有。

系统哲学认为,一定的系统结构可以使组成系统事物的各个子系统要素,发挥它们单独不能发挥的作用与功能。有什么样的系统结构,就有什么样的系统功能及系统属性。相同的系统要素由于结构不同,所形成的系统也不同。系统结构合理与否,会推动或延缓系统的发展。另外,系统的结构是相对稳定的,但是由于其构成要素的运动和外界环境的影响,系统的结构也会发生变化。而这种变化是系统本身通过自动调节来实现的。人们对系统的结构是可以认识的,并可以根据系统物质本身的规律,有意识地改变某些物质的结构。人类社会系统之所以能够维持下去,是因为该社会结构能适应社会生产力的发展,并具有能满足人类生活所需要的功能。一旦社会结构不能适应社会生产力的发展,那它的功能也就不能满足人类生活的需要,这时社会的结构经过改革或者是革命,重新形成适应社会生产力发展的新结构。

简单地讲,系统的结构性质由三个因素决定:要素的特性、要素量子涨落的平均规模与放大效率、要素的联结方式即时空秩序。这三个相近的因素在规定系统结构性质时所起的作用不同。首先,要素的特性作为一个相对独立因素而影响系统结构性质,从内在根据讲,不同性质的要素构成不同性质的系统结构;其次,要素量子涨落的平均规模与放大效率为系统结构性质的差异程度提供可能性;最后,要素的联结方式即时空排列秩序的变化,使系统结构性质的差异性转化为现实性。但是实践中,这三个要素很难独立分开,因为它是要素的相互作用及关系的综合。如果用"一分为二"的视角看系统结构的话,只能是:要素的质量、要素的数量和缺失了要素的时空序。如果不计算要素的时空序,那么也能近似地用"结构质变律"代替"结构功能律"。但无论如何,要素在时空上的排列秩序是系统结构性质变化的一个重要因素,而这一因素在两极对立系统中是被忽视的。又由于各种结构在不断发生变化,也必然引起物质性质的改变,这是客观系统物质发展变化的普遍现象。在系统物质中,由于系统诸要素、诸层次的排列组合方式的变化,也会引起系统整体性质和功能的变化。一般情况下,结构功能有三种类型,即序列位移、要素重组和构型变换。

系统结构与系统功能的关系是辩证的。结构不能完全归结为构造,它还包含着要素之间的相互作用和要素的秩序,包含有物质、能量、信息的往来。结构不仅反映了系统物质的空间特性,也反映了系统物质的时间特性。系统的各要素通过结构才能组成为一个整体系统。结构越合理,系统的各个部分之间的相互作用就越协调,各部分的个性发挥也最佳,系统在总体上的功能才能达到优化。从某种意义上讲,结构是从系统的内部描述系统的整体性质,而功能却是从系统的外部描述系统的整体性质。当结构相同,有时也可能功能不同,这种情况和外部条件有关。还有结构不同,有时功能也可以类似,这也与外部条件有关,功能模拟法就是建立在这种相似基础上的。如电脑就可以代替人脑的部分功能。如果有可能以生物元件来模拟人脑,将会在功能上前进一步。因为生物元件比电子元件更接近人脑的结构。结构与功能的关系是相对的、可变的,结构决定功能,功能反作用于结构,形成耦合关联。系统的结构与功能是多向的非线性随机网。明显的例子就是石墨与金刚石。它们的元素都是碳原子,只由于时空序的不同,即时空排列不同,其物理化学性质也不同。类似的同素异构体极多,像正丁烷与异丁烷等。在同素异构体中还有立体、位置、官能异构及旋光异构等等。

在实践中还有大量例子:宇宙是三类基本粒子(夸克、轻子、媒介子)和四种基本力构成的序列结构,也就是不同的粒子与力逐步演化成的有结构的涌现。人是由 90 多个元素构成的有机整体,但每个人都是不同的,是因为无穷多的层次结构都不同,结构在起作用。我们现在要调整的产业结构,其中重要的一项就是产业项目布局,即生产力布局的问题,这也是时空序的课题。再如我们常讲的调整领导班子结构,一般有两种方法,一是换人,就是更换部分或者全部领导成员;二是换位置,调整领导班子成员的位置,如可让"一把手"当"二把手"或"三把手",两种方法都是结构与时空序的问题,都是领导成员排序问题。序列就是力量,谁排在前面,谁是一把手,谁就有更大权力,这里没有量变和质变的问题。DNA 是 4 种不同的核苷酸(A、G、C、T)在时空中不同排列,4 种不同的核苷酸构成了 20 多种氨基酸,这 20 多种氨基酸构成了全部的蛋白质,决定了生物的多样性,包括高级动物的人。在社会学中,苏共拥有 20 万党员的时候取得了十月革命的胜利;拥有 200 万党员时打败了德国法西斯;而拥有 2000 万党员的时候,苏联却解体了。在人类社会中,像"三个和尚没水吃"、"三个臭皮匠顶一个诸葛亮",都说明时空序的重要作用,因为系统的要素没有发生变化,只是时空序有了变化。可以看出,在一般情况下,当时空序和要素的相互影响小到可以忽略时,物质的质变才取决于量变。比如在汉语文字中,所有汉字是由"一"、"丨"、"丿"、"乀"、"丶"、"乛"等要素构成的,共计 9 万多字,其中量变到质变的有"金"与"鑫"、"木"与"林"和"森"、"水"与"淼"、"石"和"磊"等,这样构成的汉字不多,90%以上的汉字是由结构以及时空序决定的,如"吴"与"吞"、"呆"与"杏"、"未"与"末"、"土"与"士"、"犬"与"太"等等,这些字的构成元素都一样,只是时空布局不同,而导致语意完全不同。在汉语中还有抑扬顿挫的四声,用不同的音调读出来就有不同的词音(如,妈、麻、马、骂);又如在西方拼音文字里,20多个字母通过不同的排列构成了所有单词,表达了各种各样的思想。在音乐中有12个音调,在算术中有10种符号,在美术中有三原色,这些都说明了时空序的重要作用。它们都是由结构性质所决定的。这里当然没有量变到质变的位置。可以看到结构功能律大大地扩大、发展了质量互变规律。只要结构形式相似,即使成分、数量不同,也可以具有相似的性质。如氟、氯、溴、碘、砹,原子系数分别为9、17、35、53、85,其外层电子均为7个,结构相似,因此其性质也近似。

要素的特性、要素量子涨落平均规模与放大效率和要素的时空序的有机结合可称为"结构核",这三者之间是作为一个有联系的系统而存在的,都不能孤立地起作用,而是通过三者相互的、非线性的随机协同而起作用。在质与量的二元系统中,往往没有注意到时空序量所起的作用,当要素多于二元时,时空序量的作用就非常重要了。

在改造客观世界的过程中,不仅要正确认识和区别不同物质的质、量、度,尤其要紧的是把握系统物质的不同结构,这具有重要的实践意义。认识与把握系统的结构核的规定性,把不同系统区别开来,更具有重要的认识论意义。没有区别,或是只讲有质、量、度的区别,没有结构的区别,都不能全面系统地认识客观事物,因而也不会有正确的决策。因此,紧紧把握住系统的内在结构与功能的相互关系,以及与外界环境的相互影响,是对唯物辩证法中的质量互变规律的补充和发展。

二、系统的耗散结构

耗散结构理论,是系统哲学的结构功能律立论的一个重要的理论基础。

宇宙中包括自然界、社会和人类思维在内的各种系统结构,无一不是与周围环境有着相互依存、相互作用和相互转化的开放系统,而耗散结构理论研究的主要对象是开放系统。系统哲学用耗散结构理论来揭示系统的结构功能规律,具有重要的理论与实践意义。耗散结构是指一个远离平衡的开放系统,系统通过不断地与外界交换物质、能量和信息,会自动产生一种自组织现象,组成系统的各子系统会形成一种非线性相互作用,从原来的无序状态通过涨落转变为一种时间、空间、功能的有序结构,这种非平衡态下的新的有序结构称为耗散结构。系统的这种耗散结构因为与外界交换物质、能量和信息,是一种非平衡动态稳定有序结构。对于平衡结构来看,它具有生机勃勃的生命力,是一种运动着的稳定有序的"活"结构。出现耗散结构的条件包括:开放系统与外界不断的物质、能量、信息的交换;系统必须远离平衡;系统必须有相互作用。闭合系统与外界只交换少量能量不交换物质,也不能形成"活"的有序结构,只能形成"死"的有序结构。

开放系统远离平衡状态,与外界交换大量的物质、能量和信息。在系统内部要素协同作用下该系统的涨落放大达到特定阈值时,就能形成一种"活"的高度稳定有序的耗散结构。我国目前进行的经济体制改革就是要打破封闭与闭合性的经济系统,建立起开放的耗散结构的经济系统,使我国经济发展更有活力。开放系统开放程度大小决定着系统内部结构协同力的大小。由于开放系统要维持与外界不断交换物质、能量和信息,可以形成一种负熵流,从而产生一种促进系统内部各子系统相互更好作用的力量,这种力量就是协同力。对外界交换能量和物质越频繁,则负熵流越大,因而协同力也越大。相反,系统开放小,与外界交换也小,则系统内部结构的协同力就越小。

系统内部结构之间总是存在协同作用力的。这种协同作用力可以为正、负、零。为正时可促进系统内部结构层次间协同作用,有利于耗散结构的形成;为负时,则破坏系统内部结构的协同作用,造成系统走向无序或者混乱;协同作用力越大,则越有利于形成高度稳定有序的"活"系统结构。当开放系统形成耗散结构时,系统本身就有抗干扰的能力,一般性的涨落

(波动)会被耗散结构本身所吸收,这是耗散结构的涨落回归原理。

当开放系统的一个子系统与较大的耗散结构系统相互作用时,外来子系统不足以使耗散结构崩溃或者解体,则子系统总是被耗散结构系统吞并,融合于大系统中去,使原系统扩大范围,但并不影响耗散结构的基本有序性,这是耗散结构的吞并融合原理。由系统外部或者内部的突然事变危及已形成的耗散结构系统,此时耗散结构所具有的协同力不足以抵制这种突变,巨涨落就会造成耗散结构的解体或者崩溃,促进系统运动走向另一个阈值,形成另一种新的"活"的稳定有序的耗散结构。这种新的耗散结构可能比原耗散结构更协调、更高级。随着时间的不可逆性,上述过程可一再重复,使耗散结构向优化方向发展。

三、结构功能律与质量互变律

结构功能律与质量互变律既有联系,又有区别。质量互变律是结构功能律的一个特殊方面,结构功能律概括和发展了质量互变规律。

结构与质、结构的变化与质变,两者所揭示事物的角度不同。质是对应于量而言,它是揭示事物的性质,并区别于其他事物的规定性。结构是对应于功能而言,它揭示系统差异各方面相互作用的方式和秩序。它侧重于表征系统由哪些要素组成,这些要素之间相互作用呈现怎样的形式和时空序关系,并进一步揭示了系统具有某种属性和功能的物质基础和存在方式。两者所包含的内容也有所不同。质固然是以一定的量为基础,但从它相对于量而言,毕竟不是量。而结构不仅需要揭示各要素之间的定性关系,而且也需要揭示各要素之间的定量关系,以及要素之间的相互作用、要素之间的排列秩序即时空序量。经济结构不仅包含生产、交换、分配、消费等各部门不同质的成分的组合,而且它还包括种种量的关系,更重要的是还包括各经济部门的相互关系和布局。水分子的结构不仅包括氢与氧原子间质的组合,而且也包括种种量的关系以及空间秩序及相互作用。

结构与量是密切相关的。任何结构总是由一定量的要素构成。结构的规模、尺度,各要素间的空间距离和复杂程度等,都表征着结构的量。自然界的生物千差万别,就是由于核酸和蛋白质结构的多样性,进而体现出遗传物质的多样性。至于社会结构、人口结构、教育结构等等,也都有一定的数量、比例与布局关系。结构的变化也总是离不开量变。在有机化合物烷烃系列中,每增加一个原子团,就会变成结构不同的化合物。甲烷(CH_4)增加一个 CH_2,就变成乙烷(C_2H_6),乙烷再增加一个 CH_2 就变成丙烷(C_3H_8)。当然,量变不仅是结构内部各个成分或要素的增减,而且还包括结构存在发展的规模、有序程度和各要素间的空间布局等等。还以甲烷为例,它不仅有分子结构中碳与氢在组合上的量的关系,而且由于它是一个四面体的立体结构,还相应地具备一系列量的特点。如碳原子的 4 根价键之间键角相等,各碳氢链的链长也相等。又如企业中的产品结构革新,不仅有产品的改变、提高,而且也还有在产量的关系上所要做的重新配置,和产品如何合理布局与产品的生产、销售。结构与量在内涵与外延上并不相同。量变是事物存在和发展的规模、速度、程度,其中包括结构中各要素在相互作用中的物质量、能量和信息量。而结构则是指事物各要素的组合和相互作用的方式。结构的变化不仅有量变,而且还有质变,还有时空序以及要素之间关系的变化。例如,在分子结构中,各原子之间的距离呈现着量的关系,但是原子之间空间配置不同就呈现着不同质的关系。化学中的旋光异构体就是因为要素在空间排列顺序不同而具有质的区别。19 世纪法国化学家巴斯德发现:在偏振光通过酒石酸时,旋转的角虽然都一样,但方向不同,有的向左旋,有的向右旋。由于运动的方向不同,分子里的原子排列左右不对称,其性质就不同。分子结构中各原子空间配置的差异,就有了不同的旋光性,决定分子结构有不同的性质,这种例子十分普遍。

从以上论述中可以显而易见地得出:结构功能律深化和发展了质量互变律。

结构功能律具体发展了量质的已有规定性。它从排列组合和秩序上具体揭示了物质各要素之间,在时空上质的规定与量的规定,并赋予质与量更为丰富的内涵。物质的质并不是各要素质的相加,而是各要素在相互作用中形成的一种系统结构,即具有整体性的结构。物质的量也不是各要素量简单相加,而是具有丰富多样的量的关系。还以水分子结构为例,它不仅精确地揭示了水的要素氢与氧之间质和量的关系,具体反映了水的系统结构,并且它的结构还比较精细地表明了水的气态分子与固态分子在质与量上的差别。再如城市的产业结构,在空间上是一个由第一、二、三产业组成的有机整体;在时序上,随着不同发展阶段,而进行产业结构的不断优化调整,其产业结构的性质、规模、相互关系、时空序都会发生新的变化。国民经济的稳定、平衡和发展,在某种程度上要依赖于产业结构的调整。功能是系统内部结构与外部环境相互作用而表现出来的特效和能力。功能的内涵不仅包含质的外在表现——属性,而且还包含着效能、行为,还反映着结构与环境相互作用中量的关系。这是由于功能必须通过物质、能量和信息量交换所致。功能与属性又有区别。属性是与质相对应的,属性的总和就是质。物质具有什么样的质就有什么样的属性。而功能与结构相对应,物质具有什么样的结构就有什么样功能。结构与功能丰富了质与量所不能包含的物质规定性。例如我国当前所有制结构的重大改革,虽然不是一种社会主义的根本质变,但是通过改革,却可以使社会主义所有制结构更好地适应生产力和商品经济的发展,发挥社会主义所有制结构的功能优势。

　　结构功能是质量互变的基础,也是质量互变的内在根据。一切事物的质变与量变都与结构变化紧紧相连。结构从一个方面揭示了质量互变的内在机制。系统事物的性质与功能是由结构所决定的。普里高津的耗散结构理论揭示,事物无论从混沌走向有序,或从热力学平衡态走向非平衡态,都与结构变化有关。一个远离热力学平衡的开放系统结构,在与环境交换物质、能量和信息并达到特定阈值时,结构就有可能从分岔引起质变,从热力学无序的平衡结构变为新的有序的耗散结构。物质内部各种成分的量的增加,同时包含着结构中量的方面的变化,当量的变化超出结构的关节区时,质变也就到来了。以元素周期表为例,随着原子核电荷的量变而带来元素质变的同时,必然带来原子核外电子层结构的质变;另外,元素每种化学性能也都可以从它的内在结构中找到本质原因;原子电子层结构的复杂性,对元素性能的多样性起着决定作用。结构的变化还可以增强或削弱质的外在表现——属性。

结构功能的层次性又丰富了质量互变规律的层次性的内容。系统内部在结构上总是呈现出并列与层次，这是任何系统普遍存在的规律。在自然界、人类社会和思维等结构中，总是以并列与层次的现象而存在。自然界中的元素，在固态时有很多是晶体结构，在这个晶体中原子都是规则排列的，把晶体放在 X、Y、Z 坐标空间中，从 X—Y 构成的平面坐标来看，原子排列是并列的，并列原子的规则排列构成晶面。从 Z 轴看，诸多晶面的层状叠加构成晶体，这就是晶体结构的并列与层次。晶体是自然系统中最为简单的结构方式，但对于大多数较为复杂的系统，其并列与层次的构成也是极其复杂的。社会系统结构同样具有并列与层次的特点。在社会系统中，一个高层次组织带动一组并列低层次的组织，便使系统扩大一个层次，而这个系统又是高一级系统中的一个子系统。如企业中公司—工厂—车间—班组—生产工人等，都呈现出并列与层次的结构。以此类推，就形成了由多层次构成的复杂的社会系统。

系统不仅在空间坐标中有结构，而且在时间坐标中也有结构。宇宙的时间结构就是宇宙的发展史，社会的时间结构就是社会发展史。从宇宙发展史来看，到目前为止，据人们所了解的有三个大层次，即无生命系统、生命系统和社会系统。从社会发展史来看，基本上可分为五个层次，即原始社会、奴隶社会、封建社会、资本主义社会和社会主义社会。时间结构是空间结构的发展。从时间结构来看，系统是有层次的，也是有联系的。空间结构是时间结构的轨迹。系统的空间结构也是系统在时间上的发展所遗留的轨迹。由于系统是由小到大的发展，各系统的发展又是不平衡的，因此系统在时间发展上遗留的轨迹可分成两类：一类是由于系统由小到大发展过程中遗留的轨迹；另一类是由于系统发展不平衡所留下的层次态轨迹。实际上，许多复杂的系统则兼有这两类层次结构。

寓于物质中无限层次的结构，揭示了物质相对不可分与绝对可分的统一，物质内容的无限与具体形式的有限的统一。结构是一个动态过程，它有一个从低级到高级、从简单到复杂的演变与发展过程,因而总是呈现时空上的层次性。结构又是事物多样性有机统一的存在方式。物质要素不同的相互联系、相互作用,形成物质不同的结构,并由此形成性质不同的层次。比如,与物质基本运动相对应,就存在着机械结构形式、物理结构形式、化学结构形式、生物结构形式、社会结构形式。再分层次,生物结构又可分为生物圈、群体、生物个体、器官、组织、细胞、亚细胞、分子和原子等不同层次。高一级层次包括低一级层次的结构,而低一级层次的结构又作为要素,成为高一级层次结构的有机组成部分。结构的层次性科学地揭示了物质世界的普遍性和运动发展深化的无限性,同时结构的层次性又揭示了其质的差异和质的多样性。分子、原子、原子核、基本粒子,作为单独的层次结构都有它们相对独立的特殊性质。层次结构的转化,无论对于原子、原子核或基本粒子,又都是质变。这与物理化学中一级相变、二级相变是相同的。相变是一种质变,一级相变是分子层的质变,二级相变是较深的原子层的质变。所以结构的层次性也可以成为结构的差异性的根据。

结构功能律更深刻、更全面、更丰富地揭示了系统物质运动发展的基本形式和状态,对于质量互变律,无疑是个很大的发展和伟大的飞跃。

第四节　整体优化律

整体优化律是系统哲学的基本规律。它从系统整体出发,到系统整体内在要素构成的相互作用,揭示了系统运动的趋势和方向。整体性是系统的本质属性。这里的整体性不是机械地简单相加,而是有机地相互联系和相互作用,以及各个过程中相互影响的系统整体。优化是系统乃至整个客观世界发展的趋势和方向。对社会各系统结构功能的优化,是人类不懈的价值追求。系统事物总是由低级向高级发展的。系统事物由其内部根据和最适条件相结合而出现优化状态、系统的优化过程和优化功能,是系统普遍的必然规律,这个规律在系统哲学中表现为整体优化律。它是自组织涌现规律的延伸与发展,是每个层次上的涌现优化,是差异协同在整体上的表现,是结构功能的整体属性,是层次转化的结果。

一、整体优化律的基本内容

整体优化律是建立在它的许多基本原理的基础之上的,其中最重要的基本原理是:系统整体性原理、系统优化原理和整体大于部分之和原理。

(一)系统的整体性原理

马克思主义经典作家对黑格尔的辩证法进行了唯物的批判,继承了其合理内核,科学地阐明了系统的整体观。恩格斯在《路德维希·费尔巴哈和德国古典哲学的终结》一书中,分析了自然科学的发展历史,指出世界表现为一个有机联系的统一的整体,因而自然科学的本质就是"关于过程、关于这些事物的发生和发展以及关于联系——把这些自然过程结合为一个大的整体——的科学"①。这就深刻揭示了客观世界从自然界到人类社会,任何事物都是由各种要素以一定方式构成的统一整体。

系统哲学的系统整体性原理包括以下内容:一是系统整体是基本的,而系统的部分是构成整体的基础。没有部分就没有整体,整体是系统各部分相互联系的过程与结果,系统各部分在整体制约下相互联系、相互作用、相互影响和相互转化。二是系统部分按照系统整体的目的,发挥各自的作用。系统部分的性质和功能是由它在系统整体中的地位与自身结构的规定性来确定的,它的行为是受整体与部分的关系规定的。三是系统整体是由物质、能量、信息构成的综合体,整体内在结构是由要素、层次、中介构成的。四是系统整体与部分都处于运动发展变化中。系统的局部的变化总是以整体联系为前提;整体的变化,又总是在局部变化的联系中实现的。总之,不管是什么样的系统整体,都具有整体性即整体联系的统一性。

系统的整体性原理除了整体联系的统一性外,还有一个共同的属性,就

---

① 《马克思恩格斯文集》第 4 卷,人民出版社 2009 年版,第 299—300 页。

是整体的有机性。

首先,存在于整体中的部分,只有在整体中才能体现出它具有部分的意义,一旦离开了整体,部分就失去了它作为整体的部分的意义。正如黑格尔所说,"割下来的手就不再是手"。整体的有机性,正是整体与部分关系的反映和体现。整体的部分是指整体中的各个要素,都存在着构成系统整体的那种特性和内在根据。在分形现象中,部分被放大后,又可能成为整体。在个体"穴位群"中,"分形"是功能上的分形,即整体的"微缩",有的生物中还是"嵌套"结构。

其次,构成系统的要素所具有的整体特性,只有在运动中,按照一定的规律进行着整体与部分、部分与其他部分、整体与环境,以及不同层次之间的信息、能量与物质的交换,系统整体才能体现为一定的结构性质与功能的规定性。系统的要素,只有在运动中,才能使要素存在的构成整体的特性得以体现。如果整体在运动中,物质、能量、信息的交换遭到部分或全部破坏,系统也就会部分地或完全地失去它原来的整体性。

最后,整体的有机性还表现在与外部环境的联系上。系统过程在时间上的持续性的联系,反映系统整体存在和发展过程中环境、整体、要素之间的有机联系。任何系统整体,它又是更大系统的部分,并具有构成更大系统整体的特性。一切系统整体性都表现为环境、整体、要素的有机联系和辩证统一。环境、整体、要素如果没有有机性,也就不成为系统。同时,整体有机性程度就是整体结构的自组织化程度,有机程度越高,则整体的自组织化程度就越高,否则系统是紊乱的、无序的。随着系统有机程度的提高,系统整体也随之由低级向高级的程度发展。

所以,系统整体性原理揭示了系统是各个要素按一定方式构成的有机整体,其要素作为整体的部分,要素与整体、环境以及各要素之间的相互联系、相互作用,使系统整体呈现出各个组成要素所没有的系统性质,因而具有各个组成部分所不具有的功能。

(二)系统的优化原理

系统哲学把揭示系统优化的本质及其特征,上升到整体优化规律高度来研究,这无疑具有重要的意义。优化是指系统整体具有一种由低级到高级,由简单到复杂的发展方向和总趋势。优化具有客观性、相对性和条件性。

不同学科已经证实,自然过程、社会过程、思维过程或系统存在着优化性质或状态;自然事物、社会、思维的优化状态和过程是可以认识的;优化的实现与否受着多种条件的制约。系统优化原理是指自然界、社会、思维系统,由于其内部根据和条件的相互作用,总可以在一定条件下,使整个系统或该系统的某个方面最大限度地(或最小限度地)接近或适合某种一定的客观标准。各种不同的物质系统,都处于物质、能量、信息永不停息的运动变换中,并依据系统所处的最适条件,或趋向最完美的某种结构形态,或是选择最简短的运动路线,或显示出最佳的特定性质和特定的功能,并都以不同的方式实现着优化的存在状态或优化的发展过程。

如何在实践中去把握系统优化原理,关键在于认识优化的客观性、相对性和条件性。优化的客观性,指的是一个系统的优化或劣化,其区分标准是客观的,而不是主观的。系统的多种形态和过程相对于一种客观标准进行比较,会有不同的结果。其中总有一个结果最接近或是最适合所确定的标准,那么这个结果就称之为优化。这是系统哲学价值观的基础。也就是说只有比较的标准是客观的,所得出的系统优化才是客观的。优化是由系统结构和功能所固有的差异性和运动的不平衡性决定的,有着不以人的意志为转移的客观内容。

优化的相对性,一是指优化只有相对于一定的标准才有意义;二是优化是特定对象的优化,而不是一切都优化,或者只是相对于一定标准的某一个或几个方面的优化;三是特定对象的优化不是固定不变的,而是随着时空与内外部条件的变化而变化,优化是过程的优化,是动态的优化;四是在肯定某一方面优化的同时,也包含了其他方面的不优化,优化与不优化是相对而言,相比较而存在的。

优化的条件性,指的是优化事实的实现,必须要有一定的条件,特别是最适条件。优化的实现,是环境条件特别是最适条件和内部联系相互适应、结合的产物，是系统内部根据与外部条件的统一。只有系统内部根据，而无外部的必要条件，系统的优化是不能实现的；相反，只有外部最适条件而缺少内部根据，优化也不能实现。

（三）整体大于部分之和原理

在系统物质世界中，建立在单元体要素的全息性，是系统发展的基础。由于系统诸要素、诸层次的有机联系和有序结构，系统整体结构和功能优于部分的结构的总和与功能总和，因此在系统自组织、自适应、自创生、自复制、自催化、反馈和环境的质量、能量、信息的交换下，系统朝着熵减少和有序程度提高的方向运动和发展，并逐步达到系统整体的最佳状态。黑格尔的"正、反、合"与亚里士多德的"整体转移"都是这个意思。黑格尔认为，第三个范畴"合题"是前两者的真理。他强调真理是综合的成果。亚里士多德最有名的一句话"整体大于部分之和"，就表达了这一思想。一般来说，整体与部分之间的关系有四种不同情况：整体功能大于各部分功能的总和，整体功能小于各部分功能的总和，整体功能是各组成部分都不具备的功能，整体的功能等于各组成部分功能的总和。系统整体演化为第一或第三两种情况时，系统整体就处于一个优化阶段。这是优化后的系统功能的"增值"，这个"增值"就是在自组织涌现中的"剩余功能"与"剩余结构"。处于第二或第四两种情况下的系统整体，是否还受整体优化律的制约，回答是肯定的，但是这里的"剩余功能"是负"剩余功能"。处于整体等于或小于部分之和的劣化系统，在整体优化规律的作用下，有三种发展趋势：一是处于劣化阶段的系统整体，在自身固有规律与外部环境作用下，系统结构进行有序的调整，克服部分系统要素劣化的因素，补充新的有序结构，使原系统整体在新的有序结构中达到新的整体优化。二是处于劣化阶段的系统整体，在自身固有规律与外部条件作用下，系统整体结构进行重组，把所有系统要素的劣化因素进行淘汰，形成新的有序结构，达到新的整体优化。以上两种情况表现在有性繁殖过程中，在人类和两性动物的物种中，基因被重新组合两次。三是处于劣化阶段的系统整体，在客观系统、内在要素的相互作用下，使原系统结构解体，让位于新的合理的系统整体，形成新的系统整体与整体优化,比如领导班子的重组。需要说明的是,要素的优化与劣化,不等同于系统整体的优化与劣化,劣化总要被优化所代替。这是整体优化作用的结果。永存的劣化系统整体是不存在的,优化系统整体常常受到劣化因素的干扰却是常见的。我们的世界观是发展与演化的,而不是停滞与愚昧的。同理,我们用整体优化律来揭示客观世界的内在联系与发展,它不仅有利于我们认识世界,更有利于我们改造世界。

一般情况下,系统的整体性在以下几种情况时呈最佳状态。第一,环境系统处在动态平衡的时候,确切地说是子系统之间或要素之间比较协调的时候,这时系统的整体性比较好。它的动力取决于系统内的各要素的优化组合而形成的合力。比如,人的生命到青壮年时期,新陈代谢相对稳定,也是内环境稳定阶段,人体呈最佳健康状态。第二,物质系统相互作用系数最大时,反馈性能最强,整体性也就越强。如训练有素的军队组织体系就是如此。第三,系统的性质主要取决于时空序量时,只要调整要素布局整体效益就能好。如社会主义初级阶段的经济效益的提高,主要取决于经济结构、产业结构、产品结构、企业组织结构的优化。再如金刚石的坚硬性质取决于它本身的结构。汽车、轮船、航天飞机的设计等,都要求整体结构的优化。还有领导班子、人才的合理组合,都决定着群体整体功能的发挥。当系统演化超过了优化阶段,系统整体性开始减弱和衰退下去。旧的统一体消失,新的统一体形成。事物的系统在转化过程中,如果两个系统对立并处在非常极端的状态时,用矛盾观分析它比较简单适宜,因为事物对抗性矛盾暴露得十分明显和尖锐。如中国的抗日战争和解放战争、第二次世界大战、20世纪中叶开始的世界范围的无产阶级夺取政权的斗争,但也少不了统一战线的形成与同盟军的参加,否则也不可能取得彻底胜利。

整体大于部分之和的原理、整体性原理、优化原理,表述了整体优化律最本质的内涵和基本的内容。整体优化律主要揭示系统本身发展的总趋势与总的方向。有时候,系统整体也会演化到等于或小于部分之和,处于劣化的阶段,这是客观现实。但是,处在等于或小于部分之和,即劣化阶段的系统整体,这是暂时的现象,比如生物个体进化时,系统整体总要在内部结构的作用下,在其环境因素的选择下,向整体大于部分之和的优化阶段发展,有生命、无生命的系统都是这样,这是不依人的主观意志为转移的规律。达尔文的进化论由此可以得到完美的解释。

二、整体优化律的普适性

整体优化律作为系统哲学的一条基础规律根源于自然界、人类社会和人类思维之中。它与自组织涌现律结合在一起,就成为宇宙系统的最普遍最具有规律品格的规律。

在天体系统中,各星系有自己的分布、结构、状态和运行轨道,并以整体优化在演变着。以太阳系为例,太阳位于中心,发光、发热,有很大的质量;外围有九大行星在同一平面、沿同一方向、以各自的速度、按各自的椭圆轨道运转;除水星与金星外,其他行星都有自己的卫星、小行星和管星在绕其运转。这种现象按照万有引力的标准来分析,就是一种整体的优化。在地学系统中,地球结构如地核、地幔、地壳、水圈、生物圈、智慧圈等有序合理的排列,春夏秋冬的冷暖热的交替,七大洲四大洋的地理分布等,是一种整体的优化。在其他自然科学系统中,物理学中的理想气体、绝对黑体、理想实验、惯性系统、各种临界点、平衡态等,就其各自的目标函数来说都是一种整体的优化;化学中的元素周期表,每一个周期都有最强的金属性与非金属性,有最弱的金属性与非金属性,其化学性质也有最强和最弱之别,这也表现出各种元素整体的优化。在生物学中,达尔文所揭示出的优胜劣汰、自然选择、适者生存等都是整体优化的结果。凡是被淘汰的系统事物都是因为失去了最优状态。现存的一切事物(系统)不一定是最优的、最合理的,只有系统差异协同的自组织与外部环境选择的相互作用才能产生最优状态、最优过程、最优功能。有人问,恐龙灭绝能是整体优化吗?我们如果把恐龙类作为一个封闭系统来看,它的灭种是一种劣化,而且是一个整体的劣化。如果把恐龙类作为大自然的一个要素来看待,只有它的灭绝才有可能使其他自然界的动植物得以生存与发展,使自然界整体优化。恐龙的灭绝是受自然界规律的内在根据、外在条件作用的结果。假如在当时的条件下,恐龙超越自然规律的约束而生存下来,那则是自然界整体出现劣化。

在人类社会系统中,从人类发展的历史过程来看,由原始社会、奴隶社会、封建社会、资本主义社会,直到更高级的社会,社会进步显示出整体的优化。

在人们的思维系统中,已经由单一思维、二元思维发展到运用系统哲学思维,使人类的认识能力,越来越接近客观世界的本来面貌,显现出思维方面的整体优化。

整体优化律的客观普遍性,并不排除在局部要素上,在系统发展的某个短暂时期内产生劣化,出现整体小于或等于部分之和的现象。这些问题并不影响整体优化律的客观普遍性,整体优化律作为自然界、人类社会和思维的基础规律,在其发展中起主导的作用。某些个人的疾病与死亡,不会影响人类群体的整体优化。相反,正视这些劣化现象,给予科学的研究,寻找劣势的机理,给予医治,将会使人类群体的整体优化表现得更完美。有人问,"三个和尚没水吃"能叫整体优化吗? 我们的回答是不叫整体优化,而是部分要素的劣化,而且这个劣化只是暂时的表现。如果我们把"三个和尚"看作是一个封闭的系统,三个和尚都不去担水,他们因没有水吃而要死亡,这个封闭系统就不存在了。自然界生物生存的客观规律要求三个和尚作出这样的回答,是渴死还是找水生存,三个和尚的回答是后者而绝不是前者。三个和尚为了生存,总要向有水吃的方向努力,而不是向一个和尚担水吃,两个和尚抬水吃,三个和尚没水吃的方向发展。三个和尚只能以最佳的组织方式合理承担取水任务,保证三个和尚有水吃,这才是系统整体的优化方向。"三个和尚没水吃"这个典故,正好从反面阐明了整体优化规律的客观实在性,整体优化是事物发展的必然趋势。整体优化律包容着差异性与层次性,即整体优化在实现过程中总是表现出它的千差万别、千姿百态,表现出这种差异性与层次性在整体优化过程中的和谐性、有机性与协同性。差异性与层次性是整体优化的前提,没有差异就没有优化,也没有协同,更不会有整体优化。

三、整体优化律是系统哲学的基础规律

整体优化律之所以是系统哲学的基础规律,就在于它们是从有意义的整体出发,到整体构成中仍起作用和仍有意义的部分的思维方法。它是排斥那种绝对的分解、分析的思维方法的,因为它们最后得到的是一个"彼此分离的整体",而不是透视方法所得到的活生生的"整体形象"和其活生生的部分的形象,及它们之间的能动的有机的联系。因为系统具有要素所没有的性质,不可能通过孤立地研究它的要素就能揭示出系统的性质。对于说明系统的形成与发展来说,分析是必要的,但却不是最充分的。系统整体思维特别强调事物是多要素构成的,这种多要素(及其结构)不仅仅讲"根据"引起事物(系统)的变化,而且讲它决定系统(事物)的发展方向。恩格斯说:"这样就有无数互相交错的力量,有无数个力的平行四边形,由此就产生出一个合力,即历史结果,……一个总的合力"①。而这个"合力",必然会导致系统整体优化的趋势,也就是它们的预决性和必然性或自组织性。人类一切活动的目的,是通过各种优化结构以达到整体的优化。人们破坏一个旧事物,无非是为了加速旧事物的解体,加快新事物的整体优化。自然界、人类社会、经济、生产力、科学技术以及文化思想领域,都无一例外。寻找最合理的结构,达到最大的整体效益,也就是实现最大的稳定性。在生物序列和非生物序列中不稳定的形式是无力进行生存竞争的。维纳认为:"在生命现象和行为现象中,使我们感兴趣的是相对稳定状态,而不是绝对稳定状态。……或者至少可以这样说,在这些状态附近,变化非常之慢。正是这种近乎平衡的种种状态,而不是真正的平衡状态,和生命、思想以及一切其他有机过程联系着。"②这也正是系统哲学所要揭示的一个重要问题。

---

① 《马克思恩格斯文集》第 10 卷,人民出版社 2009 年版,第 592—593 页。
② 本书编辑部编:《控制论哲学问题译文集》,商务印书馆 1965 年版,第 60—61 页。

四、整体优化律与否定之否定规律

整体优化律发展了否定之否定的规律，它在更大范围和更深的层次上，概括了系统物质世界进化的特性，进而更深刻地揭示了客观世界的本质。

首先，整体优化律深化了系统事物发展的自我完善过程。否定之否定规律揭示了事物经过两次否定、两次转化，使事物进到更高一级的阶段，"仿佛"是第一阶段的"回复"。这在一定程度上反映了事物的自我完善过程。而整体优化律还认为：每一个周期在同一层次上的空间表现形态可以看作是整体。每一个否定之否定过程，即旧的整体让位于新的整体，然后开始下一个否定之否定过程，使事物的整体一次又一次地优化，一直到事物系统的整体优化。优化阶段过后，就是劣化开始，这样循环往复，以至无穷。个体是这样，群体也是这样，大循环、小循环、微循环、超循环都是这样，形成整体优化的层次序列。

其次，整体优化律揭示了否定之否定规律所没有的多向性及合力网络动因。它深刻地揭示了物质运动过程是一个系统化过程，即有序化、组织化、多分支化和整体优化的复杂过程。这种过程，不仅表现为进化性与退化性的统一，还有从无序到有序、从无组织到有组织，到越来越有序化、组织化、系统化，越来越高级、越来越复杂、越来越多的分支化。这种多分支化过程不同于一分为二，它是多方向的非线性的。它可以在不同层次上、不同功能上和不同方向上，揭示事物发展的复杂性、多样性及整体优化性。

生物的演化不是线性的过程；真核生物的出现，是生物从低级向高级演化的关键点；真核细胞的产生使动植物发生了重大的分化；从植物分化出动物则又是在另一方向上的不同结构的分化过程。这种进化运动表现为由单系统发展到多系统，由无机系统发展到有机系统，由生物系统发展到社会系统和思维系统。越来越高级、越来越复杂、越来越具有系统化和组织化特点，以达到整体优化。事物就是这样由低层次逐步向高层次多向性地发展，整体也就一次又一次地在逐步优化。如地球地壳的演化，海底地壳是有生有灭,不断更新的。因地幔中的高温岩浆的对流作用在大洋中脊(海岭)的中央裂谷不断上升、溢出,经过冷却而固结,可塑的硅镁物质变成刚性的大洋地壳。地壳上的板块就是在劣化优化中和螺旋式发展中优化着自己。人的知识结构整体优化也是如此。优化—劣化—再优化,每循环一次,事物都在向更高级的程度进化发展。其发展的状态及方向,不仅仅是否定、肯定两极,而是多极、多元的网络。

另外,否定之否定所揭示的是在平衡态下有序范围内的有序联系规律。而整体优化律还揭示了在事物非平衡态下,从无序到有序的运动规律。它使否定之否定规律扩大深化到无序—有序—新的无序—新的有序这样更为广阔、更为深入的领域。有序—无序—有序所表现的否定之否定过程,更为复杂,更为深广。

第五节　差异协同律

差异协同律是系统物质世界最具有概括力的规律,也是系统哲学的表征规律。它揭示了系统物质世界的源泉和动因,指出了系统发展的原因在于系统内部要素结构涨落的差异性、协同性、和谐性、放大性与自组织性。差异协同律是自组织涌现规律的外在表征,即在差异中协同自组织。它揭示了系统物质世界存在、联系和发展的内在必然,深刻地说明了系统哲学的其他几个规律的内在根据。差异协同律贯穿于系统物质世界相互联系的一切方面和一切过程中,构成了系统哲学诸范畴的最本质的联系,同时也表现和反映着系统的各范畴,而各范畴则都是对差异协同自组织的补充、表现和具体化。

一、差异概念的哲学意义

差异存在于一切客观事物系统及思维的过程中,并贯串于一切过程的始终。差异的概念不同于反映互相排斥、互相对立的矛盾概念。恩格斯讲:"同一性自身中包含着差异,这一事实在每一个命题中都表现出来。"①"两极对立在现实世界中,只是在危机时期才有。""非此即彼是越来越不够用了。"②否认事物系统的差异,就是否认了一切,就是否认世界上所有的存在,这是粗浅共通的道理,古今中外,概莫能外。

差异是普遍的。黑格尔讲:"同一过渡为差异,差异又过渡为对抗。"③这里的同一,是宇宙大爆炸的起始点——奇点;就是奇点的状态,就是奇点的零时空,也就是量子引力时代的虚时空。在奇点内聚集了 450 多种的粒子和这些粒子所携带的四种基本力(引力、强力、电磁力、弱力),这是原始粒子所带来的原始差异,可以称为"自在的差异",也是奇点的差异。这些差异引发的随意量子涨落、放大效应,在系统内外自组织、自协调的作用下,诸差异转化、湮灭,产生新的粒子、新的涌现、新的差异,以及许许多多的层次、结构、功能、系统。在新的差异系统基础上继续演化,慢慢地会形成一种特殊超循环的序列结构。这个差异的超循环结构有自我选择和自我创新的能力。它进一步演化出超大级的超循环系统,并逐步地形成了我们现在的大千世界。可以说,没有差异的普遍性,也就没有现在的世界和现存的一切。没有差异,一切现实存在的东西都无从谈起。

在整个自然界演化的过程中,产生了一系列的对称性破缺,即非对称差异。如果没有这种非对称差异的过程,宇宙仍然停留在高温、高压的状态,对现存的世界来讲是不可想象的。四种基本力的相互作用差异,使宇宙多极分化,同步演进,导致了渺观、微观、宏观、宇观、胀观分岔的出现,但彼此相互同步演化。这是自然界最奇妙的现象之一。这些非对称的差异也为人类的生命奠定了基础。如有机分子旋光性的非对称差异,导致了真正生命的出现;遗传密码和遗传信息流的非对称差异是原始生命产生与延续的根据;细胞内部与细胞之间的非对称差异,是生命进化的必要条件。如果没有

---

① 《马克思恩格斯文集》第 9 卷,人民出版社 2009 年版,第 476 页。
② 《马克思恩格斯文集》第 9 卷,人民出版社 2009 年版,第 471 页。
③ 黑格尔:《逻辑学》(下册),人民出版社 1974 年版,第 64—65 页。

这些差异，就不能产生生命。这里不存在互相排斥两极对立的矛盾，只是存在着普遍的差异性及目前演化的协同性。

由此，我们可以得出以下几点：

第一，宇宙在开端时，即在奇点，宇宙内部是绝对对称的，宇宙越进化，也就越不对称，即非对称差异也越多。宇宙膨胀后，非对称差异、不确定性及自由度近乎无限大，因此我们的世界是差异统一的世界，而不是矛盾对立统一的世界。离开差异统一的世界，宇宙是不存在的。

第二，从宇宙的创生到现在我们的自然界、人类社会差异是普遍存在的，而非对称差异的出现对自然界、人类社会、对我们的生命都有决定性的作用。没有这么大量的非对称差异的发生，我们人类社会与自然界的生存是不可思议的。这一点对我们的理论和认识、对我们的实践都有十分重大的意义。孔子的"和而不同"也是这个意思，即在差异上（不同）的统一，而不是无差异的同一，这是宇宙存在的根本。

第三，它澄清了人们有关差异与矛盾认识的误区。以往许多学者，尤其是黑格尔的差异就是矛盾的观点，影响了人类认识数百年。应当承认主要是科技发展的局限才使人们的认识产生偏差，当然也有人文政治的原因。差异不是矛盾，矛盾也不是差异，矛盾只是差异的一个特殊激化的阶段；也不是每一差异都必然演化到矛盾。矛盾没有普遍性，而恰恰相反，差异具有普遍性的品格。对差异与矛盾的看法，是我们传统理论中的一个根本误区。

第四，差异是自然界人类社会的根本动力，是一切动力之源。没有差异就没有量子涨落，没有自组织、没有演化、没有系统、没有生命。没有差异就没有一切的存在，没有多元化的世界，没有人类的进步。它证明了恩格斯关于动力是无数个力的平行四边形而形成的一个总的合力的论断。而矛盾和斗争只是"总的合力"中的一个"合力"，而且它也不是主要的"合力"。在管理中，没有管理跨度的差异，就不会有真正的管理学。在经济学中，没有市场交易成本差异，也就没有经济学。在政治学中，没有机力差异，也就没有政治学。在生物学中，没有基因差异，也就没有生物学等等。差异是能量、是信息、是物质、是系统。差异是外在的系统，系统是差异的内在结构。

系统是差异存在的根据,差异是系统存在的表征。

我们放眼人类社会和自然界,满目林林总总的系统事物,没有一个系统是相同的,只要有系统就有差异,每个系统都有一个不同于另一系统的差异。莱布尼茨讲:"世界上没有两片树叶是完全相同的。"差异分为内在差异与外在差异。内在差异,主要是指要素的特性、行为,要素的平均涨落和其放大效率及要素的时空序,即要素的结构差异。外在差异,主要是指要素的功能的差异,与环境涨落互相作用的差异。两者的总和可以称之为系统的差异。差异也可以表现为过程的差异、状态的差异、上下系统层次之间的差异等等。

不同要素之间存在着许多差异,每一种差异都可能引发量子涨落。因此系统内部许许多多的涨落,哪个涨落能够放大,并主导这个系统不仅取决于该系统内部要素的互相作用,还取决于该系统与环境涨落之间的相互作用,这是系统生成不同于另一系统的主要原因。

差异也有生命的差异和无生命的差异。有生命的差异发生的自组织与涌现,具有整体有机性,它是一种物质之间有机生命体的关系。无生命的差异发生的自组织与涌现,在一般情况下没有整体有机性。而多数的复杂机器有整体性,但不具备有机性,如飞机、汽车、机器人等。不过有生命的差异与无生命的差异本身也是相对的,它取决于环境的条件性。

系统的存在、系统的运动、系统的发展、系统的演化,必然依据差异的存在、运动、发展和演化为前提。有差异才有涨落,而涨落是对系统事物平衡的一种偏离,是发展过程中的差异因素、不平衡的因素。通过涨落而达到系统事物的有序态,这是系统演化的机制,这是一条永恒不变的规律。李政道讲,宇宙的演化越复杂,不对称性就越高。也就是非对称差异越多。非对称差异在演化中起着决定性的作用。诸差异的特殊性、协同性、普遍性生成了世界。系统事物的差异法则是系统哲学的根本法则。在复杂系统中,有许多的差异和许多的系统,如果不认识差异的普遍性,也就无从发现系统事物运动发展演化中的普遍原因与根据。如不知道差异的特殊性,也就无从确立此系统与他系统事物的本质区别。

二、协同和谐原理

协同学是哈肯在 20 世纪 70 年代初期提出来的,是以研究完全不同的学科之间存在着的无序和有序相互转化的共同现象为目的的一门综合性的新兴学科。协同学研究的对象是非平衡有序结构系统,也就是说,从具体地分析各种可能形成的非平衡有序结构入手,建立其共同的数学模式,并对其进行动力学和统计学两方面的研究,从而认识非平衡开放系统的稳定有序结构产生的条件、特性及其规律。协同学已越来越多地解释和预言各种系统的非平衡有序现象,具有哲学的一般意义。因而系统哲学把协同原理作为差异协同律的重要立论内容之一来研究。

系统哲学认为,协同原理从系统的整体性、协调性、统一性等基本原则出发,揭示系统内部各子系统与要素围绕系统整体目标的协同作用,使系统整体呈现出稳定有序结构的规定性。协同原理适用于整个系统物质世界,具有普遍性和客观性。在自然界、人类社会和思维中,普遍存在着整体性、统一性、协同性、合作性等现象,这种内聚吸引、合作、相互作用的普遍现象,是由系统内部诸要素的差异与协同来完成的。

(一)协同的基本内容

协同放大原理是指开放系统内部子系统围绕系统整体的目的协同放大系统的功能。系统功能的放大导致系统整体合作行为,或者说使"剩余功能"发挥到最大值,使整体大于局部之和,呈现出 1 加 1 大于 2,或非可乘数的关系。俗话说,"三人一条心,黄土变成金",近代中国抗日战争中所发动的人民战争,改革开放以来经济体制改革中的优化组合,这些都是开放系统内部呈现出的要素结构的有序,使系统整体功能放大。

非平衡系统的开放性,使系统内部结构与外部环境相互作用,产生共鸣与涨落,这是促进系统内部协同放大的外因。系统内部结构的差异的非平衡性,非线性作用是产生系统功能协同放大的内因。这种内因取决于系统内部要素性质与要素结构的差异性。一个开放的非平衡复杂系统,是一个多要素、多变量、多能级、多层次、多功能及其相互有差异的系统。假若要取得系统整体协同放大作用，就要注意到多变量、多要素的协调放大；就要注意到改变要素的内在结构，使其成为有序的状态，整体功能才能协同放大；还要注意到同能级、同层次、同结构的协同放大。系统的非平衡性决定了系统内部物质、能量、信息的差异性，这种差异性的相互作用使系统要素之间与子系统间具有动态的非线性作用，而这种非线性的相互作用导致差异系统协同放大，并促使有序结构的迅速形成，以实现系统整体优化目的。

协同进化原理。宇宙进化中，宏观的演化与微观的演化互为条件，相互对应和相互协调。宏观是微观的外部条件，微观是宏观的内部机制。宇宙的演化是宏观的分化与微观的整合相互对应的一个协同进化的过程，是系统改变了环境，环境又影响系统的交互作用。如奇点的大爆炸是"最大"与"最小"尺度的起源的交叉点；如宏观演化岩山的出现与微观演化晶体出现的交叉；如社会发展与生物个体发展的交汇——人脑；如昆虫与植物的协同进化；如微观上的血吸虫与哺乳动物宿主的协同进化，同一行业的竞争者汇集在一条街上，并卖同一类商品；分散的居民点汇集到一起形成城市，人与人之间、社团之间，他们的共生、合作、协调地竞争，比你死我活的斗争更加重要。物理学家狄拉克认为，从宇宙到人，所有的物质世界不同尺度的结构、形态都取决于物理常数。这个常数就是协同的本质。

协同开放原理。一个封闭系统是不能产生有序结构的。尽管封闭系统也可以处于非平衡状态，但这只是暂时的，封闭系统的发展趋势必定是自动地趋向无序的平衡态。而处于平衡态的封闭系统，也可以在一定条件下，呈现出有序结构，即静的有序结构。而处于非平衡的开放系统则是在一定的条件下，才有可能出现动的有序结构。只有系统内部具有非线性时，有差异涨落时有序才能产生。而产生有序结构的根本原因，则是系统内部各子系统之间的相互差异。由此可见，开放性是产生有序结构的必要条件，而子系统非线性的相互作用即协同作用则是产生有序结构的基础，只有协同作用才是产生有序性的直接原因。

非平衡开放系统的协同作用：一是只有当某个外部参量达到一定临界

值时,新的有序状态才能出现,而且是突然出现的;二是新的有序状态具有更丰富的时间结构、空间结构、功能结构,如呈现出周期性变化或空间样态等;三是只有持续不断地从外界供给物质和能量信息,这些新的结构才能够继续维持下去;四是新的有序结构一旦出现,就具有一定的稳定性,即不因外部条件的微小改变而消失;五是序参量是具有宏观行为的量,它规定了整个系统发展状态,起到支配全局的作用,主宰整个系统的运动。任何系统必定有一个或几个序参量起支配作用。

(二)和谐的基本内容

黑格尔讲:"和谐一方面见出本质的差异面的整体,另一方面也清除了这些差异面的纯然对立,因此它们的互相依存和内在联系就显现为它们的统一。"①

差异的要素之间的相互作用,消除了它们之间的对立,彼此融合和渗透构成一个新的有机整体。和谐整体的特性与功能不等于各要素之和。因此,和谐就是指系统内部差异的要素在协调一致时的一种关系或属性。

和谐是差异协同律中的一项重要内容。自然界、人类社会尽管纷繁复杂、气象万千,然而又是和谐统一的。恩格斯说:"理论自然科学把自己的自然观尽可能地制成一个和谐的整体"②。和谐整体的本质是揭示了自然界系统中的物质统一性的本质,即差异世界中的统一。

系统哲学认为,和谐是指系统之间、系统与要素之间、要素与要素之间、结构层次之间内在的各种差异部分,在整体中呈现出的协调一致的系统要素的属性。系统整体是和谐的基础。系统整体中各个差异的部分要素之间,发生着一定的有机的相互联系和相互作用,这就消除了它们之间的截然对立,形成彼此中和、融合、渗透,表现出系统物质世界整体优化的方向和总目标的一致性,成为具有系统性质的整体,在一定条件下,数量比例匀称协调,结构合理而有序,从而按系统整体功能优化的趋势和方向发展。因此说

① 黑格尔:《美学》第一卷,商务印书馆 1979 年版,第 180—181 页。
② 《马克思恩格斯全集》第 20 卷,人民出版社 1971 年版,第 376 页。

系统整体的有机性是和谐的基础。

和谐有起点的和谐(如奇点),有过程的和谐(如共同进化、相互促进),有结果相对的终极态的和谐(如各种对称)平衡态,相似的重复循环等。

自然界就是有规律可循的多样性差异美的和谐。各种运动形式之间,宏观和微观各领域之间,四种基本力之间以及自然、社会和思维之间的协调演化,是对自然界多样性及过程和谐统一的最深刻的概括,也是自然界"内在和谐"和"内在美"的外在表征。乐队中五音调和好听,饮食中五味调和好吃,美术中七色调和好看等,都说明了差异中的多样性统一与和谐的关系。

有机的多样性的差异整体是和谐的基础。系统事物的多样性、多方向性是和谐美的根源。比如一个差异统一体的多样性的生态系统生物链:(1)绿色植物是第一层次的生产者及消费者。(2)食草的动物是第二层次的消费者,如蚂蚱;(3)食肉的动物是第三层次的消费者,如田鼠;(4)二级食肉的动物是第四层次的消费者,如鹰。它们之间的关系是:$A：B：C：D=1：0.1：0.01：0.001$,称为"生产率金字塔"。在这样的条件下,整个生物链是合理的、有序的、稳定的、和谐统一的。类似这样的链还有许多,这就是生态文明的根据。

有机物与无机物的多样性的统一,也是自然界内在的和谐。在生物界一切生物的多样性的和谐都表现在统一的遗传规律和遗传物质系统的基因中。古希腊哲学家毕达哥拉斯认为:音乐是杂多导致统一与和谐。

对称性的和谐。对称性是系统事物内部互相作用产生的自然美的一种和谐,也是一种可能的、阶段性的终极态的和谐。它是系统事物在演化过程中产生的一种对应和谐,差异的相互作用越强,对称性就越高。

系统整体中的对称性是系统物质内部诸要素之间的和谐。对称性从一般意义上讲,是指系统物质世界和过程都存在或产生它的对应方面,即形态上对应、结构上相似、功能上相仿。从宏观到微观,从生命到非生命都有这种对称。例如,对一切晶体物质来说,经过各种对称因素和对称动作的计算,从外形看,不变单位对称群有 32 种;从内部结构上看,不变单位格子的对称群有 230 种。这些对称群从具体联系形式上和内部规律上揭示了一切晶体的相似、不变性和共同规律性。比例协调和结构合理是系统内部各种差异关系的和谐。

凡是有规律性系统的事物都可能产生对称性美的和谐,对称性本身就是差异系统美的和谐。比如,在自然界中有许多重复性、周期性的规律。如"节律"、"季节"、昼夜四季更替、生物的全息律、生物活动的"生物钟"。19世纪的门捷列夫的元素周期表,是按其内在的和谐规律和对称性,把自然界中的组成元素统一起来,成为化学中一个重要的基础理论。它揭示了元素化学性质的差异,主要取决于原子结构上的核电荷的大小和核外壳层电子数多少,电子层的数目及价电子层的电子数,电子层之间、电子层与核之间的距离之间的差异。

自然界中的对称和谐统一的天然美,也反映到数学中,如牛顿力学的引力势,电学中的静电势都可以用二次偏微分方程式来描述。

宇宙的对称和谐这一理念给哥白尼与开普勒的宇宙理论学说提供了思想资源。爱因斯坦在建立狭义相对论时,就把对称和谐的思想作为他的科学方法,并把物质世界的统一性称为"内在和谐性"、"内在完美性"与"神秘的和谐"。因此,应该承认物质系统"内在美"就是和谐,物质系统的"内在和谐"就是系统事物的"外在美"。其实,对称性本身就是差异协同和系统的外在美。

规律性是系统物质运动、变化、发展中的和谐,符合规律就是和谐,否则就不和谐;因此规律性是和谐的标志。各种守恒定律是自然界中统一和谐的表征,我们的任务无非是促进系统事物的前进,向我们确定的和谐方向发展。因为系统事物有无数个差异,就有无数个方向。而我们要清楚,即使在同一方向,也有许多不同的目的。系统呈现出的和谐性是相对的,是在一定系统物质层次内的和谐;和谐是有条件的、有范围的,是系统自身转化的一种过程。

相似性也是系统物质内在差异的和谐,包括现象、形态、性质、结构和规律表现出的相似。

上述协同原理与和谐原理为差异协同律的立论提供了重要的科学理论依据。

三、差异协同律与对立统一规律

系统哲学把对立统一规律的基本内容,作为差异协同律对比的基础。

马克思主义哲学认为:首先,一切事物和现象都是相互联系、相互作用的。整个世界是由无数相互联系、相互制约的事物所构成的统一体,任何事物都是这个统一整体中的一个成分和环节。其次,一切事物和现象都是在运动、变化和发展的。恩格斯指出,世界上除了发生和消灭、无止境地由低级上升到高级的不断的过程,什么都不存在。再次,一切事物和现象的联系与发展的实质在于它的矛盾性。世界上任何事物、任何过程、任何思维都无不包含矛盾和处于矛盾关系之中。另外,对立统一律的主要内容是,统一物之分为两个互相排斥的对立面以及它们之间的相互关联。矛盾的对立面又统一又斗争,由此推动事物的运动和变化。有条件的相对的同一性和无条件的绝对的斗争性相结合,构成了一切事物的矛盾运动。

系统哲学认为,系统物质世界是一个差异协同体。差异是系统内整体诸要素、诸层次、诸功能在结构核和在时空中的差别。差异是系统存在、自组织涌现、层次优化、协同发展的内在自组织非线性相关机制的渊源。系统的发展是系统内部要素差异协同的非线性相关的运动,是系统结构功能差异耦合的结果。比如,宇宙的演化是在四种力量(引力、强力、弱力、电磁力)和三类基本粒子(夸克、轻子、媒介子)共计六十多种基本粒子差异协同中构成的。按李政道的话讲,过程也是差异协同作用的硕果,是四种不同力量和六十多种不同基本粒子"协同作战"的成果,"力"之间的差异性与粒子之间的差异性是进化、演化的本质,是动力,是宇宙最根本的精髓。因此多样性是进化的源泉,协同是必要的手段、必要的工具和不可或缺的机制。差异协同就是世界的本质,世界(宇宙)就是一个序列差异协同体。差异包含矛盾。差异是矛盾的前提和基础,没有差异就没有矛盾。差异存在于矛盾范畴的对立、斗争、转化的一切方面和一切过程；差异也存在于协同范畴的和谐、同一、融合和涨落、选择、相互约束、非线性相干、放大等的全过程。差异是普遍的，是一切的开端，是奇点内在的规定性。矛盾是差异的特殊阶段的特殊表现。系统的差异协同是普遍的，没有矛盾的阶段，就存在着差异，矛盾的对立斗争则是个别的和相对的。矛盾是差异发展的特殊阶段。矛盾分对立阶段、斗争阶段、转化阶段。差异是普遍的，对立是少数的，斗争是个别的，对立与斗争是有条件的，无条件的对立与斗争是不存在的。转化是表示旧系统的消亡、新系统的产生。差异包含着矛盾的可能性，但矛盾不等同于差异。差异是系统存在的主要形式和主要阶段与普遍的形式。差异并非一定都要激化而转变为对立。差异在一般条件下能够协同、融合、和谐、一致、放大。差异只有在特定条件下才激化为矛盾。差异存在于系统物质世界的一切方面、一切过程和过程的始终。自组织通过涨落差异、协同产生涌现是系统物质世界发展的根本原因。比如，人类社会的发展是各民族文明相互作用的结果。

任何系统都是差异和协同的整体、统一体。差异与协同是辩证的统一。协同总是以差异为前提而存在，而任何系统内在差异又总是和协同相贯通、相联系。系统间的差异在一定条件下是绝对的，协同是相对的，差异与协同之间既存在相互依赖和相互联系，又存在相互作用和相互渗透，即非线性相关。系统在同外界交换物质、能量、信息的条件下，差异与协同相互转化和产生非线性相关。

差异协同律引用差异原理、协同原理和自组织原理来阐述系统物质世界运动的规律，深化和发展了对立统一规律。差异协同律对于传统理论中"一分为二"的理解，已不是传统意义上的理解，而是系统的、整体的、多极的、非线性的、耦合循环的理解。传统理论中"一分为二"的"一"是指统一事物，"分"是指事物内部存在着两个互相排斥的矛盾的对立面；实际上系统物质不仅有分的一面，也有合的一面，还有不分不合的第三面，等等。按传统理论，"二"是指组成矛盾群的两个方面、两种属性、两种趋向及其相互关系。实际上，系统事物不仅存在着两个方面，而且是多系统组成的。习惯上,人们用"一分为二"以通俗、形象、简洁的方式揭示事物的矛盾及其发展的内在联系,对于理解矛盾辩证法起了重要的作用。但它并不能揭示事物存在发展的全过程、演化的全部内涵和全部结局,也不是最科学的表述。差异协同律认为,"一分为二"加"合二而一"才是矛盾范式较为完整的表述。既然是辩证法,只讲把"一"分为"二"、不讲把"二"合成"一"、把"多"合为整体,这本身就不符合客观世界发展的客观规律,也不符合辩证认识论。只讲分不讲合,"二点论"变成了"一点论",必然把事物的差异经过"分",都变成激化了的矛盾,都理解为对立、对抗、斗争,一直到你死我活,一个吃掉另一个为止,这就演变成了片面的斗争哲学。

首先,差异协同律认为,系统物质世界由一般差异发展到斗争阶段,是差异中的一种可能,并不是必然,而这种可能只有在系统内部非线性相关作用和外部环境选择的状况下,才会变成现实。在实际中,绝大部分的差异、差距、不同、不一致等现象与问题,不会轻易转化到对立斗争矛盾这一阶段。而系统内部的差异,大都是通过竞争、涨落、协同、选择、融合、共振、对话转变为合力与动力,来推动系统物质世界和谐一致地发展。协同产生合力,协同产生动力,合力大于分力,合动力比分动力更能推动系统整体的发展。差异是系统存在的基础和发展变化的动力源,对立是差异发展的一种可能的特殊阶段,斗争是差异发展的非常阶段。差异孕育着对立和斗争,但绝不等于就是对立和斗争。差异的竞争、涨落、放大、并存、服从、协同、融合、同归于一的现象,比对立、斗争更具有普遍性和客观性,更接近系统物质世界的本质。差异更能促使系统诸要素产生协同与和谐。例如,人类社会"比、学、赶、帮、超"、"取长补短"、市场经济与政府的宏观调控、社会保障体系、政治文明中的法制与民主、人才的"竞争机制"以及生态系统中生物界的共生、寄生等都是解决差异向协同方向发展的具体途径,并能取得整体优化的结果。对于处于对立与斗争阶段的各种要素的差异,只要从系统整体优化出发,也会出现协同发展、和谐一致的可能,例如苏美对话、劳工纠纷、暴乱的和解等。差异协同律是系统整体和谐发展的哲学。"一分为二"只讲分不讲合,分的结果,使人们只见树木不见森林,只见个别不见一般,只见部分不见整体,只讲斗争不讲协同。中国的"文化大革命"就是这一理论的产物。因此,系统哲学认为,差异协同哲学、和谐发展哲学比"一分为二"的"斗争哲学"、矛盾哲学,更具有生命力,更能揭示系统物质世界的本质属性,更有利于建立和谐社会、和谐世界。

差异协同律认为,不论是物质世界还是精神世界,也不论是微观世界还是宏观世界、生命体还是非生命体,系统形态都存在着对称与非对称的问题。正电与负电、北极与南极、正数与负数、作用与反作用,这都是系统的二重对称。一般来说,由于这种对称是比较直观的,加之受科学认识水平的限制,所以长期以来人们对这种二重对称现象为主的矛盾对立统一规律予以突出的注意。应当承认,这一点在今天仍然有其一定的科学的价值。但是,我们也必须看到,系统联系的对称是多种多样的,是"一分为多"的,是"合多为一"的。如有三重对称(光的三色就是一种三重对称)、多重对称(化学元素的周期是多重对称,其中有八重对称)等。就一个具体事物来讲,也有不同的对称,如晶体中大量的是三、四、六重对称,植物花序普遍有五重对称,基本粒子、原子核有多重对称,还有四种核苷酸(A、G、C、T)的四重对称,人体则有偶对称、五对称(手指)等。李政道讲:"最高的对称性就是最多的不对称的可能性。"因此,除了二重的对立统一规律及其思维方法以外,还应有多元素的、多重的差异协同律及其思维方法,通俗地讲就是"一分为多"、"合多为一"的方法。后者就是系统思维的基本着眼点,它是人们思维发展到一定阶段才能认识的规律和所形成的思维方式。现在的科学研究已经从对称发展到非对称系统的研究,由简单系统到复杂系统的研究,因此,更需要多元文化的思维方式。

差异协同律和对立统一规律的关系还涉及"真"与"假"二值逻辑的适应范围及其局限性问题。例如一个命题,按二值逻辑,其答案只能是:或者是真的,或者是假的。但从实际来看,还有可能是第三者,这个第三者就是"中介",就是"多元"、"多因素"。由于系统物质世界的复杂性,有简单的二元的线性的对立统一系统,也有多元素的非线性的差异协同系统。我们不能说形式逻辑过时了,不能讲"两极的矛盾对立统一"规律过时了,也不能说多元素的整体性、系统性思想是唯一的正确的思维方式,因为它们适用的范围不一样,就像初等数学与高等数学的关系一样。系统哲学的差异协同律可以说明世界系统物质的复杂性,它既能说明简单二元的线性的对立统一系统,更能说明多元素的非线性的差异协同系统。所以它是一个比较完备的理论。

对于运动、斗争是绝对的,静止、统一是相对的这一命题的看法,差异协同律首先承认它只是对立统一规律的基本内容,但不是唯物辩证法的全部内容,更不是系统哲学的内容。只有在描述矛盾属性(既斗争,又统一)的两个侧面的结合方式的时候,才可以说,同一性是相对的,斗争性是绝对的。但绝对的斗争性又存在于相对的同一性中,这是它们之间的一种联系,因此对于事物的发展过程来说,同一性和斗争性都是起重要作用的,它们的区别是相对的。世界上包括物质系统和观念系统在内,没有抽象的纯粹的绝对的东西。事物、过程、系统都具有绝对的一面,又有相对的一面,还有相互转化的一面。因此,它们既是绝对的又是相对的。它们有产生的一天,必然也有消亡的一天,正如恩格斯引用德国诗人歌德所讲的,一切产生出来的东西都一定要灭亡。更重要的是在产生与消亡之间还有生存的那一长过程,而这一过程是我们特别关注的。比如个体人的一生,每个人都知道自己有死亡的一天,但每个人都在拼搏有限的时空,期盼身心健康和有意义的工作、生活。人类是这样,地球是这样,太阳系也是这样。

对于任何事物只承认产生与消亡两面是不够的,更重要的是要承认它发展、演化着的那一面,在研究产生与消亡的同时,更注重研究生存的合理、稳定与优化,这些都是系统哲学对马克思主义哲学的丰富和发展。

系统哲学认为事物的进化发展是差异协同的系统进化,而其原因是多方面的。主要有以下几种:

1.由于系统内部物质、能量、信息在交换过程中,内在的随机涨落与环境选择因素的作用相适应、相统一,便出现系统内在涨落的协同放大,使系统的无序结构逐步转变为有序结构,这种由旧结构的系统进化到新结构的系统的主要原因是来自系统外在环境和内在要素涨落的随机性。这种随机性的非线性的耦合涨落及其放大是系统进化的主要原因,这叫作随机进化。如复制中基因的错位(基因分离、基因连锁、基因自由组合)、股票的涨落、一般市场中物价的起伏、人脑中的认知活动等。

2.由于系统内在诸因素之间的相互联系相互作用之间,受初始条件的影响和稳定的外部条件的规定,系统有一个必然的确定的发展变化方向。在外部条件稳定的影响下,系统的诸要素之间的非线性相互作用达到某一个阈值时,系统就发生突变,使旧结构的系统进化为新结构的系统,这种渐变达到一定的程度,新结构就会涌现出来,使系统发生进化。外部条件影响和内部各因素的互相作用是原因,涌现与系统进化是结果,这叫作因果进化。这种演化一般都可以预测,因此它要求外部条件是极其稳定的,系统的初始条件也有相对的确定性意义。如地球的自转、公转等,这种进化可以满足拉普拉斯的决定论。

3.由于一切系统都有一种从无序到有序和自组织的明显趋势,一种求极值的态势(求极值的自然力就是高效节能最优的稳态),即从简单到复杂发展的过程,从对称到不对称的过程,系统通过自身自组织结构的演化,不断适应环境的变化,从而达到确保其生存的目的。许多生态系统都是这样。系统的这种进化,是由系统自组织的自创性的飞跃和系统的起初条件来决定的,并通过系统活动行为来达到实现系统的目的,这叫作目的进化,以使系统达到稳定的进化,也即选择性进化。

因果进化主要表现在人工系统及稳定的自然系统中。

目的性进化主要表现在生物系统中,尤其是在人类的社会、经济、文化系统。系统的差异自组织涌现有一种求极值的自然力,一种趋势。要素的差异导致过程与状态的差异。差异是信息,也是能量、质量,因此它是一切进化的基石,差异的存在以及在演化过程中建立在差异的基础上的协同才是进化的动力。在系统演化中随机性、因果性和目的性往往融合在一起,有时一个或者两个起主导作用。

这三个动因综合表现为系统的协同性与竞争性的辩证的统一,也可以说是通过协同性和竞争性产生演化的。因此,我们把随机—因果—目的称之为系统演化的根本原因,即"动因核"。利用"动因核"来分析系统演化的原因,研究系统演化的机制具有重要的方法论和认识论的意义。

在系统差异演化中,要正确认识和把握协同与竞争的相互关系,两者之间既相互依存,又相互区别。协同是在竞争基础上的协同,竞争是协同基础上的竞争。也就是说,在协同引导下的竞争,在竞争基础上的协同。竞争有两重性,一方面它能引起内耗,使系统呈现出增熵的消极作用;另一方面,竞争能激励系统各要素的能动性,使系统呈现出抗熵的积极作用。协同也有两重性,一方面它能使系统出现有序结构,抗御外部干扰,整体放大显示演化;另一方面它能抑制要素的能动性,诱发堕性,引起熵的增加。把协同与竞争有机地结合起来,使其成为互补的关系,各取其有利的积极因素,使消极方面的作用尽可能减弱到最低程度,整个系统便呈现出整体优化的发展趋势。

综上所述,差异协同律与对立统一律的区别,主要表现在以下几个方面:

1.两者认识问题的角度不同。对立统一律侧重于把矛盾当作一事物的核心,认为矛盾是普遍的,是推动事物的动力,它强调事物中两极的对立和斗争;而差异协同律侧重于指出问题的全局和整体,以及整体中诸要素的差异与协同,并认为差异是普遍的。当然,不仅是个认识的角度问题,由于时代科学技术发展的局限,还有一个理论认识的广度和深度问题。

2.两者解决问题的方法不同。对立统一律强调认识和解决问题只要抓住事物的主要矛盾和矛盾主要方面,问题就会迎刃而解;这种方法往往认为,部分是原因,整体是结果,部分决定整体,部分优,则整体亦优,否则相反。而差异协同律则要求认识和解决问题必须考虑系统的要素、结构、功能,以及系统与外部环境所进行的物质、能量、信息的交换情况,从复杂的众多因素中求解出整体优化的方案。

3.两者处理问题的结果不同。对立统一律主要强调矛盾的对立双方,只有经过斗争,使一方战胜另一方,消灭对立面的一方,不想求和只想求同。而差异协同律则比较强调诸元素之间的整体性、结构性、层次性、协同性,注重系统的各要素、各元素围绕整体优化进行协同—和谐—竞争—融合。系统发展的结果是多方面的,并有其随机性、因果性和目的性。

4.两者在发展问题上,矛盾论认为事物是"三段式"的发展,"主要是内在的否定";而系统论认为演化与发展是临界点的分岔和涌现的生成。

5.两者在事物演化的动力上,矛盾论认为事物前进的动力是矛盾与斗争;而系统论认为事物的前进是差异的协同,是涨落、组织和协调,它的动力系统有三个:随机性、因果性和目的性。

从以上可以看出,差异协同律发展和丰富了对立统一律。系统哲学一开始就把唯物辩证法的基本原则作为自身立论的基础,但又不满足于它,并综合和发展了它。因此,我们应当学会运用差异协同律,去研究当今世界出现的新情况、新问题。

第五章　系统哲学的基本范畴

第一节　结构—涨落—功能

结构—涨落—功能形成范畴链,这一范畴链是系统物质世界的本质属性,是系统哲学的核心范畴。

一、结构、涨落和功能的含义

(一)结构的含义

所谓结构,是指系统物质世界内各组成要素之间的相互联系、相互作用的方式。它是要素与要素之间相互联系和关系的总和。相互作用的方式是指各要素在空间内的一定排列和组合的具体形式,是指各要素之间的具体联系和作用的形式。

系统物质世界总是以一定的结构形式存在着、运动着和变化着。在自然界中,物质与结构总是不可分割的。非生命界的总星系、星系团、星系、恒星、行星、宏观物体、分子、原子、原子核和基本粒子等都有结构;生命界的细胞器官、组织、个体、群体等也都有自身的结构;人类社会的科技、政治、经济、文化、思想等构成社会整体结构,又由第一产业、第二产业、第三产业和信息产业等构成动态的经济结构;还有家庭、工厂、商店、学校、团体、党派、阶级等都是有结构的整体;人的能力也是有结构的,如观察力、注意力、理解力、想象力、思维力以及工作能力等构成人认识和思维领域中的结构。所以说,结构在系统物质世界中具有普遍性和客观性,并处在运动转化中。

系统要素的结构形式不同,从而形成不同性质和功能的物质。要素之间经过涨落的具体联系形式不同,致使各个要素在空间的排列顺序、距离和方位也不同,形成了不同的结构形式,也就形成了不同性质和功能的系统物质。结构具有三要素,即要素的特性、要素的量子涨落的平均规模和放大效率、要素结合的方式和组织程度,即"时空序"。结构三要素是结构的实体基础要素,结合方式和组织程度是结构的实质和核心内容。

结构相结合的方式和组织程度取决于结构力。结构力有引力、电磁力、强力和弱力四种基本相互作用力。这是结构存在的根本原因,它使系统诸要素间发生相互联系和相互作用。结构力对要素有相互限制作用、要素间相互筛选的机制作用和诸要素的相互协同作用,它是系统差异协同的动力所在。

诸要素在结构力的作用下,一旦形成有机的系统,就具有整体性、层次性、核心性、有序性、稳定性、变异性和功能性等。除核心性外,其他几个特性都在本书有所交代,在这里就不再表述。系统结构具有核心性,它是指当系统的诸要素在结合时,物质、能量、信息在时间和空间上的分布往往不是绝对均匀的,而总是有稀密之分、繁简之别。在它的某个部位或发展的某个阶段上,要素的能量、信息比较密集、复杂,而在其他部位或阶段上,则相对比较稀疏、简单。这种密集、复杂处就是结构的核心,也是物质、能量、信息的核心,如核能可称为结构核。结构核是普遍存在的。例如,银河系有银河核,太阳系有太阳核,地球有地球核,原子有原子核,细胞有细胞核,人脑是人体的核心,首都及中央所在地是一个国家的政治核心。结构核是决定整个结构的核心。因此,要改造结构,首先要改造结构核;要构建新结构,关键要创造新的结构核。系统越复杂结构核越多,形成一个核系统必须要有一个具有核心地位的结构核,这是系统物质世界的普遍规律。例如,中医的穴位图就是一个有力的证明;又如,中国的改革无非是从村、乡镇、县、省到中央建立一套政治、经济、文化的宏观可调、微观灵活高效的管理核心系统,就如同人体穴位的管控系统。

（二）功能的含义

所谓功能,是指系统物质整体具有的行为、能力和功效等。功能分外部和内部功能两种。外部功能,是指系统物质整体与外部环境相互作用时,所具有的适应环境、改变环境的作用、能力、行为和功效等。它是系统自组织结构的外在表现。内部功能,是指系统整体对要素的作用、能力、行为和功效等。例如,人脑的内部功能是协调两个半球和各个分区,对摄取到的信息进行储存、加工、整理;而人脑的外部功能则是控制、调节、制约机体对外部刺激作出相应的反应。功能是系统物质世界普遍属性的本质概括,功能是多样的和分层次的。复杂的系统物质,其功能也就呈现出多样性。

（三）涨落的含义

所谓涨落,在结构—涨落—功能这一范畴链中,其含义是指结构与功能在系统内联系的方式。系统要素在结构力的作用下,使要素结合在一起,出现结构。而结构方式决定了结构功能,而功能的显现,又要靠内部的和外部的环境与系统作用、联系,而这种作用、联系则是系统结构显现功能的涨落;反之,功能在涨落中才把结构的作用显示出来。因此,涨落是结构与功能之间相互联系、相互作用的中间连接方式。它是客观存在的,并在结构与功能之间起作用。结构与功能通过涨落相互联结、相互制约、相互规定(如图5-1所示)。涨落是结构振荡和功能振荡的波动与变化。从图5-1可以看出,结构通过涨落规定和主导着功能,而功能通过涨落又影响和改变着结构。在系统物质世界的发展过程中,结构和功能通过涨落形成结构决定功能、功能改变结构的无限动态序列。

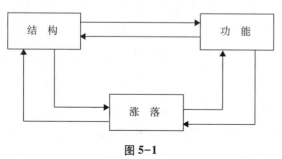

图 5-1

二、结构—涨落—功能的辩证关系

(一)结构—涨落—功能是相互依存和相互制约的

结构与功能通过涨落相互联系是复杂的和多样性的。常见的联系有三种类型:第一种,同构同功。有什么样的系统结构,就有通过涨落联系的特定功能。相同的结构,在涨落中表现为相同的功能。例如,尿素不论是天然的还是人工合成的,都具有同样的结构,经过与土地相联系出现涨落,尿素促进农作物生长的功能就能显示出来。尿素不与土地联系,涨落也不会显示出来,尿素的功能也就不能显示出来。第二种,同构异功或一构多功。如果一种结构的某种功能消失,决不意味着会存在没有功能的纯结构。实际上,其他形式的功能还依然存在,结构系统还是继续表现出功能性。这种结构的功能继续显出,涨落总是伴随结构、功能产生、发展和消亡。第三种,异构同功。结构不同,但却有相同的功能。如塑料瓶子与玻璃瓶子结构不同,但两者都能在涨落联系中,显出装油、水或其他液体的功能来。

结构与功能是通过涨落相互制约的。一方面,结构决定功能,系统有什么样的结构,就表现出相应的功能。系统的稳定结构规定着、制约着系统功能的性质和水平,限制着系统功能的范围和大小。如在力学中,用同样 M 根木条,用钉子把它们钉为字母"N"、"H"和"A"的形状时,其稳定性有很大差别。这说明在涨落作用下,木条的结构功能才显示出来。另一方面,功能又具有相对独立性,可以反作用于结构,当然也必须通过涨落来进行。功能与结构相比,功能是相对活跃的因素,而结构则相对保守。功能在各种外在因素及涨落影响下,可以不断地发生着变化,这种变化反过来影响结构。功能对结构的影响可分为两种情况:一种是功能优化、进化影响结构有序进化。例如,牛咀嚼大量草本植物的长期最佳"功能锻炼",便引来臼齿的增加、腭增长和整个头部的结构都发生了一定的变异。另一种是功能退化影响结构退化或消失。例如,寄生虫中的牛绦虫,由于寄生虫在牛肠内,适应吃寄生的"现成饭",而长期退化的"功能锻炼",它的消化器官的结构消失,神经系统的结构也发生了退化性变异。功能的反作用证明功能和结构之间是既相适应、又相差异的协同体。结构要支配控制功能大小、范围、性质和水平,而功能在环境影响下变异,反过来又影响结构,引起结构的变化,甚至突破原有结构的束缚。

(二)结构与功能在涨落条件下相互转化

结构与功能在涨落条件下,是可以相互转化的。一方面,结构—涨落—功能这一范畴链彼此相通,包含转化的方面。结构本身可构成一个系统,因此结构系统又有它自身的功能。同样,功能本身也可构成一个系统,功能系统又有它自己的结构。结构通过系统包含了功能,功能也通过系统包含了结构。另一方面,结构—涨落—功能的因果关系的转化。结构变化之因导致功能变化之果。结构变,功能也变,旧事物转化为新事物。反之,功能变化之因导致结构变化之果。结构与功能互为因果。功能的变化是由结构变化的原因所引起。反过来,功能的变化又是引起结构变化的原因。这是一个可逆非线性的双向过程,但它具有规定的条件性。生物进化过程中的遗传与变异过程,就是一种典型的结构与功能通过涨落在自然界特定条件下互为非线性的因果关系的例证。

三、结构—涨落—功能范畴链的意义

(一)结构方法是认识和研究系统物质世界规律重要的普遍的方法

结构方法,就是把结构范畴的理论转化为科学的认识方法和研究方法,就是结构法。这一理论为自然科学和社会科学提供了认识与研究方法。系统哲学揭示的结构—涨落—功能这一范畴链,丰富和发展了结构方法。当研究结构与功能时,必须把研究对象放到涨落中去研究,才能有更大的实践与理论意义。结构方法对自然科学研究带来指导和帮助,有两个方面的意义:第一,研究系统内部结构,就是研究系统的规律;因为系统的内在规律就是系统内部结构的概括和总结,并且还要通过系统的结构反映出来。人们掌握规律,获得自由,也必然要表现在对系统物质世界内部结构的认识上。

结构—涨落—功能范畴链在本质上是一种从相互作用的终极原因上揭示系统内在规律的方法。第二,研究系统的结构形式,解决同构异素问题。所谓同构异素问题,指在某种情况下,尽管系统在内容上各不相同,但在形式上都具有相似的结构形式。如不管哪种球体,我们都称之为"球形"。研究球形体积与直径之间结构形式关系,只要从中导出球体体积公式,不管是何种要素的球,均可利用该公式求出其体积。

（二）结构—涨落—功能辩证关系为人们认识世界和改造世界提供了重要原则和方法

根据结构决定功能,功能反映结构,又反作用于结构的原则,可以根据已知结构推导出它的功能;或根据已知对象的功能,推导出它的结构。

人类可根据同构同功原则作指导,来创造同天然物相同结构和功能的人造物。1965 年,我国根据天然牛胰岛素具有天然胰岛素的结构,在世界上首次人工合成了牛胰岛素。这个人工牛胰岛素也具有天然胰岛素的生物化学性能。

结构—涨落—功能系统辩证关系的基本原则,是建立现代化功能模拟法的理论基础和指导原则。根据这一原则,人们开辟了向生物界寻求科学设计思想的新途径。例如,苍蝇的眼睛是由 4000 多个小眼睛组成的,分辨率极高。人们模拟苍蝇的这种功能,制造出一种蝇眼式的照相机,镜头由1329 块小透镜黏合而成,一次可以拍摄 1329 块照片,分辨率高达每厘米4000 条线。这种分辨率照相机和苍蝇眼睛的分辨率相同。

（三）结构—涨落—功能系统辩证关系为社会变革提供了原则和方法

当前,社会变革遍及整个世界,是现代实践的重要内容。社会变革,就是在一定社会思想和价值取向的支配下,创造社会人造物。改革经济体制,就是要改掉不佳的经济结构及其功能,建立更科学的、促进生产力发展的经济结构。社会变革的价值取向,是从被改革领域获得新的职能或功能。而新功能的获得,必须从改造其结构入手,尤其是从改造结构核入手,即从政府结构入手。例如,要充分地提高政府部门的指导职能、服务职能、协调职能、监督职能、控制职能,就必须调整其机构或结构。职能是通过机构发挥作用的,不调整和改革阻碍职能发挥的机构,职能的发挥就失去了保证。可见,结构与功能问题,是当今社会改革关注的中心问题。结构—涨落—功能这一范畴链的提出,是在现代科学和实践的基础上提炼、升华出这一范畴链的,是马克思主义哲学发展的必然。

第二节　状态—过程—变换

一、状态、过程和变换的含义

系统物质世界可分为若干层次。在系统内各层次间普遍存在着在高一层次不发生质变的条件下,低一层次则可出现方式或表现形式的变化。

（一）状态的含义

状态是指表征系统物质所处的状况。所谓状态,是指在一定时空内,一定系统物质在性质不变时的存在方式或表现形态,这种存在方式或表现形态是一个过程。

系统物质状态和系统物质本身有着质的区别。状态不能离开系统而存在,而任何系统物质总要表现为一定的状态。状态是系统物质的属性,是系统物质存在的方式或表现的形态。系统物质属于高一层次的范围,而状态则属于低一层次的范围。在系统物质不发生结构改变的情况下,它的状态的改变相对于这个系统物质则只能是一种数量的变化。例如,以原子看,原子属于高一层次,而其中电子所跃迁的各种轨道能极状态则属于低一层次。对于原子层次来说,这种能极状态的跃迁都是一种数量的变化。

在系统物质世界中,状态具有客观普遍性和多样性。一种具体状态的出现,都有它的数量和质量界限,都有一定的关节域。在一定的关节域内,状态可能出现一定程度的变化,但这种变化只有数量上的增减而无性质上的改变。例如,在水分子的化学性质保持不变和一定的大气压下,水可以有固态、液态、气态等三种物理状态。这三种状态都有自己的温度界限。当在一定界限内发生温度变化时,这三种状态仍保持不变。这时,水的温度的变化对于水的物理状态来说是一种数量变化。

（二）变换的含义

变换是指表征一个系统物质在其状态层次上的某种改变。所谓变换,是指状态间的转化或更替。这种转化或更替可以发生于两个状态之间,也可以发生于多个状态之间。变换与系统物质性质的变化有着质的区别。系统物质性质的变化属于高一层次的范围,这种变化一旦发生,一个系统物质就向另一个系统物质转化了。变换属于低一层次的范围,它与系统物质的变化也存在着从属的关系。变换是系统物质变化的一种形式,即物态的变化。状态的变换相对于这个状态所从属的物质系统是属于量变。状态的变换相对于发生改变的状态本身则是质的改变。在变换中,一种质的状态转变为另一种质的状态,是由新的状态代替原来的状态。例如,在原子性质不变的情况下,其中电子由一种轨道能极状态跃迁到另一种轨道能极状态时,能极状态之间发生的变换,对于原子层来说,是一种量变,而不是质变。然而,它对于电子的能极状态,则是电子能极的跃迁,是由一种能极状态转变为另一种能极状态,属于状态之间的质变。状态、变换与高一层次的系统物质及其变化的关系,都是一种从属的关系。状态是从属于系统物质的,变换是从属于系统物质变化的一种特殊形式。在高一层次系统物质不发生质变的情况下,状态的变换属于高一层次中的量变;状态的变换在状态这一低层次中则属于质变。

（三）过程的含义

所谓过程,是指状态和变换作为物质系统的两种表现形态,它们之间的变动关系可以看作是态与态之间相互转化。物质系统就其自身存在的方式来说,可以把原状态视为相对稳定的态,而把一种状态向另一种状态的转化过程,视为状态和变换两种表现形式之间的中介,或把这种转化过程视为一种动态。由变换过程的动态,又向新的相对稳定的态转化。由一种状态到另一种状态的转化作为一个整体过程,其中包括两个阶段,即从相对稳定的态到动态的转化以及由动态到稳定的态的转化。如果动态之中出现了亚稳定态,那么,稳定的态和动态之间的转化就更清楚了。我国北方山地暗针叶,由杨桦向针叶林的转变,中间经过一个杨桦的混交状态,这就是转化过程或称为亚稳定态。任何物质系统在性质不变时所表现的形态的稳定性态是相对的,其中包含了转化因素。当转化因素达到一定界限时,物质系统就由旧的状态变换到新的状态。这一系列的转化表现为过程,它是状态变换的中介。

二、状态—过程—变换的辩证关系

一个系统物质,在某一范围、某一层次来考察,其状态和变换具有确定的界限。但是两者在一定条件下又相互依存和转化,具有统一性。

状态与变换是相互联系的。状态是变换的基础和根据,没有状态就无所谓变换;离开了一定的状态,任何变换都不可能发生。变换是状态的一种动向和表现。离开了变换,状态也就不能在同一层次的因果关系等诸多联系中存在。状态与变换之间具有不可分割的过程关系,归根到底来自于高层次上的系统与运动之间的关系。因为状态是系统物质的存在方式或表现形态;变换是系统物质存在方式或形态的转化、更替,是一种形式的改变。状态必须经过转化过程才能实现原状态物质系统向新状态物质系统的变换。所以,由物质和运动之间不可分割的关系,就派生出了状态—过程—变换之间不可分割的关系。

状态发生变换的情形是十分复杂的。在同一层次内,一种状态经过不同的过程往往可能发生多种变换。如一种化学反应的平衡状态,在增加反应物的浓度的条件下,平衡状态可以向正反应方向移动。反之,在减少反应物的浓度的条件下,平衡状态又可以向逆反应方向移动。状态变换可分为积累式和突发式两种类型。前者是通过新要素的积累和旧要素的逐渐消失,而实现由一种状态向另一种状态的变换。后者是当变换的条件一旦出现后,旧的状态即迅速转化为新的状态。不同稳定状态的生态系统之间的层次过渡就是一种积累式交换。一定条件下固态硫向气态硫的升华,就是一种突发式变换。与此相反的情况也同样存在。同一种变换也可能来自不同的状态。在通常的条件下,固态的碘可以升华为气态碘;同样,只要条件具备,液态的碘也可以蒸发为气态碘。状态和变换的这种相互依存的关系,使我们认识了物质系统的状态,也就认识了状态的变换,从而就确定了状态。同时还认识到任何系统物质状态的变换,都需要一个转化过程,忽视状态变换过程的存在,状态的变换就将成为不可能。状态与变换是相互转化的过程。在同一层次来看,这一过程可以发生地位和作用的转化。状态在一定场合下,可以转化成为变换。反之,在一定条件或关系下,作为变换的东西,也可以成为状态。任何状态都是一定条件和过程的产物,现阶段的状态即是过去状态发生变换的终点,又是下一阶段变换的起点。随着内部差异及其外部条件变化到一定程度时,任何状态都会发生变化。状态变换(动态)过程新的状态过程新的变换(动态),如此循环往复,这就是系统物质存在的方式或表现形态的基本发展过程和趋势。

三、状态—过程—变换范畴链的意义

状态、过程与变换这组范畴在哲学上的重要意义,是丰富和发展了质量互变规律,补充和完善了结构功能规律。质量互变规律,揭示了同一层次的事物在总的量变过程中存在着部分质变,揭示了同一层次中事物量变过程的多样性和复杂性。这些原理对于人们认识自然界物质运动变化过程的规律,具有重要的指导意义。状态、过程与变换这组范畴,进一步丰富发展了质量互变规律中的某些原理。

1.它在一个系统层次中的量变和质变关系的基础上,进一步考察了高低两个层次中的量变和质变的关系,揭示了两个层次中存在着在高一层次物质系统不发生质变的情况下,低一层次在一定条件下可出现量变与质变的两种形态,在这两种形态变化中,有一个转化过程。

2.低一层次中的量变与质变的两种形态和过程,又反过来揭示了高一层次中系统物质量变的复杂性、曲折性和可能的方向性,揭示了人类社会、自然界的量变不是单纯的量的增加或减少,而是以一种非线性的多因素的方式进行的。

3.揭示了低一层次中量变质变过程的多样性及其联系和转化过程的规律性。状态、过程与变换这组范畴,还从物质与运动关系的一个侧面或一个方面提出了高低层次之间关系的研究新课题。各门自然科学不仅要研究本门学科所涉及的主要物质层次中的运动、变化和发展的具体规律,而且要研究物质层次之间的关系和规律;研究在高层次质量互变的情况下,低层次内的运动变化和发展的规律;研究在高层次规律指导下,低层次内的运动、变化和发展的特殊规律;研究高级运动形式规律支配之下的低级运动形式的特殊规律。

状态、过程与变换这组范畴,又为自然科学进一步形式化的研究提供了方法论的指导。只要在高一层次系统物质性质不变的情况下,任何一个低层次的运动和变化的过程,都可作为它对某种状态的一系列的变换。由于系统物质所表现出来的状态是有相对的稳定性,所以,只要任何一种确定的状态存在,就可以把这种状态形式化、定量化和精确化地找出表征状态的形式规则来。同样,由于两个状态之间的变换只是一种形式的改变,而事物本身的性质没有改变。因此,这种变换也就同样可以形式化、定量化和精确化地找出变换的形式规则来。状态、过程与变换这组范畴,对人类的认识活动和实践活动具有重要的指导意义。随着人类认识的深化,对物质系统状态、过程与变换关系的描述也将日臻完善。而这组范畴的日益精确和丰富,意味着人类对客观世界认识的不断深化和发展。

第三节 渐变—状态变量—突变

渐变和突变是系统物质运动变化和转化进程中十分普遍的现象。对于这一现象加以概括就形成了渐变—状态变量—突变的范畴链。

一、渐变—状态变量—突变的含义

渐变是不明显的、缓慢的、在较长时间内完成的变化过程,其基本特点是,相对于同一系统结构层次上的突变过程,一般表现为较长的时间跨度,较缓慢地进行变化,变化的量比较小,变化的质比较弱,并且通常可以用一条连续变化的曲线形式表示出来。渐变普遍存在于物质世界的运动中。在生物中表现尤为突出,生命的起源和发展,大多数的物种的形成,胚胎的发育等都是一种缓慢的逐渐的和连续的变化过程。突变则是明显急促地在短时间内完成的变化过程,是指在物质结构某种层次上,一种突然迅速发生的剧烈运动形式。其基本特征是,突变过程的时间跨度相对于同一层次上的渐变过程比较短暂,变化的强度迅速激烈,变化的量大,而且一般都表现为一种间断性的形式。诸如火山、地震、超新星爆炸、物体间剧烈碰撞、太阳发生的异常爆炸、洪水、冰期、原子的聚变和裂变等等。渐变和突变同量变和质变一样是事物发展的两种状态,量变是一种逐渐的、不显著的变化,即渐变。质变是根本性质的变化,是事物由一种质的形态向另一种质的形态的突变。渐变和突变同量变和质变一样,它们的相互转化都是系统事物发展的普遍规律。量变与质变相互转化的中介是度,渐变与突变相互转化的中介是状态变量。状态变量这一概念是系统哲学吸收了突变论这一当代最先进的理论成果而赋予渐变—状态变量—突变范畴链的一种新的含义。系统事物为什么有的不变(相对而言),有的渐变,有的则是突变?突变论通过对状态变量的研究广义地回答了这个问题。控制变量和状态变量是突变论中两个最基本的概念。控制变量是指那些作为突变原因的连续变化因素;状态变量是指可能出现突变的量,当控制变量不变时,状态变量处于稳定状态。当控制变量变化时,状态变量也随即变化,一般是渐变状态;当控制变量达到某一数值时,状态变量原有的稳态消失,发生突变。例如,在水的物相变化中,控制变量是温度和压强,它们始终是连续变化的;状态变量是水的密度。在一个大气压下,到 100 摄氏度,水就沸腾,从液态变为气态;到 0

摄氏度以下,水就由液态变成固态,成为冰。这是突变的典型例子之一。突变论的创始人托姆经过严格的推导,证明了当状态变量小于2时、连续变化因素小于4时,大千世界形形色色的突变过程,都可用七种最基本的数学模型来表达。它们是折造型、尖点型、燕尾型、蝴蝶型、双曲型、椭圆型和抛物线型。这些模型为进一步认识质态转化的过程提供了科学依据。它提供的突变模型表明,质变可以通过飞跃的方式来实现,也可以通过渐变的方式来实现,并给出实现这两种质变方式的范围和条件,从而为考察一个过程是渐变还是飞跃提供了新的判别方法。在严格控制条件的情况下,如果质变经历的中间过渡态是不稳定的,那它就是一个飞跃过程;中间过渡态是稳定的,那它就是一个渐变过程。它回答了在一定情况下,只要改变控制条件,一个飞跃过程可以转化为渐变,而一个渐变过程也可以转化为飞跃。这就为人们正确认识、利用并改造客观世界提供了新的方法。

二、渐变—状态变量—突变的辩证关系

渐变向突变的转化,往往是在系统达到某种极端的状态之后出现的物极必反,系统达到高峰就会向对立面转化。"皎皎者易污,峣峣者易折。"看来是完善稳定的系统,通过某种随机因素,某种扰动或涨落,猛然间会出现突发性雪崩式的变化。突变向渐变的转化不同,突变向渐变的转化,往往是在系统发生突变后,在新质规定下,出现平稳的变化状态,系统完成突变后,激烈的变动结束了,新的变化周期开始了。这时,微小的扰动或涨落,对系统没有明显的影响。系统的渐变和突变,既相互差异,又相互协同。所谓差异,就是说渐变和突变无论在空间和时间上,还是在强度和方式上,都表现了系统物质运动形式的两种不同性质的差异,各自具有不同的规定性。在运动变化着的系统物质结构的同一层次上,突变就是突变,渐变就是渐变,二者有严格的界限,所以渐变和突变是一组差异的概念。但是,渐变和突变除了差异的一面,还有协同的一面,这种协同性主要表现在下列三个方面:

1.渐变和突变是相对的。如同日常所谓的慢和快、小和大、上和下等概

念都具有相对意义。事实上要想在系统事物中找到一定结构的规定性,划分出来两个差异概念的绝对界限是不容易的。因为系统总保持着自身的连续性,总在一切差异中、所反映的客观过程中存在着中间过渡环节,或中间层次,这就是常说的中介。所以从这个意义上说,一切差异都是相对的。地球演化过程中所表现的突变就更具有相对性。比如喜马拉雅山的隆起,至今仍然以每年两厘米的速度上升,地质学家认为这是一种急剧上升的造山运动。然而如果与日常见到的物体运动速度相比,显然可谓是一种极缓慢进行的渐变。同样,一次地震或一次火山爆发,对于局部地区,无论从规模上,还是从能量的释放程度上都是一次突变。但对于整个地球而言,或对于整个地球内部蓄积的全部能量而言,却又只是微小的渐变,因为一次地震或一次火山根本不能使整个地球结构形态或整个地球内部的能量发生明显的变化。渐变和突变无论在空间规模上,还是时间速度上,或结构、形态及能量变化程度上,或采取的形式上,都是有相对意义,无绝对界限。渐变与突变的差异性存在于这种相对性之中。

2.渐变和突变是有层次的。所谓渐变和突变的层次性,就是指在系统的发展演变过程中,由不同性质的变化方式所构成的演变结构。对于同一具体事情的演变方式来说,具有紧密联系的渐变形式和突变形式就构成了一个层次。例如,基因突变相对于几千年保持稳定状态的基因是一次突变,这种突变与基因的相对稳定的、缓慢的微小变化构成了同一层次。在同一层次中,突变与渐变具有绝对意义。但是由于有利的基因突变,在自然选择作用下经过漫长时期的积累,旧种态逐渐发生质变形成新种态,这就进入第二个层次。在第二层次中,每一次基因突变只不过被看作是形成整个新种态的渐变过程中的一次极其微小的渐变,而且正是第一层次的微小突变构成了第二层次的长期的渐变过程。也就是说,第二层次的渐变是由第一层次的突变转化而成。它包含着第一层次的突变。对于不同的层次来说,渐变和突变无绝对界限,两者是相对的。在新种态形成之后,可能在几万年甚至几亿年间都处于缓慢的、连续的、为人类所不能察觉的逐渐变化的过程中。但是当某些物种所栖息的环境发生剧烈变化的时候,或者是在生存竞争中某些物种处于劣势的时候,或者是当地球上发生大规模的剧烈灾变事件的时候,就会造成一批物种或大批物种的灭绝,从而中断一些物种的渐变性演化过程。由全球性的灾变造成的大批物种绝灭,甚至会导致在生物进化史上出现断层,即暂时的退化现象。物种的这种局部的或大规模的绝灭现象所表现的突变(激变)与物种演化过程中发生的基因突变,显然不是同层次上的突变。它和整个物种的缓慢演变过程属于同一层次,也可以说这种突变属于宏观上的突变。同理可知,上述宏观上的突变,又可以说是第二层次上的渐变。对于更高层次上的物质运动也不过是渐变过程中的一次微小事件。因为在地球上,无论发生多么巨大规模的突变,对于整个太阳系、银河系、整个宇宙来说,都不过是其漫长演变过程中的一次微小波动,根本不能使太阳系、银河系、整个宇宙发生本质上的突变。从渐变和突变的层次上可以看出,两者的统一性就在于高层次(序数大的层次)上的渐变包含着低层次上的突变;低层次上的突变构成了高层次上的渐变。在同一层次上,渐变和突变具有严格界限;在不同层次上,渐变和突变就没有严格界限。没有低层次上的突变就没有高层次上的渐变。没有高层次上的渐变,也就谈不上低层次上的突变。所以孤立地看待渐变与突变是一种形而上学的观点。渐变与突变既相互转化,又相互依存、相互渗透、相互统一。

3.渐变与突变相互统一性还表现在二者的相互转化上。在一定条件下渐变可转化为突变,突变也可转化为渐变。又由于渐变和突变只是在一定条件下相互转化,因此在许多情况下,渐变不一定转化为突变,突变也不一定转化为渐变。例如,海水的蒸发,可以说,从始至终就是一个渐变过程,即逐渐蒸发的过程,就目前所知地球上还没有什么力量能使海水的蒸发发生突变。又如两个正负电子相撞,迅速湮灭生成两个光子,这样的突变就不一定转化为渐变。此外,突变也不一定都由渐变引起,可以说,由偶然原因导致的突变,不存在作为突变发生原因的渐变过程。如日常所见到的偶发性事件,预先都不存在一个与该突变有直接因果关系的渐变过程。渐变和突变的相互转化是错综复杂的,正是这种复杂性表现了系统发展变化形式的多样性。

三、渐变—状态变量—突变范畴链的意义

渐变—状态变量—突变范畴,是基于突变论的崭新理论,其应用范围很广,涉及自然科学和社会科学的广泛领域。尽管目前在社会科学中的应用争论较多,但其前景是诱人的。国外有的学者把突变理论用于研究股票市场的崩溃、局部战争或冲突的突然爆发;用"战争代价"与"威胁"的变化来解释国家在战争与和平之间的抉择;用犯人的"紧张心理"和"孤独感"的变化来解释狱中的暴乱或平静局面的出现;用"经济效益"与"人口密度"的变化来解释古代某些城市的兴衰盛亡。还有用突变理论来研究人脑模型、大都市模型和城市发展模式等等。至于如何运用这一理论来控制社会中的突变,关键是要把握量变到质变的"度",也就是渐变到突变的"状态变量",这是国际社会学者正在致力探索的问题。科学上对渐变和突变的研究告诉我们,只以渐变为基础理论,或只以突变为基础的理论,都是不完善的。实践证明,渐变论和突变论("突变"也被译为"灾变"、"激变")各自反映了事物发展变化的一个侧面,都含有一定的合理成分。托姆所提出的突变理论就是把二者结合在一起的产物。他虽然仍沿用了居维叶所使用的"突变"一词,但他的基本思想却和居维叶的灾变论截然不同。他对渐变引起突变的各种复杂现象,进行了较为深刻而全面的理论说明。有些学者把突变理论的产生称为"又一次智力革命",是"用精密的数学工具描述生物、社会科学等复杂现象的一次突破"。因此,正确认识渐变—状态变量—突变这一系统运动的表现过程和表现形式,对于深入认识人类社会和自然界的发展演变规律,有着十分重要的意义。

第四节　平衡—定值—非平衡

宇宙间千差万别的系统物质,都表现为平衡和不平衡(非平衡)状态。

其中,任何一个系统物质的客体自身,又都存在着平衡和不平衡的差异协同,又都经历着平衡到不平衡,再到新的平衡的周期运动和发展过程。整个宇宙系统处处呈现出平衡和非平衡、相互联系和相互转化的系统哲学关系。

一、平衡、定值和非平衡的含义

平衡—定值—非平衡是标志事物差异协同运动状态的范畴。任何事物内部都存在着差异的诸因素,诸因素之间又总是构成一定比例和关系。自然物的诸多因素在比例关系上达到和维持在某一定值时,诸因素之间表现出协调、和谐、一致、适应或均衡等关系,这时该系统物质所处的状态谓之平衡状态。反之,自然物的诸多因素在比例关系上不在那个应有的定值之内,诸因素之间表现出不协调、不和谐、不一致、不适应或不均衡的关系,这时该系统物质所处的状态,谓之不平衡状态。平衡与不平衡的相互转化之间有一个很重要的概念"定值",即为这一范畴的中介。"定值"是个最一般的概念,根据事物的具体特性,又可表述为"比例量"、"协同力"、"负熵值"等等。对于一个具体的平衡态来说,其协调比例的关系不是绝对不变的,而是相对不变的。协调比例关系中的比例量(定值)可以发生多种情形的变化,但只要维持其比例值不变,则物质系统仍然处于平衡。所以平衡可以是一种变动中的平衡。同样的原则,也存在于非平衡态中。在这种非平衡中又存在无限多级的物质系统层次。其中每一级稳定的物质系统层次,就是一种处于平衡状态的一大类系统。具有结构的稳定性的任何一个系统,也处于不平衡。

但是,任何物质系统的自身运动,又存在着平衡与非平衡的差异协同过程,经历着平衡—不平衡—再到新的平衡的交替的周期循环。既不存在自始至终的单一平衡过程,也不存在单一的自始至终的非平衡过程。如在地球上经常是剧烈运动和相对静止的交替。个别运动趋向平衡,而整体运动又破坏个别平衡。正是这些平衡和不平衡的交替和循环,地球经历了古生代、中生代到新生代的发展史,地球上的生命也就在这种循环中,由低级逐渐向高级优化方向演化。

　　各式各样的平衡态大体可分为三种类型:第一种,对当平衡。这是指物质系统内部差异着的诸因素在正反方向的作用量相抵消、中和、相等时,所形成的一种相对静止态。或者诸因素在作用量上保持其代数和为零,而使诸因素的比例关系在总体上表现静止、平衡、均势时的系统物质就处于对当平衡。对当平衡既可表现为静态平衡,又可表现为动态平衡。第二种,转化平衡。这是指物质系统内部诸因素、诸方面在一定条件下发生相互间的转化。当相互间的转化到诸因素、诸方面的比例在量上达到某一特定值时,诸因素、诸方面的关系表现出均匀、平衡或一致,这时物质系统处于转化平衡。这一类平衡除了包括正反方面或正反因素之外,还往往包括多种因素和各个方面,其特点是在发生转化后才能造成系统物质宏观上的平衡。第三种,协调平衡。这是指系统物质内部的差异诸因素、诸方面复杂的相互作用以及系统和环境的相互作用中,诸因素、诸方面按一定数量比例而相互间形成协调、和谐、适应的关系,从而使系统整体形成一种有序结构的稳定状态。协调平衡中包含了对当平衡和转化平衡的因素,但不能归结为对当平衡和转化平衡。协调平衡往往更普遍地存在于复杂和高级的运动形式之中。

　　恩格斯曾经指出:"在活的有机体中我们看到一切最小的单位和较大的器官的持续不断的运动,这种运动在正常的生存时期以整个有机体的持续平衡为其结果,然而又始终处在运动之中,这是运动和平衡的活的统一。"①有机体自身内部的平衡,是有机体内部各个组成部分运动的结果。这些组成部分的运动不是相互抵消、相互中和,而是彼此协调、和谐、适应。有机整体上的平衡,是在其相对独立的部分的协调运动中求得的。如在生物系统中,生物因素如动物群落、植物群落、微生物等和非生物因素如土壤、空气、光、温度、水、二氧化碳、氧、风、雪、电等之间也存在极其复杂的相互作用和相互制约,组成一个开放系统,物质和能量在这个系统流进和流出,它们之间不断发生转化补偿和交换的作用。当能量和物质输入率等于输出率,系统内部的物质库存量出现相对稳定时,各因素间保持一定的比例关系,相互协调和

---

① 《马克思恩格斯文集》第9卷,人民出版社2009年版,第533页。

谐和适应,这时就出现了生物和环境之间的稳定而有序的状态,出现了食物
链的结构和功能之间的协调而有序的状态,出现了生物的种群之间规模合理
和相互协调的关系等,这种稳定而有序的生态系统就是一种协调平衡。

二、平衡—定值—非平衡的辩证关系

平衡与不平衡是相互依存的,是互为条件而存在的。从任何系统物质
的内部差异的诸因素的比例关系来看,它们不是永恒不变的,即当诸因素维
持在一定比例关系协调一致处于平衡状态时,其中个别因素总可能在量上
增加或减少,多少有些偏离原来的比例关系,出现质量、数量、时空序量的某
种变化,这就是平衡中的不平衡。如在一个总体上处于平衡的大生态系统
中,总是有火山爆发、地震、天灾等不平衡因素存在。这种不平衡,反过来又
影响总体上的平衡。反之,当诸因素不能维持一定比例关系,破坏协调使系
统物质总体上处于非平衡态时,其中少数因素在局部范围和在一定条件下,
可以组成一种暂时的协调比例关系,造成相对的、局部范围内的暂时平衡。
如在一个由长时期的天旱造成总体上处于不平衡的大生态系统,其局部地
区则因森林茂盛、自然调节气候和人工降雨,就可能出现局部地区的相对的
和暂时的平衡。所以,自然界系统物质发展的过程中,必然表现为平衡和不
平衡的相互依存和相互作用。没有存在不平衡的绝对平衡,也没有存在平
衡的绝对不平衡。一个系统物质的平衡或不平衡,只应视其占统治地位的
诸因素的相互关系来决定。由于平衡系统中包含了不平衡的因素,不平衡
系统包含平衡的因素;因此,在一定条件下,平衡与不平衡又是可以相互转
化的。当在平衡系统中缺失或增加一个因素,或改变一个因素的强度和结
构到一定值时,就可能破坏原来的协调、适应的相互关系,使平衡转化为不
平衡。反之,当在不平衡的系统中改变个别或某些因素的数量和性质,也可
以使原来相互失调的关系重新转化为比较协调的关系,使原来的不平衡转
化为平衡。例如,人们如果砍伐森林和毁坏草原超过一定阈值时,就可能造
成物质和能量的输入率不等于输出率,破坏原来各因素之间的协调、适应的

相互关系,造成气候失调、水旱灾害、水土流失、土地沙化等严重后果,使原来的生态平衡变为生态不平衡。反之,如果人们能够对森林和草原加以科学的开发和利用,积极保护原来的并努力发展新的森林和草原,就可以在新的基础上,建立协调的相互关系,变不平衡为平衡。在平衡与不平衡的辩证关系中,尤为重要的一面是它们具有相对和绝对的系统哲学关系。恩格斯指出:"任何静止、任何平衡都只是相对的,只有对这种或那种特定的运动形式来说才是有意义的。"①"一切平衡都只是相对的和暂时的。"②其主要表现是:平衡是在一定条件下转化而来的,总是相对于不平衡而存在,因而具有相似性、近似性和不完全性;平衡是不平衡的局部或特殊表现。相对静止是运动的一种特殊状态;平衡是有条件的,任何平衡的建立总离不开一定的条件,如热力学平衡的出现就必须要有一定的临界条件和温度、压力等,当这些条件一旦失去,系统的平衡便被破坏,系统就由平衡转化成为不平衡。

在近代哲学史上,绝对平衡论时有表现,如孔德、斯宾塞和杜林等人,都曾经把力学上的均衡律绝对化,硬说均衡才是正常状态,而不平衡运动则是暂时的、不正常的状态。在生物学中,现在有的人仍主张机械平衡论,否认了生物和环境之间协同进化中存在着一种稳定而有序的动态平衡、协调平衡。因此在看待平衡与不平衡的关系时,还要反对割裂二者辩证关系的绝对平衡论和绝对不平衡论。

三、平衡—定值—非平衡范畴链的意义

平衡—不平衡—新的平衡的周期发展规律,为人类认识世界、可持续发展和改造世界提供了客观依据。任何系统物质内部诸因素相互保持协调一致的关系总是暂时的、相对的,其中总有不平衡的因素存在。当系统内部不平衡因素的作用和性质变化到一定程度时,或者增加一个因素或减少一个

① 《马克思恩格斯文集》第9卷,人民出版社2009年版,第64页。
② 《马克思恩格斯文集》第9卷,人民出版社2009年版,第533页。

因素时,就必然要打破原来协调一致的相互关系,破坏原来的平衡,出现不平衡。不平衡推动着系统物质进一步发展,诸因素又可在新的条件下获得新的统一和协调,进入新的平衡态。由此可见,平衡与不平衡是系统物质发展的必经阶段和重要环节,平衡—不平衡—新的平衡是系统运动和发展的普遍规律。客观事物发展过程中出现的平衡与不平衡,一般来说,都有两重性,它们对系统都有推动和促进的一面,又有破坏和促退的一面。因此,我们不能主观随意地认为哪个好,哪个坏;哪个积极,哪个消极。应该依据实际情况,对系统作出客观分析和科学的全面论证,找出有效的办法和措施。

动态平衡的规律为人类认识世界、可持续发展和改造世界提供重要的方法。人们对待平衡可以有不同的方法:一种是继续维持平衡系统内外部原有要素、结构与层次的数量和比例关系,使平衡仍为旧的平衡状态;另一种是改变平衡系统内外部要素、结构与层次的各种关系和一定条件,使旧平衡态转化为新平衡态。而改变平衡系统又可以有不同的方向:一种是提高系统内外部各要素的结构和功能、关系和条件,建立更为高级的平衡或积极的平衡;另一种是降低系统内外部各要素的结构和功能、关系和条件,建立较为低级的或消极的平衡。但无论采用哪种方法或选取哪个方向,都要以是否符合客观规律和对人类有利为准则。以合成氨的生产为例,在常压下,平衡常数小,产量低;增高压力,平衡常数增大,氨的产量高。在一定温度和压力下,氮与氢的比例量不同,会影响产量的高低。当它们的当量浓度是1∶3时,平衡常数大,氨的产量最大。在没有催化剂时产量低;有铁基催化剂和温度在500摄氏度时产量大大增高。因此,人们可以把上述化学动态平衡的规律转化为科学的方法,综合各种条件和因素,力求在节约资源的情况下建立整体优化的动态平衡,从而得到最佳的物质产品,实现人类认识世界、可持续发展和改造世界的宏伟目标。系统事物协同进化是人类认识世界、可持续发展和改造世界的一条重要法则。凡是一个有利于人类的平衡态,它的内部各要素的结构总是适度和恰当的。但是,还应看到,这种协调、和谐、适应的相互关系也不是绝对不变的和唯一的,而是可变的和多元的。人们要认识和掌握对人类有益的平衡,就应该按照上述法则,注意物质运动每一阶段中的重大相互关系,自觉控制各种要素在结构功能上的适度,并使各因素之间继续保持和增强协调、和谐和适应的相互关系,从而促进系统整体向着越来越有利于人类的方向发展。

20世纪以来科学的发展,特别是非平衡自组织理论的发展,使人们的认识从平衡态进入近平衡态再到远离平衡态。普里高津的耗散结构理论,揭示了系统从平衡态到近平衡态再到远离平衡态的发展过程。我国经济研究工作者胡传机运用这一理论,提出了非平衡系统经济学。非平衡系统经济学认为,国民经济系统是一个宏大的"耗散结构经济"系统。它一方面要求不断从外界交换各种原材料和能源;另一方面又要求不断输出各种产品。这样内外双方形成物质、能量和信息的对流,整个国民经济才有活力,才能保持稳定而有序的状态。为达到这个要求,在整个国民经济系统中,要逐步建立"内向开放系统"和"外向开放系统",并且把两者结合起来,形成一个"活"的、有生命力的、双向循环的"耗散结构经济系统"。非平衡经济学还认为,在国民经济系统内部诸要素之间,存在着一种和谐的"协同力"。当"协同力"为正时,促进系统内部诸要素之间协同度的增长,有利于"耗散结构经济"的形成和发展;当"协同力"为负时,使系统内部诸要素之间协同度减少,甚至起破坏协同的作用,造成经济系统整体的混乱或走向无序状态。在国民经济系统中,除了有物的运动外,还有人的运动,同时人的运动有它自己运动的方向、速度、方式、状态和规律。非平衡系统经济学尽管还没有形成一个完整的理论体系,只要我们能够正确地掌握这些理论,并使之逐步完善,对于促进国民经济的发展,将具有重要的理论和实践意义。

第五节　吸引—能量—排斥

一、吸引、能量和排斥的含义

吸引—能量—排斥是一组古老的哲学范畴。在中外哲学史上,很早就提出了吸引和排斥的问题。古希腊的许多唯物主义者主张万物由某种本原物质(水、火、气等)"组合"而成,万物又可以通过"分离"而复归于某种本原物质。我国唐朝的柳宗元提出:"天地之无倪,阴阳之无穷。以洞乎其中,或会或离,或吸或吹,如轮如机。"①这里的"组合"和"分离"、"会"和"离"、"吸"和"吹",都是吸引和排斥的具体表现,他认为无限的宇宙中有排斥与吸引的两种力量,从而形成"如轮如机"的运动。

在近代哲学中也有许多人研究过吸引和排斥的问题。康德用吸引和排斥的相互作用来解释他的星云假说,他认为星云是靠吸引和排斥的力量发展成太阳系的。他说,吸引和排斥"这两种力量同样确实,同样简单,而且也同样基本和普遍"②。在哲学史上,比较系统地研究吸引和排斥范畴的是黑格尔。他认为,"排斥是一自身分散为多","多个的一把自身建立为一一,就是吸引"③。他还指出:"物质的本质是吸引和排斥,二者是对立的统一,并在一定条件下互相转化。"④但是由于当时受到科学发展水平的限制,他还不可能为吸引和排斥这一古老的两极对立提供丰富的科学论证,总的说来还是带有思辨猜测的性质。

19世纪以后,自然科学有了巨大的发展,恩格斯总结概括当时自然科学的成果,阐明了吸引和排斥的辩证关系,使吸引和排斥这一古老的两极对立成了自然辩证法的重要范畴,并作出了无生命界运动的基本形式是吸引和排斥的结论。恩格斯还着重指出,不应把吸引和排斥归结为"引力"和"斥力",而应当把二者视为运动的简单形式。

当代科学的发展,不仅证明吸引和排斥这对范畴,是无机界运动的基本形式,而且又进一步证明也是有机界物质运动的形式。这是当年恩格斯所没有提出来的,因为当时分子生物学还没有产生,可以说这是时代的局限。科学发展到今天,分子生物学已充分地证明,生命的基本特征是同化和异

---

① 柳宗元:《柳河东集》(下),上海人民出版社 1974 年版,第 748—749 页。
② 康德:《宇宙发展史概论》,上海人民出版社 1972 年版,第 24—25 页。
③ 黑格尔:《逻辑学》(上卷),商务印书馆 1982 年版,第 177—178 页。
④ 黑格尔:《小逻辑》,商务印书馆 1980 年版,第 213—217 页。

化、遗传和变异、新陈代谢和自我复制。一个生命体,实际上是一个开放的复杂的系统,这个系统在代谢的过程中,要和环境不断地进行物质、能量、信息的交换,从而不断地调整自身和自身与环境的关系。一方面,生命体从环境中吸收物质、能量和信息,使其转化为自身的东西的过程,这就是同化的过程,同化就是吸引的表现;另一方面,又不断地将自身的物质、能量和信息分解,并将废物排放到环境中去,这就是异化过程,异化就是排斥的一种表现。因此可以说,生物体同化和异化是吸引和排斥的一种更高级的表现形式。

生命体的同化和异化过程,要在酶的作用下,通过一系列的生物化学反应来实现,也就是通过一系列复杂的化合和分解反应实现的。而化合和分解就是吸引和排斥在化学反应中的具体表现。关于遗传和变异,现代遗传学也已经揭示出,遗传变异是在染色体对分离和重新配对以及 DNA 双链的分离和自我复制配对的基础上进行的。在这里,染色体对和 DNA 双链分离属于排斥运动,而染色体对分离后的重新配对和 DNA 双链分离后各自自我复制配对属于吸引运动。由此可见,遗传和变异也是在吸引和排斥的基础上实现的。吸引和排斥范畴,作为系统哲学的范畴更具有广泛的意义,它不仅包括有机界、无机界在内的自然界一切层次的系统物质运动的基本形式,而且也适用于人类社会一切领域的系统物质运动。

因此,广义地讲,所谓吸引,是指系统相互协同在一起的运动趋势和倾向;所谓排斥,是指系统事物彼此差异分离的运动趋势和倾向。吸引与排斥都要在一定的能量作用下来实现,因此,研究吸引和排斥的运动,还要注重研究使其相互作用的中介——能量。如前所述,生命体的同化和异化过程要在酶的作用下进行,无疑"酶"是同化和异化相互作用的中介。没有这种中介的作用,就没有吸引与排斥的运动。在吸引与排斥中,注重研究能量级的大小与层次性,就可把握吸引与排斥在力度上的差异,把握吸引与排斥的辩证关系。

二、吸引—能量—排斥的辩证关系

吸引和排斥是互为前提和相互作用的。物质运动是吸引和排斥的统一体。在这个统一体中,吸引和排斥是互为前提、缺一不可的。没有物体之间的接近,就不会有物体之间的分离;没有化合,也就不会有分解;没有聚变,也就不会有裂变;没有 DNA 双链的分离,也就谈不上 DNA 的自我复制配对;没有人类社会的和平,也就无从谈起战争。一切系统物质运动中的吸引和排斥都是互为前提的。吸引和排斥不仅互为前提,而且也是相互作用、相互补充,在差异中协同存在的。恩格斯指出:"凡是有吸引的地方,它都必定被排斥所补充。"①同样,凡是有排斥的地方,它也必定被吸引所补充。因为只有吸引和排斥的相互作用才能产生运动,否则就会导致运动的停止。例如,行星围绕太阳沿椭圆轨道运动,就是吸引和排斥共同作用的结果。如果没有吸引,行星就会远离太阳而去;如果没有排斥,行星就会落到太阳上去。只有它们之间保持相对平衡状态,才能保持太阳系现有的运动。所以恩格斯说:"天体的运动。吸引和排斥在运动中的近似平衡。"②马克思也曾说过,一个物体不断落向另一个物体而又不断地离开这一物体,这是一个矛盾,椭圆便是这个矛盾借以实现和解决的运动形式之一。这里的矛盾不是简单的对立统一,而是一种多因素的差异协同。吸引和排斥在一定的条件下又是可以转化的。现代天文学揭示,恒星演化一般经历了引力收缩阶段、主序星阶段、红巨星阶段和致密星阶段等过程。在引力收缩阶段,恒星在自吸引的作用下,不断收缩,这一阶段恒星演化处于收缩,亦即吸引占主导地位的阶段。随着恒星自身的收缩,大量的引力势能转化为热能,恒星温度越来越高,而当恒星内部温度达到 700 万摄氏度时,恒星中心开始由两个氢核聚变为一个氘核,再聚变为氦核的热核反应过程,同时放出大量的热辐射。当热核反应进行到一定程度时,它所放出的热辐射所造成的斥力,抵住了自身的吸引力,这时恒星就不再收缩,处于吸引和排斥相对平衡的阶段,这就是恒星演化的主序星阶段。恒星到了主序星阶段以后,随着演化的继续进行,中心部分的氢核逐步消耗完毕,氢转氦的反应由中心移到中心外围的部分进行,这时恒星内部的温度不断提高,而当内部温度达到1亿摄氏度时,恒星中心又开始了新的由核聚变为铍和碳等的热核反应。这时恒星释放更大的热辐射,产生出更大的斥力,斥力超过引力,恒星急剧膨胀,恒星演化就进入了红巨星阶段。这时,从收缩和膨胀这一差异来看,恒星演化处于膨胀亦即排斥占主导地位的阶段。恒星在红巨星阶段,内部的能量逐渐消耗,当红巨星的能量接近耗尽时,它内部斥力又抵挡不住引力,恒星又进入收缩阶段,即以吸引占主导地位的致密星阶段。对于一个具体的物质形态或具体的环境而言,吸引或排斥可以有一方占优势,但在"宇宙中的一切吸引和一切排斥,一定是互相平衡的","宇宙中一切吸引的总和等于一切排斥的总和"。① 宇宙中总的吸引和排斥相当于运动不灭原理,有如能量守恒定律。在这里能量是物质运动的量度,能量与吸引和排斥之间有着极为密切的关系。因此,正如前面所述,能量是吸引和排斥的中介,可以借自然科学能量这个概念来描述吸引和排斥的范畴,具体表述为吸引—能量—排斥。

吸引和排斥的方式还具有多样性和统一性。现代自然科学深刻地揭示了吸引和排斥的四种相互作用,即强相互作用、弱相互作用、电磁相互作用、引力相互作用。在四种相互作用中,强相互作用和弱相互作用的吸引和排斥的双方都基本是对称的。在电、磁相互作用中也是对称的。但至今却没有发现磁单极子,因而出现了一定程度的对称破缺。而在引力的相互作用中,却只有万有引力,而没有万有斥力,出现了对称性的严重破缺。从强相互作用和弱相互作用中的吸引和排斥对称,经过了电磁相互作用吸引和排斥对称性的一定程度上的破缺,再到引力相互作用中吸引和排斥对称性的严重破缺,这是有着极为深刻原因的。由此可见,宇宙是对称破缺的结构,这是进化演变的终极原因和最根本的动力。吸引和排斥范畴,有着从哲学高度的明确规定,不能把二者等同于一种相互作用的一种形式,不能简单化为某种"力"。吸引和排斥是辩证的、不可分割的,同时它又是丰富多样的,在差异中协同的。

---

① 《马克思恩格斯文集》第9卷,人民出版社2009年版,第516页。

三、吸引—能量—排斥范畴链的意义

吸引和排斥范畴从系统观、世界观的高度进一步补充了差异协同自组织规律。

关于吸引和排斥的差异协同,上面已经作了较多的阐述。关于质量互变表现在吸引和排斥相互转化的过程中有一个能量的此消彼长的过程,当这个消长能量达到一定的程度即关节点,吸引和排斥就发生转化。而吸引和排斥的转化就必然会出现吸引—排斥—吸引或排斥—吸引—排斥这样一个层次转化的过程,这对于揭示整个宇宙的物质运动的普遍规律提供了重要的基础。

吸引和排斥范畴从运动不灭关系,进一步深化了辩证唯物主义的普遍原理。正确地认识吸引和排斥及其辩证转化,把握其多样性和统一性,有重要的方法论意义。还是以恒星为例,天体演化的理论认为,恒星内部的全部核燃料烧完之后,引力收缩就起了主导作用。恒星的质量小于太阳的 1.3 倍时就会变成白矮星;质量在太阳的 1.3—3 倍时就会变成中子星;质量大于 3 倍时就会演化成黑洞。以前有人认为,黑洞是只有吸力没有排斥的天体,它好像一个个的无底洞。近年来,许多天文学家和物理学家认为:黑洞并不是只有吸引而没有排斥的天体,由于量子力学的隧道效应和其他原因,它也会不断地向外辐射粒子,即也有排斥的一面。有人把这种情况叫黑洞的"自发蒸发"。学者们指出黑洞的质量越小,发射粒子的速度越快。并且认为,宇宙中存在着与太阳质量相当的黑洞,这种黑洞,尽管"自发蒸发"的速度比质量大于太阳质量 3 倍的黑洞大,但仍然很慢,需要经过 1066 年才能蒸发完。但是,对于质量只有 1 亿吨的"原生黑洞",却蒸发得相当快,能在 10—23 秒内"蒸发"得一干二净。实际上,这种黑洞就不叫黑洞了,而变成了不断向外发射物质的"白洞"。所以说,黑洞和白洞是吸引和排斥的两种极端情况,二者又是相通的。这体现了吸引和排斥,既具有多样性,又具有多元差异的协同性。

第六节 有序—序度—无序

有序—序度—无序,是描述客观事物之间和事物内部要素之间关系的范畴链。

一、有序、序度和无序的含义

有序范畴标志系统结构的有序性和系统功能及运动的有序性。所谓结构有序,是指物质系统有规则地呈现着某一种确定整齐的结构;而功能与运动的有序,是指系统的各要素呈现着确定的有规律的性能及运动状态。无序意味着物质系统结构、功能及运动状态结构的不确定和无规则。总之,物质系统的有序性是指系统各要素某种属性——结构属性和运动属性——按一定规律或方向演化的确定程度。所有要素按照一定规律取值确定为有序,反之取值极不确定为无序;在两者之间,取值确定程度越高有序性越高。比如一个图书馆,所有的书都放在有规则的确定位置,称为有序;读者将书放错了,则有序性下降,规则性的不确定程度越高越无序。又比如一支部队,每个人都按规定好的确定动作操练,最有序;如果有人随心所欲地动作,则有序性下降,任意成分越多越无序。

有序和无序是比较和相对而言的。任何事物和过程,都是有序与无序不同程度的辩证统一,这种统一的不同程度,就构成了事物或状态的一定秩序,对此,我们称之为"有序度"或者称"序度"。"序度"是表示有序与无序程度的一个总称。不同的学科用不同的量及量度研究其对象的秩序或有序度。例如,在热力学中常用"熵"这个物理量来表示物质系统无序的程度,负熵则表示有序的程度。相变理论和协同学用序参量,系统论、信息论和控制论用信息量来量度系统的秩序。一个系统中,序参量信息量越大则有序度越高。社会领域,也在设法定量或半定量地描述社会的秩序性,如用经济增长率、人均国民收入、人口增长率、人口就业率、通货膨胀率、进出口贸易、投资率、绿化覆盖率、犯罪率等指数来描述社会系统序度的状况。

二、有序—序度—无序的辩证关系

有序和无序是相对的,任何系统不可能都是绝对的有序或绝对的无序。在有序的系统中,往往存在着破坏有规则排列或有秩序运动的因素,如涨落、扰动、起伏、噪声、错位等等。例如,金属的微观结构排列是很规则的,但存在差错位;激光的相位、频率、方向等很有序,但在其他方向上也有散射光;铁磁体的元磁体排列是有序的,但并不完全一致,如果取向完全一致,宏观的磁化强度要比普通铁磁体大四个数量级。热力学第三定律指出,绝对零度是不可能达到的,也就是说,系统的熵不可能为零,即系统不可能绝对有序。反之,绝对无序的系统,而是处于同类条件下许许多多的系统(即所谓序综)。单个系统或单独要素,在相应层次上,是无所谓有序或无序的。有序和无序的比较,不仅仅可在同种系统物质之间进行,不同种的系统物质之间仍然可以比较有序和无序,这时熵的大小便是衡量的标准;也就是撇开有序性内容的不同,把有序性量的特征抽出来比较。由于系统熵的数值可随研究角度不同而异,所以这种比较本身当然也具有一定的相对性。

有序和无序在一定条件下可以相互转化,二者是相互贯通而不是相互割裂的。例如,弥漫无序的星云,可以转变成有序的太阳系;无序的自然光,可以转变成为激光。这就是无序和有序转化的过程。在实际的系统物质中,状态的变换既可由有序到无序,也可以从无序到有序,伴随着与外界交换物质能量,如热机就是把比较无序的热运动转化为更有序的机械运动。在生物体和人类参与活动的生产系统中,都存在着无序向有序发展的大量事例。

系统的有序和无序还有多样性的类别。如果按照空间和时间进行划分,有空间序、时间序、时空序、方向序,统称为结构序。它们都是标志系统结构的规则性和顺序性的。和结构序相对应,系统还有功能序。任何系统发挥功能时不是杂乱无章的,而是有一定的顺序和规则,这就是系统的功能序。人们的饮食要应时按节,走路要左右腿交替迈出,上楼要一层一层地上,操作电子计算机,先打什么词语,后打什么词语,要按程序进行,违背了程序就得不出结果,或者只能得出错误的结果。

有序和无序的范畴同规律性、因果性、偶然性、必然性等哲学范畴有着内在的联系。系统的运动变化处于有序状态,我们就比较容易考察因果联系。反之,对无序结构和无序的发展转化系列,我们就难以把握其因果链条。

在这种情况下,只能用统计平均的方法,从大量的偶然性中,探索其统计规律。规律是系统内在的本质的联系,这种联系表现出一定的有序性,因此可以说有序才有规律,而那种完全无序的系统或状态,就很难寻求其规律性。有序和对称性也有着内在的联系。完全无序(或是高级有序)的混沌状态对称性最多,随着有序性的增加,伴之以对称性的破缺,从而形成各种结构和状态,出现了丰富多彩的自然现象。例如,在合金的无序相中,两种原子的座位完全等价和对称;在有序相中,则失去了这种对称性。由于有序相对称性总是低于无序相,伴随着相变,就发生对称性的破缺。因此,人们目前往往用对称性的大小来作为有序程度的度量。

有序和无序的范畴有很多规定性,我们既要掌握二者辩证关系,又要把握这些规定性,从而更好地把这一范畴运用到认识世界和改造世界的客观实践中去。

三、有序—序度—无序范畴链的意义

从自然界到人类社会的发展史,就是一部从有序到无序,从无序到有序的演化史和发展史。无论是天体、地球、非生物等都是如此。生物等任何一个系统物质,都存在产生、发展、消亡的过程。产生、发展就是从无序到有序的过程。衰老、消亡便是有序到无序的过程。如前所述,由无序的基本粒子形成有序的原子分子;由无序的星云形成有序的银河系、太阳系;地球在冷却过程中从混沌分化出有序的山川河海,从微生物到鱼类、爬行类、猿、人,都是从无序走向有序。然而,生物个体的衰老消亡,生物界演化中某些物种的灭绝,岩石的风化,水土的流失,以至于太阳系及其他恒星的衰老消亡,这又是从有序走向无序。不过上述两种过程实际上并不是截然分开的,在同一个时间,同一个对象,既有生长、发展的因素,又有衰亡的因素,两种因素作为差异的两个方面,相互联系着,相互转化着,相互协同着。这对于我们研究自然界的演化,人类社会的发展都具有重要的意义。

研究有序和无序及其辩证转化,有重大的理论和现实意义。在20世纪60年代以前,人类对有序结构的研究,曾取得许多辉煌的成就。如对有序和无序的问题,科学界和哲学界曾经展开一场大的争论,这就是围绕热寂说的辩论,按照热力学第二定律观点看宇宙,随着宇宙熵的总量不断增加,宇宙的有序性将随着时间的推移不断地减少,最后完全丧失,成为一片死寂,走向世界的末日。马克思主义哲学认为热寂是不可能的,恩格斯在批判热寂说时指出:散失到太空中的热一定有可能通过某种途径转变为另一种运动形式,在这种运动形式中,它能够重新集结和运动起来。这一杰出的思想在当时只是一个天才的预见。然而到了今天,现代科学成果已经证实了恩格斯的预见。有序和无序不仅对现代宇宙学及其哲学解释有重要的理论意义,在深入探讨生命本质、生态环境的保护与治理和优化,都具有重要的意义。通过这组范畴的研究,可使人们从哲学的高度懂得,有序来自混沌,有序又归于混沌,混沌并不是绝对的混乱,其中可能同时包含着更高级的有序。这对于指导人们正确认识、可持续发展和改造客观世界具有更重要的意义。

第七节　有限—现状—无限

有限与无限是一对古老的哲学范畴,也是在人类历史上争论了几千年而还没有一个明确定义的范畴,我们在这里侧重就其含义及辩证关系与意义加以讨论。

一、有限、现状和无限的含义

正如希尔伯特说过的那样:"关于无限的本质的最后阐明,远远地超出了专门科学的兴趣范围,而成为人类理智的荣誉本身所应做的事情,没有任何问题能像无限那样,从来就深深地触动着人的感情,没有任何其他观念能像无限那样,对人的理智起了如此激励和有成效的作用,然而也没有任何其他的概念,能像无限那样加以阐明。"[1]

我们所讲的有限,一般是在条件受到某种限制,有生有灭,有始有终,可穷尽的意思,是指暂时的相对的东西,又可以说有限是相对无限而言的。如同无限不能离开有限一样,有限也不能脱离无限。有限是指系统物质具体存在方式有一定的规模和范围与时空,属于系统物质确定的层次和类型,有一定的结构和功能,相互转化也有确定的形式,在确定的时间和空间中进行。有限的范畴所标志的,就是具体系统的这种可穷尽性。

无限,即是"非有限",通常指无条件,不受限制,不生不灭,无始无终,无穷无尽的意思,指的则是普遍的、永久的、绝对的东西。又可以说无限是指系统物质存在方式的多样性和运动转化过程永不完结的属性。系统物质世界的层次和类型,结构和功能都是不可穷尽的。作为系统物质存在形式的空间和时间,也同样是不可穷尽的,系统物质运动转化的方式和过程,也是不可穷尽的。无限的范畴标志的就是系统或运动的这种不可穷尽的属性。

系统物质世界,尽管是万象纷纭、错综复杂的,但每一个系统都有自己的结构的规定性。结构的规定性也就是对系统的限制,正是凭借这种结构的规定性,一物与其他物区别开来。在一定的规定限制范围内,系统总是特定的,具体的,从而也是有限的。用黑格尔的话来说:"某物自身的内在规定,某物因此是有限。"[2]比如有固态的二氧化碳,即常说的干冰;液态的二

---

[1]　希尔伯特:《论无限》,《外国自然科学哲学摘译》1957 年第 2 期。
[2]　黑格尔:《逻辑学》(上卷),商务印书馆 1984 年版,第 111 页。

氧化碳和气态的二氧化碳。但这只是在常温条件下,在各种不同的压力下,在各种结构的规定限制之下,才称其可归属于三态的,这些都是有限的。而这三态的相互转化的无穷过程及其所以能实现的共同基础或根据,是一定的与有限的。在最普遍的意义上,如果说有限是特定的"有",那么无限则指一般的"有"。又如,规律是无限的,而规律的各种具体表现则是有限的,所以说关于规律的认识就具有无限的意义,只要规律起作用的条件存在,规律就能无穷多次地起作用,从这个意义上说,掌握了规律也就认识了无限。

我们所说的真实的无限性,就是系统发展表现形式的无限多样性。这里包括作为物质运动存在形式的时空的无限性。具体来说,宇宙无限性,这是系统物质运动的必然形式。它是系统物质不生不灭、运动不灭及其形态永无止境相互转化规律的绝对表现。从星云形成太阳系,形成有生物居于其上的行星,生物由低级到高级的发展,这些都是系统物质世界无限发展的一个个环节。宇宙中的各种天体,如恒星、星系等的生灭不已则形成了宇宙的无限发展,系统物质可分的无限性就是系统物质结构在能量、信息、质量上具有不可穷尽的层次性的深刻体现。

哲学中的无限观念是对现实世界的客观实在关系的抽象概括,它们在现实世界中都有着无限的原型。无限性概念不应是脱离时间空间,离开现实的系统物质世界,脱离自然科学成就的纯粹思辨的东西或只是作为"有用的虚构的"理想元素等。坚持这一点,正是我们所坚持的无限观与其他无限观的一个根本区别。我们所说的有限与无限是辩证统一的。无限是有限构成的,但不是静止的有限物的堆积。这个过程不能归结为单调或否定的重复过程,不应把它理解为追求一系列扩展着的无限物的"终点",这个系列的终点是不存在的。无限性要从发展、过渡和飞跃的含义上来理解。无限是发展,是演化,它包括两个方面。一方面是不断进展的变程(或延伸变程),另一方面是相对完成(穷竭)的过程(或结果)。只有两者辩证统一才构成无限,两者缺一不可。当然,这里所说的进展和完成过程不是一个空漠的荒野,它不是同一个东西的永恒的重复,它们作为系统物质运动的必然形式,是有着确定的内容、层次、阶段,或向上或向下分支,或前进或后退,或向大或向小及多方向发展。

现代科学证明,时空特性不能仅仅理解为欧几里得空间的特征。在大尺度的宇宙范围内,它具备非欧几何的性质,所以空间的无限不能再像德谟克利特那样,完全等同于欧几里得几何所得出平直空间的无限。空间的无限比此有更广的含义,而且以往将无限与无界不加区别地等同起来。谈到空间无限,也只理解为一片空间之外还有空间,好似一手杖一手杖不断伸展那样,说无限也仅仅指无边无际的意思。无界限与无限性是不完全等同的,而有限性与无界性也并非相互排斥的。在数学中很容易举出并且证明其无界但并非无穷大的例子,因为无限是发展的,在发展中构成无限,从而不难得到另一层含义。无限,无论是无限小或是无限大,它们的构成都是有层次的。无限可以有不同的内容或是在不同层次基础上生成。从这个意义上说,某一层次的无限可以是由有限构成的。同时有限也可包含着另一层次的无限,所以我们又可以说无限是有限构成,无限也可以是一个部分或局部构成的。

系统物质无限可分,无限可分性是绝对的,"一尺之棰,日取其半,万世不竭。"但无限可分并不是物质由大到小,无休止地机械分割。在万事万物不竭的无限可分过程,按照系统物质结构的不同层次分成一个个阶段,由物体到分子,由分子到原子、基本粒子,在这些阶段的关节点上分割又是相对完成、有竭的。"在化学中,可分性是有一定的界限的,超过了这个界限,物体便不能再起化学作用——原子;几个原子总是结合在一起——分子。同样,在物理学中,我们也不得不承认有某种——对物理学的观察来说——最小的粒子"①。就具体形态的系统物质而言,可分性是有限的,但任何一种系统物质形态又是作为系统物质结构的无穷系列的一个环节而存在的,它的可分有限性又是相对的。原子、基本粒子,包括夸克在内都不能被看作简单的东西或最小粒子,它们都不过是一个环节;但自然科学直到现在还没有解决夸克再可分的禁闭。可分性及不可分性都是有条件的,正像无限与有限一样,它们都有某种表征性。比如我们不能讲,知道了基本粒子,就知道

---

① 《马克思恩格斯文集》第 9 卷,人民出版社 2009 年版,第 531 页。

了真空;知道了基因,就知道了生命;宏观的天体与微观的元素是分不开的。

在不同阶段,不同层次上可分性的内容不同,可分的形式也不同。系统物质的分割只是可分性的一种形式,但这不是唯一的。可分性既可有机械的分割,也有化学的可分性、电磁的可分性等等。可分性也不只单向地越分越小,越分越轻,也可能越分越大,越分越重。在核物理中就有过这样的情况,例如,从氦分出两个质子、两个中子,它们的总静止质量大于氦的静止质量,这就"越分越重"了,这里能量进行了交换。

综上所述,我们可以看到系统物质无限可分性同样是有限无限的辩证统一,也就是有条件绝对可分性与无条件相对可分性的统一,是进展与完成的统一。有限与无限就是这样一对系统辩证统一范畴,物质是有限的也是无限的;物质是可分的也是不可分的,其决定性的条件是环境。而要真正掌握它的正确含义,也只有从它们之间差异协同关系中去把握。

二、有限—现状—无限的辩证关系

恩格斯曾经指出:"无限性是一个矛盾,而且充满矛盾。无限纯粹是有限组成的,这已经是矛盾,可是情况就是这样。"[1]我们应该从这个事实基础出发,去掌握有限与无限的辩证关系。

首先要认识有限与无限是有差异的协同。随着科学的发展,我们已经有了一个基本的认识,许多在有限范围内适用的性质,例如部分小于整体,极大与极小的存在,都不能直接照搬到无限那里去。其中一个本质的差异,就是无限可能具有这样的性质:它的某个部分,对全体可以有一一对应的关系,而有限是不可能具备这样的性质的。如自然数集的真子集偶数集,即自然数集的一半与它的整体可以有一一对应关系,历史上较著名的"伽利略悖论"。名为悖论,其实它并非真正的悖论,只是说明无限有这样一个性质。另外一个显著的例子就是所谓的罗伊斯地图的解释:无疑地可以在某

① 《马克思恩格斯文集》第9卷,人民出版社2009年版,第55页。

个国家地面的一个部分上(甚至可以放在这个国家内的一个桌面上)绘制这个国家的地图。假使地图是精确的,它和它的原本有一个完全的对应关系;因而,我们的地图虽不过是全体的一部分,却与全体有一对一的关系,并且它所包含的点数与全体的点数一样多,而这个点数必定是一个无限数。①应该说,生物中的全息性也有类似的现象。

其次是有限与无限相互渗透和相互转化。有限与无限相互包含,无论哪一个对另外一个而言都不单独存在。从而也没有存在的先后。有限系统自己就包含否定自己的因素,有着无穷尽地转化的可能性,"使有限转化为无限的,不是外在的力量,而是它(有限)的本性。"②"因此,在有限性中包含着无限性即有限性自身的他物……"③任何有限之中都包含了无限,有限又是无限在一定条件下的表现。"同样,无限性也只是对有限性的超越;所以它本质上也包含它的他物"。"无限物扬弃有限物,不是作为有限物以外现成的力量,而是有限物自己的无限性扬弃自身。"④无限不仅通过这样那样的有限存在,并且是通过一切相对于它的有限存在,正是从这个意义上说,无限本身就是由纯粹的有限组成的。有限与无限互为前提,离开有限的无限和离开无限的有限都同样是不可思议的。无限寓于有限之中,无限只能通过有限存在;无限中包含着有限,无限是有限的总和。有限和无限的关系体现为一和多、简单和复杂的差异。如从单一性和简单性出发,不能把握无限,如单一的尺度、单一的时间、单一的和简单的层次类型等等,都不能说明无限。但是一又可以转化为多,简单可以转化为复杂,所以有限又可以转化为无限。有限与无限可以转化,正如黑格尔所说:"有限自身的本性,就是超越自己,否定自己的否定,并成为无限……"⑤同样无限也只是对有限的超越,无限寓于有限之中。如以自然数列的生成为例说明。自然数列从

① 参见罗素:《数理哲学导论》,商务印书馆1982年版,第77页。
② 《列宁全集》第55卷,人民出版社1990年版,第92页。
③ 《列宁全集》第55卷,人民出版社1990年版,第95页。
④ 黑格尔:《逻辑学》(上卷),商务印书馆1971年版,第145页。
⑤ 《列宁全集》第55卷,人民出版社1990年版,第92页。

1出发,后继2,2又后继着3……有限数连续不断加1,到任意一个自然数 n 时,不论 n 有多大,这总还是有限的,而从有限过渡转化到无限,必须经过表示那扬弃了"有限性重复现象"的飞跃阶段,进展到完成,才能得到具有最小无穷基数的自然数集 1,2,3,4……n,这样有限与无限,无限的过程与结果相互渗透、过渡转化才达到真正的无限性。

三、有限—现状—无限范畴链的意义

正确理解和掌握"有限与无限"这组范畴的含义和系统哲学关系,不仅是逻辑上认识系统与要素、结构与功能、状态与变换等范畴的必然结果,而且对于系统哲学的认识论和方法论都有着重要的意义。

首先,它使我们明确无限认识是无限渐近的过程。正如恩格斯所指出的那样:"对自然界一切真实的认识,都是对永恒的东西,对无限的东西的认识,因而本质上是绝对的。""但是,这种绝对的认识有一个重大的障碍。正如可认识的物质的无限性,是由纯粹有限的东西所组成一样",在这里我们又遇到在前面已经遇到的区别,"绝对地认识着的思维的无限性,也是由无限多的有限的人脑所组成的"[1],"思维的至上性是在一系列非常不至上地思维着的人们中实现的","这个矛盾只有在无限的前进过程中,在至少对我们来说实际上是无止境的人类世代更迭中才能得到解决。"[2]"因此,对无限的东西的认识受到双重困难的困扰,并且按其本性来说,只能通过一个无限的渐进的前进过程而实现。"[3]只有正确理解和掌握"有限与无限"的含义和辩证关系才能更有效地、更自觉地去实践这个渐进的进步过程。

"有限与无限"是从现实世界客观实在关系中抽象概括出来的,坚持无限的真实性也就是在这个含义上所说的,但不应希望从感觉上去认识这些抽象的东西,就像不能希望看到时间,希望嗅到空间一样。事实上,一切真

---

① 《马克思恩格斯文集》第9卷,人民出版社2009年版,第499页。

② 《马克思恩格斯文集》第9卷,人民出版社2009年版,第91,92页。

③ 《马克思恩格斯文集》第9卷,人民出版社2009年版,第499页。

实的详尽无遗的认识都只在于:我们在思想中把个别的东西的个别性提高到普遍性,我们从有限中找到无限,从暂时中找到永久,并且使之确定起来。我们能够并且只能通过自然科学各种有限的认识,去认识把握现实世界的无限性。现代宇宙学中提出许多宇宙学模型,这些模型、模式是为有限的认识所知道、所概括,但它们又部分地揭示了无限宇宙的特性。如果不通过模型这种有限的东西,不通过这些模型的认识,人们也就无法认识无限。当代宇宙学是一个假说林立的领域,假设的数目之多,更换之快,令人惊叹。显然我们不能把具体学科尚未完全证实的假说的推论,作为有普遍性的哲学见解提出来。同样,我们也不能用哲学范畴去硬套自然科学的问题,限制科学的发展。哲学只能提出:系统物质世界的形态结构、功能、涨落、差异、层次、类型有多样性,系统物质运动与演化的过程永远是不可穷尽的,无限是相对有限而言的,绝对的有限和绝对的无限是不存在的,宇宙也不例外,它必然是有限与无限的统一,例如"奇点"就是一种模式,其具体统一的方式,只能由科学的逐步发展来作出回答。正是因为无限的认识是一个无限渐进的进步过程,这个过程是有层次的,从而对无限的认识也有一个无穷的层次不可逾越的原则。哥德尔不完备性定理为此提供了科学证明。

具体来说,任何低一层次的无限进展过程都不能穷尽或列举相应的而又比它高一层次的无限过程所确定的内容。所以,在较高层次的无限过程所研究的内容,不可能在以较低层次的进展过程及完成过程为基础的理论中得到验证,得到充分认识。这也是现实世界和人类认识能力的无限性差异所确定了的。

第八节　控制—信息—反馈

目前,世界上正在进行着一场科学技术革命,许多学者认为,现在正处在一个由"工业社会"向"信息社会"、"知识社会"迈进的时代。在这个时代,深入理解和掌握控制—信息—反馈范畴,就显得更为重要了。

一、控制、信息和反馈的含义

所谓信息,从本体论上讲,是系统物质内部和系统之间相互联系的一种特定方式,是系统内部和子系统之间一种特定的相互作用。它标志着系统的存在和变化关系,是系统物质的基本属性之一。从认识论上讲,信息是人们借助于一定的系统物质手段探测到的客观世界运动变化产生的新内容,它能帮助人们消除某些知识的不确定性,改变人们的知识状态从无知变为有知,从不确定到确定。

客观世界任何系统物质形式,都处在不断地变化和相互转化之中,都可以作为一种信息源,都在不断地发射信息,无论人们探测到还是没有探测到,这是信息的唯物论。例如,发展变化的宇宙天体,它时刻都在发射表征其运动变化的信息,无论人们测量到还是测量不到,也无论是在人类产生之前还是灭绝之后。对于人类来说,只有把信源和信宿联系起来的信息,把主客观统一起来的信息才有意义。因为人们接收信息的目的是通过实践和技术手段,认识世界和改造世界。如同不能设想离开系统物质运动一样,系统物质的信息、信源、信道、信宿都是系统物质的,各种信息的载体如光、电、声、磁、热等等也都毫无例外是运动着的物质形态。因此,说到底信息是系统物质的一种基本属性,是系统物质特定的相互作用,它决不是什么既不是物质又不是精神的"世界三"。信息和系统物质的运动是密切相关的,信息的传递、储存、转换都是通过系统演化与运动而实现的,没有运动就没有信息,而运动又都是系统物质的运动。我们不能离开系统物质的运动,去设想离开系统物质和运动的信息。

信息量这个概念,是从通信系统中的相互联系出发,以系统的整体性和过程的综合性为前提,所以可以用接收系统接收信息所能消除不确定性的大小来定义。如果接收信息后一点不确定性都消除不了,那么,信息量就最小;如果接收信息后,不确定性都消除了,那么信息量就最大。而且通信中确定性与不确定性又可用熵来表示,确定性强熵就小,不确定性强熵就大。

因此,信息量又可以用熵来定义。这样,信息就相当于负熵。

所谓控制,从哲学的高度讲,就是系统对自身各种要素以及自身与环境关系的调节,这种调节可以使之达到和谐,反之即谓之失控。例如,一个生物体、一个社会都可以看成是一个系统,它们为维持自身的生存和进步,就要不断地接收信息,作出反应,不断地调整内部关系和外部联系,以适应变化了的情况,这种调整的过程,就是控制的过程。所谓反馈,就是把信息的输出又反过来作用在输入端,从而对输入产生影响的过程。在这个过程中,如果是起到增强输入的作用,我们就称之为正反馈;如果是起到削弱原来输入的作用,我们就称之为负反馈。所以,反馈是输出与输入相互作用的过程。在一个控制系统中有两个相互依存、相互作用的子系统。其中一个为主动系统,另一个为被动系统。所谓主动系统,指的是可控系统,即主动起作用的系统;所谓被动系统,指的就是受控系统,即被动起作用的系统。控制与反馈指的是两个子系统之间的相互作用。从上述意义上讲,控制又可称之为主动系统对被动系统的作用。这种作用,具有某种目标性行为,使系统朝着一定的方向运动。反馈又可称之为被动系统对主动系统的反作用,而且这种反作用,必然使主动系统进行调节,产生新的目标性行为。

控制—信息—反馈的相互作用,在科学技术的实践中,表现得很清楚。例如,人造卫星绕地球运行,它的运行轨道受主动系统,即地面控制中心所控制。地面控制中心发出信号,对人造卫星施加作用,使人造卫星能遵循规定的轨道准确地运行,这是控制作用。而人造卫星(这是被动系统)将自己运行的情况,以信号向地面控制中心报告,这就是反作用。只要人造卫星的实际运行有偏差,这种反馈就会导致地面控制中心发出信号,使人造卫星的运行轨道得以纠正。这种引起控制中心进行调节的反作用,就是反馈。这样,控制通过信息与反馈的相互作用,使人造卫星运行在正确的轨道上。

系统物质世界有各种各样的不同层次的系统。凡是控制系统存在的地方就存在着控制与反馈的相互作用。从科学技术发展史看到,由于不同结构系统,可以显示出相同的行为功能来。因此,从功能方面来寻找系统内部和各系统之间的辩证联系成了具有普遍意义的工作。控制和反馈正是揭示系统中各部分之间的相互作用,反映了整个自然界不同领域的系统物质及其运动的普遍性质,反映了自然科学和技术科学基本概念的辩证综合。

控制与反馈反映了自然界普遍的循环性质:自然界拥有各种各样的不同层次的循环系统;在一循环系统中,各子系统之间相互联系,并由此表现出控制和反馈普遍存在。地球上存在一种生物圈,它是一个庞大的生物系统,可以分成许多个生态系统。各种生物系统中生物与非生物遵循某种途径进行物质和能量的循环与转化。控制有多种多样的类型,如开环控制、闭环控制、随机控制、共轭控制等等。同样,反馈也有多种多样的类型,有全反馈、局部反馈、正反馈、负反馈等等。所以控制本身有成组范畴所表示的类型;反馈本身也有成组范畴表示的对应类型。世界的万事万物都处于相互作用之中。任何系统都不可避免地构成这种或那种相互作用系统中的要素。只要其他要素对它的作用产生某种结果,反过来又作用于其他要素并产生某种新的作用回授予自身时,就存在控制与反馈的相互作用。至于过程中无论经过多少个环节,对于控制与反馈的存在是丝毫没有关系的。但由于每个系统都处于与其他系统的无限的相互作用之中,因此,任何系统都不可避免地处于控制与反馈的联系之中。

二、控制—信息—反馈的辩证关系

在控制系统中,控制与反馈互为前提,同时并存。它们作为差异的两个方面,不可分割地联系着。控制是主动系统对被动系统的作用。但这种主动方面对被动方面的作用,不同于一般的作用,它要求主动方面作用选择的可能性空间。因此,控制作用可以视为使被控对象在可能性空间中,沿某种确定的方向发展的作用。然而,这种作用的基本点还在于它不是一次作用,而必须是能引起循环影响的作用。被控对象具有可能性空间,只是必要条件,而引起主动系统与被动系统之间的循环作用,使系统朝着一定的方向运动,才是充分必要条件。由此可见,控制虽然是主动系统对被动系统的作用,但它是不能离开被动系统对主动系统的作用即反馈而独立存在的。

反馈是被动系统对主动系统的作用,但这种作用也不同于一般的作用。由于反馈的方向是由被动系统到主动系统,所以它是一种反作用。它是根据控制的结果反作用于主动系统,并产生相应的、新的控制的那种作用。维纳在他的控制论中所谈到的反馈无不与控制联系在一起。

信息和反馈是控制论的基本概念。维纳认为,客观世界有一种普遍的联系,即信息联系。任何组织之所以能够保持自身的稳定性,是由于它具有取得、使用、保持和传递信息的方法。这种信息的变换过程,可以简化为信息—输入—存储—处理—输出—信息,其间存在着反馈信息。反馈就是由一个系统的输出信息反作用于输入信息,并对信息再输入发生影响,起到控制和调节作用。这种由信息和信息反馈构成的系统自动控制规律,才是控制—信息—反馈范畴的本质。

在控制系统中,控制与反馈互为前提,处于统一体中,而且可以在一定条件下相互转化。控制与反馈的确定,是与控制中的两个子系统,即主动系统与被动系统的划分是分不开的。因为控制是通过信息主动系统对被动系统的作用,而反馈又是通过反馈信息使被动系统对主动系统的反作用。如果在某个控制系统中,主动系统与被动系统的区分只有相对的意义,那么控制与反馈在一定条件下是可以互换其位置的,是可以相互转化的。控制与反馈的多样性,使控制与反馈之间的联系也具有多种多样的性质和形式。不同的性质和形式,是由控制与反馈的差异,才对控制能力产生积极的影响;而在开环控制中,反馈对控制能力就不产生持续的积极影响。在随机控制中,除反馈速度对控制有影响外,反馈的性质都不能对控制产生有效的影响。但是在闭环控制、共轭控制、有记忆的控制情况下,不同的反馈对控制的性质和能力,均起决定性的作用。例如,反馈有正反馈和负反馈,它们在控制系统的循环运动中都能发挥作用,但它们对控制目标的偏离来说,刚好是相反的,一个增大,一个则是缩小。正反馈由于是使控制目标差的扩大,因而是一个越来越失去控制目标的过程,也可以是一个预定目标被破坏的过程。负反馈使控制目标差缩小,每一次负反馈的调节,实际上是将上一次输出的控制对象可能性空间作为输入,让控制在新的控制对象的可能性空间作新的选择。负反馈一次又一次作用于控制,从而使控制目标差一次又一次地缩小,使控制达到目标。可见负反馈对控制能力的扩大,对控制最终达到目标,起着决定作用。反馈对控制的作用,从正负反馈的变化中可以表现出来。正反馈和负反馈在一定条件下是可以互相转化的。在反馈转化以后控制的作用随即起相应的变化,在这种情况下,反馈对控制来说,显然又起主导作用。

三、控制—信息—反馈范畴链的意义

控制—信息—反馈范畴,揭示了客观世界和科学认识中普遍存在的一种作用和反作用的联系。它对揭示认识过程的机制和辩证规律,以及指导科学认识的发展,都有重要的意义。客观世界中普遍存在着作用和反作用,并通过这种作用和反作用,推动着系统的运动、变化和发展。在相对独立的系统中,能够通过作用和反作用,进行自组织和自调节的运动,这种作用与反作用,就是控制与反馈。控制与反馈不仅是人们进行调节和控制的重要环节,也是认识过程的重要环节,它揭示了人们的认识过程及其内在机制。人的高级神经系统是一种信息反馈系统,认识也是一种控制论运动(如图5-2 所示)。

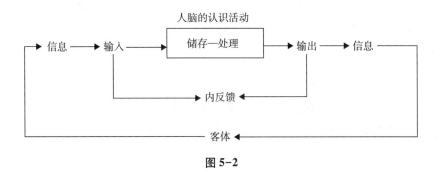

图 5-2

现在,人工智能的发展,把电子计算机、人脑和智能结合在一起进行研究,探索促进智能模拟的发展,使人工智能成为人类智能的延长,并且它又为深入了解人类智能提供新的理论和研究方法。这样,人类的一部分思维活动就由人脑内部"外化"到机器上来,起到人机互补的作用。在未来的时代,有可能是人—机协调共生的时代,信息时代只不过是这个时代的过渡。对控制机器的行为方式的技术上的研究,可作为研究人类部分思维活动的借鉴。实践与认识的关系,在认识的长河中也是作用与反作用的循环往复的关系,其中包括控制联系与反馈联系。感性认识与理性认识的关系,也是作用与反作用的关系、控制与反馈的关系。任何一个科学认识过程,都必须经过感性认识与理性认识多次的控制与反馈的循环,都必须经过实践和认识的多次的控制与反馈循环,才能逐步缩小目标差,最后达到科学认识的目的。控制与反馈在认识的辩证发展过程中的应用,无疑会使认识过程和认识机制得到进一步的具体化和精确化,使能动的反映过程揭示得更加深刻。

由于控制、信息与反馈范畴,既反映了客观世界的辩证内容,又反映了科学认识的辩证内容,因而在方法论上具有重要意义。任何一个相对独立的系统,对它特有的控制与反馈的辩证关系的分析,可以从一个方面揭示出它的动态结构和性质,揭示它的因果联系和规律,从而使人们能够按一定的目的,依据其性质和规律,改造它、利用它。例如,生物控制论通过研究生物系统的调节控制过程和信息运动规律,揭示生物及其灵巧、完善的控制方式的秘密,从生物系统各部分的相互联系中研究生物的动态过程。又例如,社会控制论把控制与反馈应用于整个社会,从社会—文化—经济的大系统中深入考察社会控制的各种机制,力图把握由多极因素的全面联系着的社会系统,等等。任何一个有效的认识过程,都必须是一个负反馈体系,如果不是,就必须先设法使认识过程成为负反馈体系,然后再进行分析,改进负反馈调节的功能,以更加迅速、更加有效地缩小目标差,达到认识客观对象的目的。控制与反馈,既可成为分析系统的工具,又可成为掌握认识规律的工具。

第六章　系统哲学的认识论、方法论、价值论

第一节　系统哲学的认识论

认识论是关于人类认识的来源及其发展规律的哲学理论。从广义上说,整个哲学都是认识论。我们所要探讨的是系统哲学关于人类认识的来源及其发展规律的学说,即系统哲学的认识论。系统哲学的认识论,是继承和发展了辩证唯物主义的认识论,它不仅是能动的反映论,而且是整体的反映与相互作用。

一、系统哲学认识论的基本内容

系统哲学把认识的对象视为一个系统。以往的认识论,把对象视为一个点、一个单独存在的事物或者是一个孤立的、静止的事物。后来辩证认识论强调认识的对象本身是有差异的,是与其他事物联系着的,是发展变化的东西。由此,人们对认识的对象有了进一步的认识,并重视认识的全面性、过程性、动态性、相对性等的研究,从而发展了认识的理论。系统哲学在肯定认识对象的客观性、辩证性的前提下,进而强调认识对象的系统性,强调其辩证性和系统性在客观基础上的统一。这是因为认识的对象本来就是系统的存在,而不是孤立的、单因素的、可以硬性分割的事物。以往人们对这些对象之所以不能都从系统方面去认识,是由于受到许多历史条件、科学技术的发展和

认识水平的限制的缘故。随着历史的发展和人类认识水平的提高,从前不认为是系统的事物,今天已认识到它们是以系统的方式存在和发展着。同时,今天人们又创造着越来越多的人工的系统构成人类的新认识对象。所以,把认识对象作为系统来看待,不仅是现实的需要,而且也是科技发展的需要。

系统哲学认为认识的主体也是系统。从前的认识论把认识的主体——认识者往往简单化了,或者把它设想为一个共同的、具有同一水平和同一能力的主体,或者把它视为一个具有矛盾的主体,这些虽然有其合理之处;但是随着人们对认识主体的研究,就发现它们并不能完整地科学地反映认识者的全部情形。首先,作为认识者——人的认识能力是千差万别的,老人、儿童、青年对同一事物的认识可以是不一样的;同样年龄的人,有知识、无知识或知识不多,对同一件事物的看法就会有所不同。其次,具有不同职业、性格、性别、心理、民族、地域、文化背景、知识结构、政治品格、社会联系、生活经历的人,对同一事物的认识也会有很大的差异。再次,就同一个人而言,他在不同的时空、政治气候、社会思潮条件下,以及由于某些利益要求和需要不同,对一件事物的认识也会不一样。所以,必须把认识者的情况予以系统的考察和研究,在此基础上建立的认识论才能比较科学、比较切合实际。否则,就会导致认识论的简单化。

系统哲学认为认识对象或客体与主体之间是有中介系统的。这个中介就是实践。实践是人们改造客观物质世界的活动,实践又是人们有目的、有意图并在一定思想、理论、知识、技能指导下的活动。在实践活动中,实践把主观与客观、物质与意识、主体与客体、理论与行动等联系了起来,并形成相互作用的过程。我国学者夏甄陶指出:"认识不是一种简单的、直接的二项式结构,在主体和客体这两极之间,包含着各种因素,它们互相联系,互相制约,又互相渗透,形成主体和客体之间以及以实践为基础的复杂的观念关系。"[①]认识的检验标准也是一个系统。人们常说,实践是检验真理的唯一

---

① 夏甄陶:《关于认识发生论的对象、方法刍议》,载《马克思主义认识论与我国社会主义现代化建设》,中国人民大学出版社 1986 年版,第 75 页。

标准,这当然是对的;但是,什么是实践呢? 我们知道它可以分为自然科学、人文科学等不同领域的实践,也可以有个人的、群体的和社会的实践,可以是过去、当代和未来的实践。同时,实践的广度、深度、主客体背景也都是不同的;因此,不能把实践看作是一个简单的、孤立的、同一的、静止的、没有差别和没有层次的东西。而要防止这一点,就必须把它作为一个系统去看待。

认识的形成、发展是互相作用于人、自然、社会的过程,也是一个系统的辩证的过程。

由于认识的对象、主体、中介、检验标准、过程、功能等等都是一个个的系统,因而整个认识必然也是一个有机的整体系统,而且还是一个更大的和更为复杂的系统。现代意义上的认识论,只有充分考虑到上述一切,才能建立起完备的科学理论,指导当代人类的认识和实践活动。从当代科学技术的发展来看,电子计算机、各种通信联络和信息反馈设施,也为系统认识论提供了物质、技术条件。因此,我们提出系统哲学的认识论,不仅是重要的,而且也是必然的。这样,认识论才能充分地发挥其功能。

二、系统哲学认识论是整体相互作用的反映论

系统哲学的认识论发展了辩证唯物主义能动的反映论。现在所探讨的系统哲学的认识论,与列宁的认识论的思想是一致的。然而,由于今天所处的时代,已经进入了一个"系统的时代"。因此,现在所探讨的系统哲学的认识论,比起列宁时代所萌发的认识论,更丰富、更完善了。

辩证唯物主义把实践引入了认识论,并作为全部认识的基础。在实践的基础上,辩证唯物主义认识论提出了认识的主体和客体范畴。认识的主体是从事社会实践活动的人;认识的客体是社会实践过程中,与主体发生联系的客体事物。这样,在社会实践的过程中,认识的主体与客体之间,不仅是反映与被反映的关系,而且是改造和被改造的关系、作用与相互作用的关系。认识是通过实践对客体的能动的反映。

在系统哲学认识论看来,认识的主体可视为认识的主体要素系统。主

体要素系统,是生活在社会中的人,按一定方式联系的系统。马克思说:"人的本质不是单个人所固有的抽象物,在其现实性上,它是一切社会关系的总和。"①因此,作为认识主体应当是社会的、具体的、历史的人。这是与辩证唯物主义认识论所一致的。再具体一些讲,主体要素系统可简单分为个体认识主体和群体认识主体两个部分。个体认识主体也是个系统。它是由个体的认识器官(自然属性)、个体的社会性、个体的知识等要素构成的一个有机整体,缺少其中的任何一个要素,都不成为认识主体,至少不是一个健全的认识主体。如一个精神病患者或痴呆者,由于生理缺陷,根本失去了认识能力,不能成为认识的主体;如一个人从婴儿期,就离开了社会环境,比如在森林中发现的狼孩、豹孩等,他们已失去了社会性,也不能成为认识的主体;如果一个人缺少知识或没有知识,就会影响和阻碍认识能力的提高,尤其在科学技术高度发展的现代,认识主体的知识结构尤为重要。就群体认识主体来看,它是个多层次、多结构的复杂系统。不同层次的群体认识主体,其结构、功能不同,其结果也各异。在科学高度分化又高度综合的时代,群体认识主体作用越来越明显。有些科研项目,尤其是那些复杂的研究课题或工程项目,往往不是一个人或几个人,甚至几十个人能够完成的,要靠群体组织,靠一个或几个专家集团的协同,靠一个强大而又完整的科研队伍的集体认识、集体智慧才能完成。

现代科学的发展,还不断揭示出人脑、人的心理、生理、人的自我意识的系统性质等。人的思维过程也是个复杂系统,它包括思维目的系统、思维手段系统、思维方式系统、思维环境系统和知识结构系统等等,所有这些都在不同方面、不同程度上深化和发展了马克思主义认识论关于认识主体的理论。

在系统哲学认识论看来,认识的客体可看作是认识的客观要素系统。认识的对象是一个由物质、能量、信息组成的等级序列的"系统世界",而不是由单个事物集合而成的无序堆积的"实物世界"。

———————————

① 《马克思恩格斯文集》第1卷,人民出版社2009年版,第505页。

系统哲学认为,任何客体都是系统整体,这就要求人们在认识客观系统要素时,把系统诸要素之间、系统与要素之间、系统与环境之间的相互联系、相互作用的全部相干关系,把其集成的属性和特点作为认识的中心,由以往哲学的"实物中心论"转移到系统哲学的"系统中心论"上来。因此,人们在认识客体时,不仅仅要认识对象的个别要素,而且要认识其多个要素;不仅要认识对象的单个层次,还要认识其多个层次;不仅要认识对象的一维,而且要认识其多维及多方向;不仅要认识对象的线性因素,而且要认识其非线性因素;不仅要认识对象的纵向联系,还要认识其横向联系;不仅要认识对象的静态,更要认识其动态变化;等等。"系统中心论"的认识论,拓宽了人们的视野,深化了人们的认识,无疑对于马克思主义认识论关于客体的认识是个很大的发展。

在系统哲学认识论看来,实践不仅是全部认识的基础,而且是全部认识的动力和源泉。实践是全部认识的关节。认识只有通过实践才能系统地、整体地反映客体。主体—实践—客体这一认识论的范畴链,揭示了系统哲学认识论的过程和本质,这又可以说是对辩证唯物主义能动的反映论的发展。

辩证唯物主义把辩证法应用于反映论,阐明了认识发展的辩证过程,揭示了认识与实践、感性认识与理性认识、绝对真理与相对真理等多方面的差异协同的关系,从而证明主体对客体的反映是一个在实践基础上不断深化、充满差异的辩证发展过程。辩证唯物主义的认识论,把实践引入认识论,并作为全部认识的基础,把能动性原理和反映论原理统一起来,成为能动的反映论,把它看成一个互相反映、互相作用的过程。这应当说是人类认识史上的革命性变革。但是由于当时科学技术发展的局限性,这一认识的学说和理论还有待于进一步深化。

系统哲学概括综合了系统论、控制论、信息论和耗散结构论、协同学、突变论、基因论、结构论等当代科学的最新认识成果,用系统内部子系统之间的相互作用和系统与其环境之间的相互作用,来说明系统进化的条件、机理和规律性,这比单纯用肯定与否定、质变与量变、必然性与偶然性等不同方面之间的对立统一的矛盾分析方法来说明,无疑是个很大的进步。相互作用与对立统一(矛盾)虽然都是表明相互关系的,但二者之间又有很大的区别:

一是就发生相互关系的客体与主体的性质而言,相互作用是事物的子系统之间或系统与环境之间的关系;而对立统一是事物的自身直线性、有可能的倾向或趋势之间的关系。

二是就发生相互关系的客体与主体的规模和数量而言,差异的相互作用完全不限于"二",许多情况下往往作用的数目都很大;对立统一则往往是"二",是两个对立面之间的关系。

三是就发生相互关系的方式而言,相互作用是在实质上交换物质、转移能量、传递信息的过程;而对立统一,则表现为内在差异而必然导致的对立,它们之间又相互联系、相互转化的统一。

从以上可以看出,矛盾辩证法的对立统一认识论的内核是简单的,有很大局限性,它把事物之间的相互作用,简化为"一分为二"的线性关系,因而不能概括事物的全貌。而系统哲学的相互作用则克服了以上认识论的不足,强调了相互作用还有非线性的一面。任何事物的进化,表现新事物从旧事物的层次中生长起来;此过程经历了从渐变到分岔和新的涌现的产生,此过程既有必然性,又有偶然性,也有随机性等。人们在思维中,应当把握住肯定与否定、量变与质变、必然与偶然等,它们只是事物处于极端状态的一种倾向与趋势和非常态的对立统一。但是,就其深层机理而言,事物的进化,归根结底是由内部各实物性的组成部分之间和该事物与其所处环境之间相互作用导致的。因此,人们在认知中,还必须用相互作用这一哲学观念,进一步去加以把握。恩格斯早在19世纪末研究自然辩证法时就曾指出:"相互作用是事物的真正的终极原因。我们不能比对这种相互作用的认识追溯得更远了,因为在这之后没有什么要认识的东西了。"①对于进化来说,系统内部子系统之间和系统与其环境之间的相互作用,就是"真正的

---

① 《马克思恩格斯文集》第9卷,人民出版社2009年版,第482页。

终极原因"，因为也正是在系统的背后没有什么要认识的了。

对事物尤其是对进化这样复杂的现象，达到用相互作用的终极原因去说明，总是要经历一个过程的。用系统内部子系统之间的相互作用和系统与环境之间的相互作用说明进化，实际上也就是所谓结构整体方法，其他方法则是非结构整体方法。我们应当明白对立统一（矛盾）说明事物的分析方法，它只是一种特殊情况下采取的特殊方法，而应大力提倡用相互作用说明事物进化的方法；应当说"两点论"太古老了！它简直可以追溯到2500年前的老子哲学中的"祸兮，福之所倚；福兮，祸之所伏"、"上与下，多与少，先与后"等等的对立统一概念。

系统哲学吸收了结构整体的认识成果，使人们的认识从"物"而深化到物的系统结构，揭示了物质运动的基本形式及其规律。

结构是物质存在的一种基本形式，是物质世界（包括反映它的精神世界）中一切事物的根本属性。结构揭示了事物的本质，并不是事物的各种性质的堆砌和总和，而是事物诸要素的性质在相互作用中形成的一种系统结构的特性，即具有整体性的新性质。事物的量也不是各要素量的简单的相加，而是具有丰富多样的结构与功能的关系。因此，认识物质的质量互变的运动形式，不等于完全认识了物质；只有既认识了运动形式的功能，又认识了物质结构，才能较全面地认识事物质的规定性。结构是事物的整体要素的本质与整体要素的功能以及时空序量的有机统一。正是由于一切事物无不具有整体性的有序结构，因而事物内部各要素都在特定的结构中相互联系、相互作用，按照特定的规律发展变化着。事物的质变与量变无不与结构息息相关。人体如果不是一个有机的、联系的、精巧的结构，那就不会有"牵一发而动全身"的效应，也就不会有中医与中药的产生。结构是人们认识和把握事物内在差异及其性质的前提，人们要完整地把握事物的质和量，就必须弄清楚事物的结构。系统哲学的结构功能律，之所以是发展了质量互变律，首先是使人们对事物的认识建立在整体性的结构认识的基础上，使思维方式有了一个很大的突破。

发展变化需要的思维方式，是人们在实践中经常面临的一个重要问题。

思维方式是思维形式和内容的统一,也是思维规律和思维方法的统一。而思维方式的变化,实质上就是认知结构的变化。当代瑞士著名的心理学家皮亚杰,在大量科学实验的基础上,系统地提出了他的认知结构理论。他把儿童认知结构的发展,看作是一个不断运动变化的结构系统。而这一结构系统不是僵化的模式,而是在主客体相互作用中不断发生着变化。认识发展的每一个阶段、每一个过程,都要以原有的认识结构为基础,通过新的认识充实或代替原有的结构,从而建立新的认识结构。这里每一个新的认识结构,来源于上一个阶段的认识结构,而又为下一阶段更新的认识结构奠定了基础。这一认识结构不断发生量变和渐变式质变的过程,既呈现着认识的连续性与阶段性,又呈现出认识结构在总体上保持着动态平衡。对此,皮亚杰说:"这种认识论首先是把认识看作一种不断的建构。"①他认为:智慧就是适应,他反对法国学者拉马克的刺激—反应的公式,他认为 S→R 的公式应该为 S(AT)R 公式,或简化为 S＝R 公式的双向过程;即客体一定的刺激,被主体同化 A 于认识结构(格局)T 之中,才能刺激作出反应 R。皮亚杰提出:格局(或译图式,它是一种活动着的功能结构)是认识结构的起点和核心。儿童在不断接触客体的活动过程中,产生了同化。同化是个体把客体的刺激纳入主体的格局之中,这只是引起主体认识结构量的变化。在儿童继续活动过程中,当认识结构已不能同化客体的刺激时,这时认识结构就产生顺应,顺应就是调整原有的认识结构,而创建新的结构,这是一个质的变化,即认识来源于主客体的相互作用。皮亚杰的建构理论,对研究思维方式的变更有重要的意义。今天,处于"知识爆炸"的时代,人们对知识更新是日益重视起来了,但是如何根据个人和社会发展的需要,以及主客观条件,建立合理的认知结构、思维结构,却并没有引起人们普遍足够的重视。事实上,许多人仅仅把大脑作为知识仓库。在现代科学整体化趋势下,人们如何在有限的年华,不断改造旧的传统的思维方式,调整和建立较佳的认知结构、智力结构,从而对社会作出更大的贡献,这是一个重要的人生价值问

---

① 皮亚杰:《发生认识论原理》,商务印书馆 1981 年版,第 19 页。

题。人们的思维方式,不仅是认知结构的系统体现,而且也是智力结构的体现。智力结构包括自学能力、研究能力、理解能力、思维能力、创造能力。智力结构的不断改善,不仅有助于改善知识结构,而且也可以更有效地改善思维方式和实践能力。爱因斯坦说过,想象力比知识更重要,因为知识总是有限的,想象力可以概括世界上的一切,推动思维前进,是知识进化的源泉之一。因此,运用结构方法,"改造客观世界,也改造自己的主观世界——改造自己的认识能力"①,具有重要的现实意义。客观世界的万事万物,丰富多彩,呈立体结构,传统的单维型思维方式具有片面性、封闭性和保守性的弊端,因而必须改变为多维型的思维方式,即建立多变量、多方位、多层次的思维方式,从而使思维活动具有更大的主动性、灵活性和应变性。运用结构方法来研究思维方法的变革,就必须把思维主体置于当前社会历史发展变化的系统结构中来考虑。因此,就要对思维主体、思维客体、思维工具这些要素通盘进行考察。今天人类面临的思维客体更具有系统性和整体性,而现代科学技术又为人类思维活动提供更有利的手段,因而,思维主体更具有社会性和集体性。如何根据社会需要以及社会有利条件,合理地调整个人的认知结构,发挥个人的创造性思维;思维主体如何把个人与社会集体密切地结合起来,从而促进思维方式现代化,是系统哲学的认识论所要解决的一个重要问题。

系统哲学还把信息、控制、反馈等现代科学提出的重要范畴引入认识过程,把系统运动看作是一个特殊信息授受(感受器)、传输和反馈(鉴别、调整)引入认识过程。从实践到认识,从认识到实践,它们的每一阶段都是认识总规律中的子系统。例如,感性认识是对输入大脑的信息进行加工处理系统;理性认识是否正确,要回到实践中去检验,这是认识信息反馈系统。这样,完全可以把人类的精神产品本身视为一个巨大的、多层次的开放系统。系统哲学把认识过程作为一个总的认识系统加以考察,对认识的客体因素和主体因素,从更深的层次上加以系统的探讨和研究,这不只是对辩证

① 《毛泽东选集》第一卷,人民出版社1991年版,第296页。

唯物主义认识论的某一部分,而是对它的整体,从内容到形式都有深化和丰富。

三、系统哲学认识论发展了辩证唯物主义认识论

辩证唯物主义的认识论,产生于被称为"科学世纪"的19世纪中叶。马克思和恩格斯概括总结了近代自然科学和社会科学的最新成就,建立了辩证唯物主义的科学体系。辩证唯物主义的认识论主张,认识的最终源泉是在人之外的客观世界,首先是自然界,然后是人类社会。与此相应的是,自然科学最先得到比较完善的发展。在辩证唯物主义的认识论者看来,自然界是"唯一现实的东西",它"是不依赖任何哲学而存在的"①,自然界的发展包括人自身的发展,是人类社会发展的前提和基础。人们对自然界的认识,即自然科学的发展,不仅是按照人如何认识自然界,而且是按照人如何学会改造自然界而发展的。人对自然界认识的最本质的基础,"正是人所引起的自然界的变化,而不仅仅是自然界本身"②。自然界的辩证法是不以人的意志为转移的,它归根结底决定着、制约着认识的辩证法。

随着自然界的发展,随着人们认识能力的提高,辩证唯物主义的认识论也必然要随之而发展,甚至要改变它自己的形式。19世纪自然科学的发展,特别是三大发现,推动了马克思主义认识论的建立,这是认识论发展史上的一场革命。当代冲击着整个世界的新技术革命浪潮,必然促进辩证唯物主义的认识论以新的形态向前发展。

今天所探讨的系统哲学的认识论,早在20世纪初就已经萌芽了。20世纪是更为激动人心的科技革命时代,在数学领域中,20世纪的头十年便出现了两大重要成果:一是旦梅罗把集合论公理化,再一个是罗素和怀特海

① 《马克思恩格斯文集》第4卷,人民出版社2009年版,第275页。
② 《马克思恩格斯文集》第9卷,人民出版社2009年版,第483页。

把数理逻辑形式化。从而使数学研究的对象由有穷跨入到无穷,出现了无穷维空间的理论。在物理学领域中,20世纪的头十年也出现了两个重大发现:一是普朗克提出的量子论,把牛顿力学的决定论抛在后面,代之而起的是概率论;再一个是爱因斯坦创立的相对论,摒弃牛顿力学的时间、空间观念,用新的时空观来考察物质与运动。现代物理学从基本概念到思维方式都发生了深刻的变化。在生物学领域中,20世纪由三个国家的三个植物学家彼此独立地证实了孟德尔三十多年前发现的遗传定律,深化了对达尔文进化论的研究。与此同时,对蛋白质、酶和核酸的深入研究,使对生物现象的分析从细胞跃进到分子水平,最后导致分子生物学的建立,把人类对生命现象的研究,从物种进化的方向转移到分子进化的方向上,为人们揭示出更加丰富多彩的生命世界。因此,列宁在20世纪初便以极其深刻的洞察力,在坚持唯物主义认识论的基础上,对当时自然科学革命提出的物质、时间、空间、因果性、必然性、科学理论的符号化与数学化等认识问题,作出了马克思主义认识论的分析,于1908年写出了《唯物主义和经验批判主义》这部著作,回答了人类刚刚跨入微观世界时,现代科学革命提出的认识论的基本问题。接着于1914年,列宁又在《黑格尔〈逻辑学〉一书摘要》中,以非常明确的语言表述了系统认识的思想,即人类认识的对象——自然界,是一个系统,正像恩格斯讲的:"即各种物体相联系的总体"①,人类的认识本身也是一个系统。它包括三个最基本的要素:"(1)自然界;(2)人的认识=人脑(就是同一个自然界的最高产物);(3)自然界在人的认识中的反映形式,这种形式就是概念、规律、范畴等等。"②在认识系统中,第一项即自然界是全部认识的基本前提,是认识发生与发展的出发点。认识系统中的三项,根据自然界发展的历史进程,其排列顺序是:自然界→人(人脑)→人的认识的结果或手段(概念、规律、范畴等等),这个顺序不能颠倒。自然界反映生

---

① 《马克思恩格斯文集》第9卷,人民出版社2009年版,第514页。
② 《列宁专题文集 论辩证唯物主义和历史唯物主义》,人民出版社2009年版,第136—137页。

命,"生命产生脑。自然界反映在人脑中"。① 认识系统中的三项是相互联系、相互作用的,"认识是思维对客体的永远的、无止境的接近。"②客体是无限的,人的认识也是无限的。整个人类的认识是"处在运动的永恒过程中,处在矛盾的发生和解决的永恒过程中的"。③ 因此,认识系统不是像形而上学所主张的那样是一个静止的、封闭的系统,而是一个动态的、开放的系统。

列宁在唯物主义一元论的基础上,提出了系统认识论的基本思想,大大地丰富和发展了马克思主义的认识论,对于推动和指导以后哲学的发展具有十分重要的意义。

四、系统哲学认识论待研究的主要问题

哲学发展的历史表明,认识论的发展是同主体问题研究的不断深化密切联系在一起的。马克思主义认识论的产生并没有结束真理,继承和发展马克思主义认识论的系统哲学,仍处在探索之中。当前发展认识论需要研究的问题还很多,但最重要的还是要加强对主体和客体问题的研究。

现代自然科学的飞速发展,正在冲击着原有认识论的许多内容。从整体内容上看,现代自然科学所提出的认识论问题,以崭新的方式覆盖了整个认识论的所有方面。例如,对认识主体方面就提出了人工主体问题,第二主体问题和主体的思维结构问题,主体认识的相对性问题和可变性问题,主体认识的能动性问题,作为认识主体而言的意识与大脑的诸种关系问题。又

---

① 《列宁专题文集 论辩证唯物主义和历史唯物主义》,人民出版社 2009 年版,第 138 页。
② 《列宁专题文集 论辩证唯物主义和历史唯物主义》,人民出版社 2009 年版,第 137 页。
③ 《列宁专题文集 论辩证唯物主义和历史唯物主义》,人民出版社 2009 年版,第 137 页。

如,对被认识的客体方面就提出了客体的多样性问题和随机性问题,观察仪器与客体的相互作用而引起客体变化的规律性问题等。再如,对主体、客体之间相互作用的复杂性问题,主体、客体之间相对性问题,主体、客体与中介三者之间的相互关系问题,参考系对主体,客体及其关系的制约和影响问题等。这些方面的问题表明现代自然科学认识的发展,使认识论的基本问题——主体、客体的概念正在发生着质的变化,揭示了主体、客体之间的更为本质、深刻而复杂的相互作用的关系,发现了"主体—实践—客体"、"主体—工具—客体"认识系统内多种多样的辩证关系,这必然要引起认识论的革命性变化。

从纵的方面来看,这些认识论问题以崭新的方式,贯穿了认识发生和发展的全过程。例如,现代自然科学提出了不仅要深入研究宏观认识全过程的机制问题,而且还要揭示认识全过程的逻辑机制,即认识的操作程序和步骤的问题。在此基础上,还要深入研究认识怎样发生的途径和机制的问题,要研究认识过程中感性与理性、经验与理论的复杂关系问题,要研究新理论与旧理论认识之间的复杂关系问题等。又如,现代自然科学提出了要同时开展微观认识论的研究。要研究人脑的神经活动的规律性和它的网络结构问题,研究大脑的意识活动与非意识活动的关系及其规律性的问题,揭开"大脑之谜",真正掌握人类的自觉性和规律性的问题等。再如,提出了研究认识的结果中真理的相对性问题,真理的可靠性和合理性问题,真理和谬误、真理和价值的关系问题,真理的内容和真理的表述形式的关系问题等。此外,还提出了许多与全部认识过程有关的问题,如认识的形式、语言和符号、认识的数学形式化等问题。这些问题也表明了现代自然科学的革命性发展,使认识过程中的实践、感性、理性(经验或理论)、真理、谬误、价值等概念起了质的变化,揭示了认识发生和发展全过程的复杂性和规律性,揭示了各个认识阶段以及相邻两个认识阶段的复杂性和规律性,初步揭示了微观认识过程的某些规律性的问题,揭示了新的认识方式、认识手段、认识方法等。现代自然科学所提出的认识论问题,冲击着原有认识论的一些概念、范畴及其相互关系,刷新着认识发生与发展的某些原理和规律。这正有待于系统哲学的认识论进一步加以研究、综合概括和发展。现代自然科学的飞速发展，又为解决以上问题提供了现实的基础和客观的条件。马克思说，自然科学"是一切知识的源泉"①。我们知道，每一自然科学都和哲学一样，是一种关于"认识"、"知识"的理论，都担负着共同的认识论职能。所不同的是，两者存在着个别认识和一般认识的关系，低层次认识和高层次认识的关系。但是，就它们认识成熟水平和完善程度比较而言，自然科学要比哲学直观得多。自然科学的内容精确清晰，逻辑结构严密，表述方式已到定量化、形式化、符号化的阶段。尤其是电子计算机、人工智能机的出现，使科学认识能力、水平、手段和方法等各方面都发生了革命性的变革。随着自然科学认识问题的解决，就为哲学认识论问题的发展提供了一个可靠而又合理的参照系，提供了基础和条件。系统哲学认识论，之所以对辩证唯物主义认识论有所发展，就是在马克思主义系统思想的基础上，对近代自然科学认识成果做了一些初步的综合性探讨，但这毕竟还只是一种探索，也还有待于进一步深化、完善和发展。

　现代自然科学向认识论提出的许多问题，其最重要的问题就是如何正确理解主体、客体及其相互关系的问题。从自然科学发展的历史看，人们（主体）对自然（客体）的认识是一个逐步深化的过程，在自然科学产生的初期，主要是对自然界表面和个别形态的直接观察。因此，当时主体和客体相互关系的公式是：认识过程就是自然界（客体）在研究者（主体）意识中摹写，是在自然界很少受任何干预情况下的摹写。要获得真正的认识，就要排除主体的偏差性，就是说，主体只能被动地接受客体的信息，主体和客体的关系只能是由客体到主体不可逆的关系，而按照这个公式，一切理论都是经验的直接归纳和概括，理论本身没有任何超出经验的东西。随着自然科学的发展，特别是进入 20 世纪以后，以相对论和量子力学为代表的现代自然科学，大大超过了感官直接感知的经验世界。它一方面扩大到数百亿光年的空间，另一方面则深入到原子核内部的微观领域。从事物的表面形态到

---

① 《马克思恩格斯文集》第 3 卷，人民出版社 2009 年版，第 502 页。

事物的内部结构,从单一事物的研究发展到研究事物的整体及其相互关系。这些都需要通过使用强有力的精湛的研究技术,现代化的研究手段及训练有素的具有各种专门知识的专家。这就必然要引起主体和客体之间关系的空前复杂化,而主客体之间联系的间接性表现得尤为突出。系统哲学认识论的深化和发展,就要进一步重视自然科学的这些特点,科学地回答现代自然科学提出的有关认识论的重大问题,诸如主体能动性和知识客观性之间关系的一类问题。

系统哲学的认识论,要得到进一步发展的关键在于同认识世界、改造世界的伟大实践结合起来。如对我国当前的社会主义建设来说,就要联系我国社会主义建设的实际,研究社会主义建设中主体、客体及其相互关系结合问题。我们建设现代化的社会主义强国,就要努力进行社会主义精神文明的建设,这实质上就是社会主体的自我改造。没有全国人民不断提高思想人文素质、科学文化水平和认识能力,就难以实现我国的现代化建设。建设高度的社会主义物质文明和政治文明,实质就是对自然客体的改造。社会主义物质文明建设、精神文明建设与政治文明建设是互为条件、互为目的的。这也生动地体现了改造客体和主体自我改造的辩证关系。物质文明建设与精神文明建设、政治文明建设,即改造自然客体与主体的自我改造,都是在一定社会关系中进行的。因此,不断改革不适应这三种文明建设的社会关系,就是进行三种文明建设的重要条件。所谓社会关系的改造,在当前来说,主要就是政治体制和经济体制改革。只有建立适合生产力发展的社会制度、经济制度与政治制度,并且随着生产力的发展不断加以调整,才能充分调动人的积极性、创造性。因此,政治体制和经济体制改革,应该以有利于三个文明建设为目的。只有这样,才能使政治体制和经济体制改革,沿着正确的方向顺利进行。

要把系统哲学的认识论用于建设中国特色的社会主义,并把系统哲学的认识论植根于当前的建设、改革实践的土壤中,在研究社会主义主体自我改造的同时,研究对自然客体和社会客体的改造,在实践中进一步求得系统哲学的认识论的完善和发展。

第二节　系统哲学的方法论

马克思主义哲学认为,世界观、认识论、方法论三者是统一的。系统哲学不仅是世界观、认识论,而且也是一种方法论。

一、系统哲学方法论的基本内容

系统哲学作为方法论,其要点就是要求人们用系统的和辩证的观点去观察问题,解决问题。系统哲学的方法论意义十分巨大,其内容也非常丰富。这里着重对系统分析方法和系统综合方法作比较详细的探讨,对其余的几种方法只作概要的阐述。

从一般意义上讲,方法论就是关于认识世界和改造世界的根本方法的学说和理论。方法论和世界观是统一的。有什么样的世界观,就有什么样的方法论,既没有脱离世界观的方法论,也没有离开方法论的世界观。系统哲学认为,世界的本质是物质的,物质世界是系统的,系统物质世界是按照固有规律不断发展变化的,用这个世界观去观察问题、研究问题、解决问题,就是系统哲学的方法论。当然,与传统的方法比较两者之间有很大的差别。

我们首先对系统方法做一个初步的讨论。

系统方法是当今人文科学和自然科学中应用极为普遍的认识方法,在即将到来的信息社会中,人类的思维方式,将跨入一个系统时代。贝塔朗菲宣称,系统概念、系统方法标志着"世界观的真正的、必然的和重大的发展",它是取代机械论的"新的自然哲学"。① 苏联著名学者伊利切夫断言:"系统方法无非是唯物辩证法的一个有机组成部分、一个方面。"②马克思和

---

① 贝塔朗菲:《一般系统论的发展》,《自然辩证法学习通讯》1981 年增刊。
② 伊利切夫:《哲学和科学进步》,中国人民大学出版社 1982 年版,第 110 页。

恩格斯在传统分析、综合方法向辩证思维复归的历史长河中,在创立辩证唯物主义哲学时,涉及了科学的系统方法。但是由于时代的局限仅仅凭借自然科学发展本身的力量向辩证思维复归,还是一个比较长期、比较缓慢的过程,直到 20 世纪 30 年代,经过长期酝酿的综合整体思潮才开始迅速兴起。科学研究中出现了既高度分化又高度综合,而以综合为主的新的发展趋势。综合思潮的兴起需要新概念、新的认识方法,而"系统"研究的概念和方法构成了现代科学认识的聚焦点。现代科学的系统方法就是在这样的背景下应运而生的。现代系统方法的产生适应了科学对新的综合方法的需要,它突破了传统分析、综合方法的局限,将分析和综合融为一体,成了认识各种复杂系统的有力方法论工具。

　　现代系统方法与马克思主义经典作家所阐述的系统方法本质上有着很大的一致性。它们的共同本质在于,它是一种认识和处理整体部分关系的辩证唯物主义哲学方法,尤其是关于分析与综合的辩证方法。而它们又有显著的区别:其一,马克思所论述的系统方法,主要是定性研究的方法,而现代系统方法已经发展成为定量化程度很高的科学研究方法;其二,马克思的系统方法是璞玉浑金、未经雕琢的形式,需要进一步理论化、系统化。现代系统方法是在多种具有方法论意义的科学基础上概括和总结的产物,具有较为成熟的理论化形态。马克思的系统方法是辩证唯物主义哲学的一个重要组成部分。现代系统方法,是系统哲学的一个组成部分。我国著名学者钱学森提出:系统思想引导作为"进行分析与综合的辩证思维工具,它在辩证唯物主义那里取得了哲学的表达形式,在运筹学和其他系统科学那里取得了定量的表达形式,在系统工程那里获得了丰富的实践内容"[①]。由此可见,马克思的系统方法与辩证唯物主义哲学、现代系统方法与系统哲学的关系都是整体与部分的关系,既然马克思的系统方法可以称作是唯物辩证法的一个部分,现代系统方法作为系统哲学的一个部分也是毋庸置疑的。

---

① 钱学森:《论系统工程》,湖南科技出版社 1982 年版,第 78 页。

二、系统分析方法

现代系统分析是对传统分析扬弃的产物,它用联系的观点、发展的观点、层次的观点丰富了分析方法,形成崭新的系统分析。系统分析就是把认识对象放在系统的形式中进行分析的方法。可以初步确定系统分析三种基本形式,即系统要素分析、系统动态分析、系统层次分析,在实际运用中,这几种系统分析方法是紧密联系在一起的,并以差异分析方法贯穿于其中。

所谓系统要素分析,就是从系统观点出发,将所考察的对象放在它所实际隶属的系统,以及该系统所处的特定环境中,作为系统的要素(或子系统)在它和系统整体的联系中以及和其他要素的相互制约中进行分析的方法。在现代系统工程方法中,与系统综合相对而言的系统分析,则进一步体现了这种新型分析方法,尽管二者用于分析事物的对象和基本手段不同,但其本质的特点是共同的,它们都是把特定对象作为系统的一个要素,不是孤立的而是在它和系统整体的联系中,在它和其他要素的联系中进行分析;因而其方法论的实质与马克思对各种现象的分析上是基本一致的。系统要素分析就是对这种分析方法进行哲学概括的产物。它与孤立的实物分析相比,其基本区别在于:

1.孤立实物分析没有关于差异协同的统一体的观念,分析它的组成和属性,可以孤立地进行;系统要素分析则离不开差异分析。在系统理论看来,差异就是系统,在系统中某一要素与系统整体的关系,该要素与其他要素之间的关系,都体现该要素所具有差异的关系。在任何复杂的系统中,多组差异之间又存在着各种主要差异与各种次要差异之间的支配和制约关系。如果不从差异整体上把握这些复杂关系,不能对特定差异和作为差异一方的要素在整个差异体系中的地位和作用,作出中肯的分析,也就不能正确地认识该要素。对于特定对象的认识,只有从该对象所隶属的系统出发,在系统与要素、要素与要素的差异现象中进行分析,才能得出该对象的正确结论。在现代系统方法中差异分析方法不仅在系统与要素问题上,而且在结构与功能、有序与无序、优化与劣化、层次与涌现、动态与静态、原因与结果、内因与外因等问题上都得到了生动的体现。

2.孤立实物分析是建立在机械论的整体与部分的范畴基础上的,在机械论观点看来,整体是各组成部分的机械总和,部分可以脱离整体而存在,并仍然保持它的本来状态。系统要素分析对整体与部分关系的理解与此是根本不同的,它以系统与要素这对辩证范畴取代了形而上学的整体与部分关系的古老理解,强调系统是由相互联系的诸要素所组成的具有特定性能的整体,要素则是系统整体性能制约下相对独立的组成部分。系统与要素相互规定,互为前提。系统对于要素起着主导和支配作用。系统是事物整体性的表征,要素则受整体性的限制和规定。用系统分析方法认识客观对象,必须把对象置于更广泛的联系之中,以及与系统其他要素的相互作用中进行分析,才能认识要素所具有的特定规定性。

3.传统分析方法受形而上学的影响,把分析与综合截然分开,认为只有分析之后才能进行综合。与此相反,系统要素分析是分析与综合相互渗透、紧密相关。把传统分析与综合分析的程序有机地结合起来,它所遵循的路线是:由内而外,再由外而内;由部分到整体,再由整体到部分。在其每一步骤上,综合都作为前提和指导而存在于整个过程中。列宁曾经认为,"分析和综合的结合"①是辩证法的基本要素之一。系统要素分析中所展现出的这种分析与综合的关系,就充分体现了两者的辩证结合。由于在分析中,综合是作为前提和指导而出现的,这样系统整体性始终潜在地存在于分析过程中。虽然分析的结果是对于要素属性的认识,但系统对于要素的制约关系却并没有被抽象掉,要素同系统的联系,部分同整体的联系,在分析的结论中得到了体现。系统要素分析与孤立实物分析的以上三个基本区别表明,系统要素分析是一种辩证的系统分析方法。

所谓系统动态分析,是研究系统事物运动变化的分析方法。它区别于

---

① 《列宁专题文集 论辩证唯物主义和历史唯物主义》,人民出版社 2009 年版,第140 页。

形而上学的传统动态分析方法。系统动态分析首先涉及系统演变过程中渐变与突变、结构与功能之间的辩证关系。事物的结构变化，引起事物的性质改变，这是质量互变规律的基本形式之一，也是系统哲学的结构功能律的核心问题。这点在前面已经作了比较详细论述。其次，对事物过程中的差异分析，是进行系统动态分析的基本依据。事物发展过程的阶段性，事物发展中渐变的积累和突变的飞跃，根源于事物内部的结构差异性。只有对系统中的诸差异发展过程加以分析，才能更深刻地揭示系统的发展演变，才能为系统动态分析提供坚实的科学依据。再次，现代系统科学中有关系统演化的理论，进一步提出了进行系统动态分析的根据。系统动态分析具有传统分析所不能取代的特殊的认识作用，它是认识系统的发展规律，在系统动态中揭示系统及其组成要素性质的重要方法。马克思曾指出："一切发展，不管其内容如何，都可以看作一系列不同的发展阶段，它们以一个否定另一个的方式彼此联系着。"①分析是说明起源，是理解实际形成过程的不同阶段的必要前提。由于系统动态分析着重于对系统发展中要素结构不同阶段的刻画，着重于对系统内部结构变化的研究，因此能充分暴露系统各个发展阶段的秩序性和内在联系性，而这种秩序性和内在联系性就是系统的发展及其规律性的体现，即反映系统的自我演化、不断整体化的系统自身运动的规律，反映旧系统解体，新系统产生的系统转化规律。认识这两种规律，都要借助于系统分析。马克思通过对人类社会发展的几种形态的分析，预示了社会系统发展的一些原因，说明这种发展历史的一种可能性，如果进而揭示出内外部各种条件的话，那么就比较容易说明社会系统发展的历史规律。可见，将系统划分为结构的不同阶段，进行动态分析（包括外部环境），是认识系统发展规律不可缺少的前提。此外，系统动态分析又可以在系统动态发展中深化对事物系统结构的认识。要揭示某一现象在系统不同发展阶段上是具体的系统结构，仅有系统要素分析还不够，还必须进行系统动态的分析，考察系统在不同发展阶段上对其要素的特殊规定性。这正如列宁所指

① 《马克思恩格斯全集》第4卷，人民出版社1958年版，第329页。

出的：“在分析任何一个社会问题时，马克思主义理论的绝对要求，就是要把问题提到一定的历史范围之内”。① 如交换价值是商品的系统结构的一个方面的功能，也是一定社会关系的表现，如果对商品系统功能的认识只停留在这一水平上，那么仍然避免不了简单化的倾向。因此，进行系统动态分析，深入认识事物的系统结构功能，在理论和实践上都具有重要的意义。

所谓系统层次分析，就是在否定传统分析方法的还原论观点基础上发展起来的新型分析方法。系统层次分析，作为一种崭新的哲学思维方法，在人类认识世界、改造世界的实践中，具有重要的地位和广泛的应用。在自然科学研究中，人类的认识不断从客观现象向宏观和微观延伸，这一过程也就是不断地寻找客观世界的新层次，探索不同层次上运动规律的过程。现代物理学和现代生物学已经向人们展示出无机界是一个由夸克—基本粒子—原子核—原子—分子，生物圈—行星—恒星—星系团—超星系—总星系等不同层次所组成的宇宙系统；整个有机自然界呈现为由生物大分子—细胞器—细胞—组织—器官—系统—个体—群落—生态群—生物圈等各个层次组成的有机系统。宇宙系统和有机系统每一层次的发现，都会把整体与部分、高层次与低层次、高级运动形式和低级运动形式的差异重新提到科学认识中来，依靠传统分析是不能解决这些差异的，只有系统层次分析才能为认识物质世界的层次性，为探索各层次上的特殊规律，提供正确的方法和途径。在社会科学研究中，马克思是首先对社会系统的结构进行层次分析的学者，他把社会看作有机系统，而把人和物质资料看作构成社会系统的最基本的组成要素，把社会看作有机体的不同的“细胞形态”。以我国目前所进行的经济体制改革而言，经济管理结构的设置就必须注重进行层次分析。我国现行经济管理体制中位于最高层次的是国家机关，位于最低层次的是基层企业，中间层次又有许多“条条”、“块块”的领导。这种体制弊病很多，由于中间层次过多，造成基层企业信息反馈通路不畅，影响最高层次作出决策的速度。但如果缺少必要的中间层次，又容易造成管理跨度过大。这两

① 《列宁专题文集　论马克思主义》，人民出版社2009年版，第302页。

种情形都不利于国民经济的发展。因此,管理层次的设置必须遵循等级秩序原理,运用层次分析方法,保证每一层次都具有特殊的性能和规律,并且这种性能在本质上是高层次的大系统和低层次的子系统所不可取代的。这样才能使我们的经济管理体制信息畅通,反馈及时从而增强其宏观有序、微观搞活的能力。客观系统的层次是无限的,而层次分析却是有"度"的。实践提出了进行系统层次分析的需要,实践也确定了层次分析所应达到的限度,不是要穷尽对各层次的认识,系统分析必须达到一定限度也是进一步进行综合分析的需要。

三、系统综合方法

系统综合是对传统综合的创新。所谓系统综合,简而言之就是按照系统的诸要素、结构层次、发展过程的内在联系,在思维中复制和设计系统整体的综合方法。一般来说,形而上学思维方式推崇分析而贬低综合。传统综合由于受时代的限制仍然避免不了带有其局限性,如加和性、无逻辑秩序性等,因此系统方法要达到对系统的整体性认识,就不能不克服传统综合的局限性。为此,通过对传统综合的扬弃,形成科学的系统综合方法,这是对传统综合的发展和创新,主要表现在如下三个方面:

(一)系统综合的非加和性

系统作为由诸要素所组成的具有特定功能的整体,其整体性能并不是各组成部分性能的简单加和,这就是系统的非加和性。由于系统各组成部分的相互作用、相互联系,造成了彼此互动、内耗的制约、彼此属性间的筛选以及某些协同的功能,由此而形成了系统的新涌现——系统整体性能。这种整体性是由部分作用而在整体层次上产生的,为其个别组成部分或它们的总和所不具有的。这就是非加和性形成的基本原因。系统综合作为认识系统现象的科学方法,必须真实地反映系统整体与其各组成部分的这种非加和性的关系。首先,系统综合必须在综合过程中考虑到系统各组成部分之间的相互关系,这些相互关系的存在是系统综合具有非加和性的基本客观依据。其次,系统综合必须坚持层次观点,系统的每一层次都具有结构上的规定性,这本身就是对加和性观点的否定。再次,在对事物的动态过程进行综合考察时,它是以系统动态分析对系统发展诸过程的考察为前提,根据系统结构的变化,寻找各个发展过程的内在联系和制约关系,寻找系统从此一过程转变为彼一过程时出现的结构的差异,寻找各个过程过渡的秩序性和连贯性,并进一步揭示系统总过程的发展规律。

(二)系统综合的逻辑秩序性

这就是要求综合必须遵从一定的逻辑秩序,并指明了这种逻辑秩序是由系统的内部结构所决定的。系统的结构是其组成要素特有的互相作用的总和,也是系统的各级组成要素之间的顺序性和层次性的体现。要素之间不同的时空序会影响不同的结构,不同的结构具有不同的功能,结构与功能不同又是系统相互转化的标志,那么系统综合就应该依据系统结构所固有的联结秩序进行;否则,就不能真实地再现系统各组成要素之间相互联结的形式,就不能客观地、正确地认识系统。系统综合应该依照逻辑秩序,就是马克思所指出的,由抽象到具体。我们知道,马克思在研究资本主义经济系统运行规律时,制定了抽象上升到具体的逻辑方法。马克思明确指出:"从抽象上升到具体的方法,只是思维用来掌握具体、把它当做一个精神上的具体再现出来的方式。"①马克思借助于对资本主义经济系统理论的构造,首先深刻地指出了由抽象到具体是进行系统综合必须遵循的逻辑行程,这一思想不仅包含有理论模型的不断完善,向现实原型逐渐逼近的含义,而且也是对建立理论体系过程中范畴推演的方法论的实质及其逻辑秩序的说明。这一思想还体现了客观原型系统发展的历史行程。马克思主义哲学认为,历史的东西是逻辑的东西的基础,逻辑的东西是由历史的东西所派生。系统综合所遵循的由抽象到具体的逻辑秩序,本质上是同客观原型系统历史发展的行程是一致的。任何客观系统,只要其结构稍微复杂一些,就都有一个由单层次到多层次、由简单到复杂、由低级到高级的发展过程。在模型方

---

① 《马克思恩格斯文集》第 8 卷,人民出版社 2009 年版,第 25 页。

法中,这一历史过程就逻辑地表现为由较为抽象的模型向较为具体的模型发展的过程。

（三）系统综合的创造性

"综合就是创造"。所谓创造性活动,指的是人们发现客观对象的新性质、新关系、新规律,形成反映事物本质的新概念、新思想、新理论、新设计、新制造和获得新的物质客体和精神产品的一种认识和实践活动。创造性的本质就是对尚未被揭示出来的客观事物的关系、本质和规律的发现和运用。系统综合方法由于具有非加和属性,它能够通过对系统各个组成部分的综合,形成对系统的新认识。根据这种新认识所进行的实践,或者能揭示出客观世界的奥秘,或者能够设计和创造出符合人类需要的新的物质客体。可见系统综合方法的非加和性与创造性活动的本质是一致的,这是系统综合具有创造性功能的基本依据。从创造性活动的过程看,基本上可以划分为六个阶段:(1)收集和获取信息;(2)对信息进行分析研究;(3)进行组合、配置,弄清它们之间的相互关系,形成新思想和新理论;(4)评价各种思想、理论,选择最优方案;(5)付诸实施,进行实践;(6)根据实际效果进行反馈调节。整个创造性活动过程与系统方法的程序是极为相近的。这里对信息进行的综合与配置,相当于系统方法对各组成部分进行的系统综合。这种"组合"、"配置"、"综合",是创造性活动机制的集中表现。科学方法论专家贝弗里奇在谈到创造性思维的特点时指出:"想象力丰富的头脑产生大量多种多样的组合。"[1]他还认为:"独创性常常在于发现两个或两个以上研究对象或设想之间的联系或相似之点。"[2]系统方法为了揭示系统的结构和达到系统优化的目标,恰恰要求在各组成部分的综合中,形成"大量多种多样的组合",从而在其中找到系统最优化的那种配合,以达到系统的最优功能。而发现"两个或两个以上研究对象或设想之间的",尤其是发现那些原来以为这些对象或设想彼此没有联系的联系,对揭示系统的结构,实现系统

---

① 贝弗里奇:《科学研究的艺术》,科学出版社1979年版,第71页。

② 贝弗里奇:《科学研究的艺术》,科学出版社1979年版,第58页。

功能的优化,往往会成为成功的突破口。

首先,发现未知的常规系统需要进行系统综合。在人类认识客观世界的过程中大量存在着如下情况:某一系统在当时的科学理论框架内,原则是可以被认识和说明的。但由于系统的组成要素之间的相互联系经过很多中间环节,不易被人们发现,或者由于各门科学和不同的研究者从各自的角度进行研究,把相互联系的要素人为地割裂开来,致使人们以为这些本来相互联系的要素是一些彼此隔绝的客体,它们并不组成任何系统。当不受既成理论束缚的人通过大胆联想,对这些要素进行综合,揭示了它们之间的固有联系和系统的整体性后,原来的未知常规系统就成为人们已知的系统了。这样对未知常规系统的新认识又进一步丰富了原有科学的理论。实际上,对于某一客观对象的认识,不同科学所关心的可能是不同的一组变量,而这些不同的一组变量又可能是原有系统整体变量中的一组同态像,即是原系统中的某一个同态子系统。虽然两个同态子系统都从同一实际系统抽象出来,但又可能相去甚远,造成了彼此之间相隔绝研究。不受成见约束的人创造性地将它们综合在一起,从而才全面地揭示了原有系统的整体性质。而这种有关系统整体性质的新知识又是原有知识合乎逻辑的发展。这就是说,这种获取新知识的认识活动是在原有科学理论的框架内进行的。

其次,在系统优化理论和实践中,系统综合方法具有更为独到的创造性作用。系统方法的目的不仅在于对无限多的系统要素所形成的结构加以描述,而且要从中选出为特定的实践目标所需要的有价值的可行性方案。这就存在着以系统手段进行优化的问题。整体优化律特别要求对系统的诸要素进行创造性综合,从而达到要素或子系统之间的相互协调,使输入系统的物质和能量合理地排列和分布,使其形成最佳的结构,减少相互抑制作用,增强相互增益作用,使部分的功能和目标服从系统整体的最佳目标,进而达到系统整体的最佳和满意状态。这里,如果没有对综合的创造性应用,没有对系统诸要素的科学组合,最优或满意目标是根本实现不了的。整体优化律认为,系统的最优状况是各子系统熵的减少与系统熵的增加之间的差应该是最小的。熵是系统混乱度,即无序性的度量。在某一区域中建立企业,增加了该地区的有序性,熵值减少了,亦即负熵增加了,但却可能增加整个国民经济系统或更大区域子系统的无序性,对更大的系统而言,熵值却增加了。那么这种各区域的组合就构不成优化的经济结构。只有当上述二者的差趋向最小时,才构成系统的优化结构。这就需要对各区域的企业生产能力、设备状况、人口、资源、环境、交通、能源等要素,从全局出发,统筹兼顾,综合考察,从中选择出最优组合。在不同方案中,最优组合的方案将是最具有创造性的方案。

综上所述,系统综合方法具有高度的创造性功能。它要求人们打破传统观念和既成理论的束缚,大胆地探索,寻找事物之间的未知联系,在把部分综合为整体时,能够揭示出诸部分所不具有的新质态、新规律;它着眼于系统的最优效应,通过对系统各部分的创造性组合,实现系统设计的最优方案。如果说分析方法具有发现规律、发现真理的作用,那么系统综合方法不仅可以发现事物的系统规律,并且能够依据这些规律创造出满足人类需要的观念系统和人工系统。因此,系统综合方法完全可以称为人们认识对象、改造对象、创造对象的重要方法论武器。

四、系统哲学的其他方法

系统哲学除了以上所论述的方法外,它还包含着其他一系列的科学方法,主要有以下几种:

(一)系统哲学的整体方法

系统哲学的整体方法是种特有的方法。这种整体方法不是马克思谈到的一些人所持有的"混沌的整体"的观察方法或研究方法,也不是孤立的即离开细节的片面的或原始的整体方法,而是"清楚的整体"的方法。用中国人的俗话说,就是"庖丁解牛"那样清晰的、整体的方法,或者如贝塔朗菲本人所说的是整体"透视"的方法。简而言之,这里的"整体"是指事物的全部要素及其联系,是指完整的事物。

整体的方法在过去比较难以做到,因此人们称以往时代的哲学方法论是"分析的时代"、"非综合的时代",这主要是因为当时的条件还不具备。在当代,借助于信息和控制技术,借助于数学和各种科学,特别是借助于计算机和其他现代手段,人们就可以直接地、普遍地对各种复杂事物进行整体的认识和综合的集成。

整体的认识具有很大的优越性。例如,一架机器,如果把它分解开,就难以认识它的整体性能。对于生物来说,如果加以分解,可以说它已不是本来意义上的生物了。因此,对一系列事物,特别是当代的许多事物,要强调从整体上去认识,我们才能真正看清它的本来面貌。

运用整体方法,要特别注意优化的方法。我们不是为了整体而去研究整体,而是要使整体朝着优化的方向发展。这是系统哲学的整体方法同一般的整体方法的一大不同。

（二）系统的结构方法

对结构问题马克思主义经典作家曾给予一定的注意。如马克思写道:资产阶级社会是历史上最发达的和最复杂的生产组织。因此,那些表现它的各种关系的范畴以及对于它的结构的理解,同时也能使我们透视一切已经覆灭的社会形式和生产关系。但是总的来说,哲学的辩证方法还没有上升到方法论高度对结构予以普遍重视。当代系统论对结构很重视,并使它成为一个普遍的方法,这是哲学方法论方面的一个重要的进展。

结构方法认为一切事物都是有其结构的。只有一定的结构才能有一定的行为和一定的功能。结构改变了,事物的性质会随之而变化,相应的功能也不同了。因此从结构角度研究事物,是对以往从量和质角度研究事物的一大发展。系统哲学认为事物的结构有很多,由此形成不同的系统,如平面结构、立体结构、系列结构、时空结构、多维结构、网络结构、封闭结构、开放结构、简单结构、复杂结构、静态结构、动态结构、耗散结构、突变结构、核心结构、循环结构等等。因此结构方法是系统哲学的一个重要的方法。

（三）系统哲学的层次方法

系统哲学认为一切事物不仅是有结构的,而且也是有层次的。对于复杂的事物来讲,往往有许多纵横、内外、上下、多方向不同的层次。例如,对世界的观察,可以有宇观、宏观、微观等不同层次,还可以分为胀观、宇观、宏观、微观、渺观等层次。对于生物来讲,也可分为许多层次,如细胞、器官、个体、群体、组织、社会、超国家组织七个层次。辩证哲学过去虽然没有明确引入层次范畴,但是它的两极概念也包含着层次的含义,如上与下、好与坏、高与低、整体与部分、横与纵、差异与矛盾等,但是不够完全,而且主要是讲极端的两极层次,缺少多层次的思考。当代科学的发展,对哲学提出了精确化的要求;因此,层次方法就日益成为人们所接受的一个普遍的哲学方法。

依据层次方法,系统哲学认为人们在对事物的观察中,要重视介于矛盾或对立两极之间的层次。例如,上与下之间的中间层次、赞成与反对之间的弃权层次、先进与后进之间的一般层次等等。从许多场合来看,中间的层次是大量的、经常的;因此,如果仅仅看到对立的两极层次,那是很不完善的,用来解决问题就会犯错误。系统哲学的层次方法还主张对一个事物究竟有多少层次,要作具体分析,不能主观地用两层或三层的固定模式去看待,同时在看到事物的诸多层次时,要把它们作为一个有机的系统去认识。层次方法在科学研究、企业和行政部门的管理中,具有重要的作用。目前国内外推行的目标管理方法以及层次管理与层次决策,就是依据系统层次方法制订出来的。近年来有的城市,实行目标管理这一方法收到了很好的效果。

(四)系统哲学的序性方法

系统哲学认为任何一个事物都是一个由诸多因素、诸多成分组成的有机系统。但是这些因素、成分之间并不是杂乱无章的,一切事物都有其序性,只不过这种序性之间存在着差异。系统哲学强调事物的无序向有序的发展和转化。所以,这一方法对于人们的认识活动和实践活动来说是重要的。在当前来说,在改革和建设中理顺各种秩序,先改什么,同步改什么,然后再改什么,对于深化改革、推动改革和保证改革成功,具有重大的意义。

(五)系统哲学的协同方法

系统哲学认为事物中存在着各种各样的差异与协同,因而是一个多种差异的统一体。这些差异在事物的存在、发展过程和进化中,固然有其排斥、对立乃至冲突与斗争的一面,但其主导的方面则是吸引、协调和互补。

用当代系统论的一个分支学科协同学来讲,这就是一种协同。它是事物中最具有本质性的东西。天体演化中如果没有物质的协同,就形不成各种星球和星系。生物如果没有协同,就会全部毁灭。人类如果不能协同,就不能存在和发展。一个国家、民族如果不能协同,也就不能生存和进步。当然,对人类而言,协同有自觉的协同与非自觉的协同。系统哲学强调自觉的协同,认为这是人类社会发展的重要动力。这种协同并不否认差异,反而认为差异是协同的依据;因此,它是差异的协同。运用系统哲学的协同方法,把我国亿万人民协调起来,把我国的各种经济活动协同起来,把我国人民的社会生活,把政治、科学、教育、文化、法制等协调起来,就会大大促进我国的各项事业,使中华民族以新的姿态和风貌立足于世界民族之林。

（六）系统哲学的工程方法

系统工程的方法早已有之,古代的许多建筑方法,如我国的都江堰水利工程,都运用了这一方法。但是,在当代,系统工程的方法则尤其引人注目。美国、中国的宇航事业的成功,无不得益于系统工程。系统工程不仅可以运用于自然科学和各项工程技术,而且也可以适用于社会科学和重要的科研任务、教学任务,甚至是企业、城市、国家的管理中。所以,"工程"的概念现在已经大大扩展了,日益普遍化和成熟化了。"系统工程方法",也日益引起了人们的广泛注意和运用。这一方法虽然名为"系统工程方法",但包含着辩证哲学的内容,它要处理好各种差异的关系,所以,它是系统哲学的工程方法。系统哲学的工程方法,尤其具有实践色彩,它是组织管理的有效方法,有助于克服哲学的纯理论倾向,有助于使哲学同人类的实际活动密切结合起来。因此,把它作为普遍的方法,作为哲学的方法,也是当之无愧的。

（七）系统哲学的优化方法

系统哲学强调优化或满意地解决问题,而优化方法的前提条件,就是在解决问题的一系列方法中,它是相比较而存在,是个相对优化的概念。它有两个方面的含义:一方面是在解决同一个问题过程的众多方法中,优化方法比其他方法投入少并能达到预期目的;另一方面是在解决问题所得的结果及达到的目的,比其他方法所得的结果比较优化。前者就同一个目的或目标而论方法优劣。后者是就方法与目的、目标两者而论优劣。优化方法采用前,有一系列的比较、分析、测算、论证、设计等大量的筛选工作,这个过程实质就是方法优化的系统过程。这是优化方法优越于传统方法的一个显著的特点。如"优选法"就是一个普遍的应用。

优化方法的优化标准是客观的。因为人类的价值追求就是要在改造和认识客观世界的一切实践活动中,都要尽可能地用低成本物质和精神的投入,以取得尽可能大的效益与价值。解决问题和达到目标的现实中,优化的标准是客观存在的,这个标准就是表征方法与目的是否优化的客观尺度。

优化方法实施的步骤。第一步,确定系统目标。也就是根据实际的需要和可能,把总目标系统寻找出来,并把每个子系统目标的水准、存在的问题与其他目标的关系予以确认,通过综合比较,从整体优化的角度把总目标确定下来。第二步,进行系统综合,制订实施方案。建立模型,必要时进行仿真实验和理论计算,同样要根据目标对系统方案进行一系列的测算比较。第三步,具体实施或者求解模型。第四步,方法与目的的鉴定,选出满足目标的最佳解。第五步,决策。

在这里有两点应该说明,一是无论目标的确定,还是实施方案的筛选,也无论是具体实施和最后的结果鉴定与评价,都要运用最先进的技术手段和方法。优化方法要求决策者本身的素质要高,并配有先进的手段,还要有优化的组织实施形式。这里在保证手段先进的前提下,决策者是关键,组织优化是基础。二是要把优化法看成是个动态的系统过程,要把随机—目的—因果等各种动因考虑进去,一旦有某种涨落起伏,使优化整体能不断调整自身,以适应各种环境的变化。

优化方法作为哲学上的一般意义的方法,不能穷尽该方法的所有过程,只能是抽象出更基本的原则。不过作为系统哲学的优化方法,要坚持系统整体的要素、结构、层次、过程和中介的优化,坚持把目的、方案、手段、实施等不同阶段实行等级序列优化,那么这个方法就具有哲学的方法论意义了。

(八)系统哲学的开放方法

系统的开放方法是指系统与它所处的外部环境进行物质、能量和信息交换过程中的协调有序的方法,也是系统与环境优化的方法。任何一个系统都是对环境开放的系统,只是在系统开放程度大小上有区别而已。

开放系统的概念是贝塔朗菲首先提出来的。他通过研究生命现象的新陈代谢、自我调节等特征,发现在生命与非生命之间存在着明显的矛盾,生物学的"进化"系统与热力学"退化"系统相对立。生物学之所以进化是由于它能够同环境进行物质、能量和信息的交换,属于开放系统,是朝着有序程度放大的方向发展;而热力学朝着熵增加和无序混沌方向发展,属于封闭系统。贝塔朗菲抓住系统开放性这个问题的关键,把生物与生命现象的有序性和目的性同系统的结构稳定性联系起来,并作出定量描述开放系统的数学模型。耗散结构理论同样揭示了系统开放性的重要意义。普里高津指出自然界的开放系统存在三种方式:热力学平衡态、线性非平衡态和远离平衡态。他指出,一个远离平衡态的开放系统,不断同外界进行物质、能量和信息的交换,在外界条件变化达到一定阈值时,社会从原来的无序混沌状态,转变为在时间、空间或功能上有序状态,形成新的有序结构。这是系统开放方法的理论依据。

所谓系统开放方法,是指在研究和认识对象系统时,必须把它放在环境大系统中加以开放性考察;在规划、设计系统时要有开放眼光,使系统内部子系统之间,系统与环境之间保证充分的物质、能量和信息交流,使系统的减熵趋势得以维持,并保证系统的有序度增强。

在运用本方法时,要注意这样几点:一是开放是动态的,系统的开放性也是在动态与过程中实现的,开放方法也要坚持在动态的过程中运用。二是开放性是由系统内在结构和功能的属性所决定的,开放方法应该由系统内在结构和功能展开的程度来运用。也就是说,要想使系统与外界开放,首先要从系统内部的结构改变着手,来使用开放方法。三是系统的开放有一定的度的限制,要掌握围绕系统整体优化这个目标进行开放,系统开放不是无条件的,是有条件的,要保证减熵的增加,防止正熵的流入。

在运用系统开放方法时,要注意分层次,按等级秩序进行。系统内的开放与系统外的开放要有机结合起来。在开放时,一旦出现正熵流,使系统产生无序因素时,要敢于使用封闭手段,进行内部有序化的治理和整顿,其目的是为了更好地发展整体,保证系统向整体优化的方向发展。"对内搞活、对外开放"是我国创造性运用开放方式的典型事例。目前,我国进行的政治体制改革,提倡协商对话制度,增加政治"透明度",也属于系统开放方法。科研中提倡发散式思维,就是指的思维上的开放性。开放的方法已成为政治系统、经济系统、思维系统乃至整个社会系统的自组织现象发生的必备条件。

总之,系统哲学作为一种哲学,具有许多具体的方法。可以说,系统哲学的所有规律、范畴,都能转化为哲学的方法或具有哲学方法论的意义。以上我们只是介绍了其中的一部分方法。人们从中会看出,这些方法大都具有其特色,具有新的意义,反映了20世纪30年代以来特别是近二三十年来人们在这方面所取得的重要成果。因此,它们对于完善我们的哲学体系,指导人们的认识和行动,都是很重要的。

五、诸方法论(范式)之比较

(一)分析范式(或分析—累加法、还原论)

1.所有的事物可以分解、还原成要素,要素可以由其他事物替换,这是一种还原论的观念。

2.要素之间存在着简单的线性关系,将所有的要素加到一起,便是事物性质的总体。因此,可以割裂开来要素的相互关系,进行研究。

3.可以把要素的性质与规律加起来,推导出总体的性质与规律。换而言之,解决了各要素的问题,就相当于解决了整体的问题。

4.要素及要素服从机械因果律和单一决定论,即一个原因必然决定一个结果,系统之间有着一条直线因果链。

5.事物及要素是可逆的,不存在时间之矢,事物不进化,只是循环。

6.在价值观上,认为要素好,整体一定好。

7.在经济学上,不承认国民经济是一个有机的系统整体,认为国民经济不是微观就是宏观,否认多元经济的存在和多层次调控的必要性。

8.在管理学上,不承认多层次管理跨度的存在。

(二)矛盾范式

1.传统的辩证唯物主义哲学包括阶级分析方法、矛盾分析方法和历史分析方法。它是无产阶级的世界观、方法论、认识论与价值观,是立场、观点与方法。

2.事物是一分为二,简称"两点论"、"两分法"、"一分为二",即有优点也有缺点。"两手抓","两手都要硬","两条腿走路"。但也会有一条腿长一条腿短的情形。

3.事物有主要矛盾,矛盾有主要方面,有"突破口",只要抓住了主要矛盾或矛盾的主要方面,其他问题就迎刃而解了,只要能找到"突破口"就能有"以纲带目,纲举目张"的神奇效果。如"以阶级斗争为纲","以粮为纲","以经济建设为中心","抓'中心'带一般"的思维方法。

在"文化大革命"初期,我们批判了"合二而一",认为事物只能"分"不能"合"。这样,"两点论"变成"一点论"的理论了。"文化大革命"中,在群众运动中搞"切一刀",分成"革命"与"反革命",从而斗一批、抓一批;然后,在革命队伍中再"切一刀",再斗一批、再抓一批。这样,反复分、斗下去,革命者越来越少,反革命者越来越多,"文化大革命"失败就成为必然。

(三)系统范式

1.世界上任何事物都是由内在要素(原素)构成的。系统的整体功能就是3>1+2,其新系统(整体)的产生,是各要素在孤立时不具有的新性质的涌现。

2.要素之间存在着复杂的非线性关系,整体结构具有复杂性。认识整体不仅仅要认识要素,还要认识要素之间的关系(比如现在的中国的产业结构,社会机构)。

3.系统是进化的,有产生、发展、消亡的历史过程,这个过程是不可逆转的,在临界点上有多种选择突变的可能性和现象的不可预测性,系统行为轨迹不是绝对的,必然的。

4.系统的结构决定系统的功能、行为。如经济结构、产业结构、领导结构(决定宏观效益);又如汉字太与犬(结构的序量),"木"、"林"、"森"与"火"、"炎"、"焱(质量互变);如宇宙是三类基本粒子(夸克、轻子、媒介子)和四种基本力构成的序列结构;人是由九十多种元素构成的有机整体;DNA是四种不同的核苷酸(A、G、C、T)在时空中不同排列,四种不同核苷酸构成了二十多种氨基酸,这二十多种氨基酸构成了全部的蛋白质,决定了生物的多样性,包括高级动物——人。

5.系统的演化是多层次的过程。

6.在价值观上,不要求每个要素都优化,只要求系统整体的优化。在一定条件下,优化只能是相对的,如飞机、汽车、机器的总体设计的优化要求。

系统哲学的方法有:系统的综合方法、系统的自组织方法、系统的整体方法、系统的结构方法、系统的协同方法、系统的层次方法、系统的分析方法、系统的工程方法。它属于一种组织管理的方法(或技术),如优选法、统筹法、排队论、对策论、工程经济、综合集成、计算机模拟、搜索论等等。主要程序是:选择目标、系统综合、系统分析、方案优化、确定最佳方案、方案执行,其中还包括总体规划设计、系统建模与仿真等。这些方法适应于宏观、微观管理和社会系统的各个子系统。

第三节　系统哲学的价值论

价值论是一切哲学所具有的基本内容之一,也是系统哲学的基本内容之一。它同认识论和方法论一样重要。系统哲学的价值论来源于辩证唯物主义哲学的价值论和系统论的价值论,同时在综合两者时又作了新的思考。

一、价值论的含义

1.价值论是指关于系统价值的性质、构成、标准和评价的哲学学说。它主要从主体的需要和客体能否满足及如何满足主体需要的角度,考察和评价各种系统物质的、精神的、信息的现象,及人们的行为对个人、集体、民族、家庭、社会的意义。

2.如果说某种系统事物或现象具有价值,那么就是指这种系统事物或现象对个人、集体、民族、家庭或社会具有积极意义,能满足人们的某种需要,成为人们的兴趣、爱好、欲望、目的所追求的对象。

3.价值是通过人们的社会实践而实现的。人们的社会生活的需要、兴趣和目的是多方面的,所追求的价值也是多方面的。"价值"概念被广泛地应用于经济学、伦理学、美学、认识论以及所有社会科学或人文科学,它在不同的领域中,具有不同的含义。但就其共同属性来说,客体对主体有意义,并成为人们的追求对象,通过社会实践来实现。价值论则是研究一般价值的理论。价值论在国外早在19世纪末20世纪初就已经产生,直到20世纪70年代以后才得到迅速发展。在我国,对价值的研究则是最近几年才开展起来的。系统哲学认为价值本身就是一个大系统,价值系统是分层次的。在价值系统中,处于第一层次的要素是:系统物质价值要素、精神价值要素、文化价值要素、伦理价值要素和人的价值要素等。第二层的要素又把第一层次的要素看成高一级价值系统进行分解。在系统物质价值要素中,又分为自然价值、环境价值、社会价值和经济价值;在精神价值中,又分为知识价值、道德价值和审美价值等;在文化价值中,又分为若干分支价值等。运用系统哲学的观点去研究价值问题,就要在研究过程中紧紧把握住价值的要素、结构和功能,把握住用系统的层次方法去研究。

二、价值观发展的历史过程

伴随着人类的产生、发展和实践的深化、认识的拓宽,人们对价值问题也有一个逐步认识的过程。

在中国古代的人文科学中,曾有过价值问题的讨论。但是,没有明确的价值概念,也没有形成系统的价值理论。当时,智者在探讨人生理想和人的行为的评价标准时,围绕着义与利、忠与孝、理与欲、志与功、善与恶的关系进行的争论,同价值问题有密切关系,并在不同方面表现出他们的价值观。老子把"道"、孔子把"仁",作为人生追求的最高价值。孟子提出"可欲之谓善"(《孟子·尽心下》),即为人所需要的,就是好的,就是善,揭示了人的需要与价值的关系。荀子强调精神方面的价值时,也肯定自然界万物"有用为人"(《荀子·富国》),认为通过人的活动,可以使物"尽其善,致其用",从而获得美好的、有用的价值。墨子最早提出判断理论的价值标准,"废以为刑政,观其中国家百姓人民之利"(《墨子·非命上》),就是把是否符合国家百姓的利益作为评价理论认识的尺度。王夫之也倾向于义与利、理与欲不可偏废的价值观。中国古代的人文科学价值观,大都是重义轻利、扬理(伦理)抑欲,轻视物质方面的价值,重视精神方面的价值,倡导以封建伦理道德"三纲五常"、"仁、义、礼、智、信"为基本内容的价值观。这种价值观统治中国已达两千多年,虽然在中国思想史上也出现过以重我轻物、全生保身、纵欲享乐为人生最高价值的价值观,但不是主流。

在西方哲学史中,古希腊的苏格拉底把追求善和美德视为人生的最高价值,认为善和美德同真正的幸福是一致的。柏拉图认为,只有永恒的理念世界才是真实的、有价值的东西。亚里士多德把美德至善看成一切事物的最高价值。伊壁鸠鲁认为,人生应该追求的幸福和目的是身体无痛苦和灵魂无干扰的快乐,而快乐也就是至善,具有人生的最高价值。斯多葛学派则认为,只有德性才能使人幸福,而德性来自善良的意志,它要求摆脱一切快乐、痛苦和欲望的激情,要求节制。

在欧洲中世纪的哲学史中,基督教神学认为,上帝是永恒的、超经验的存在物,是全智全能全善的。因而上帝具有最高价值,是一切价值的源泉;只有上帝所愿,才是有价值的。文艺复兴以后,资产阶级提出了尊重理性和人权,提出自由、平等、博爱的口号,提高了人的地位和价值。西方产生的人道主义集中体现了资产阶级关于人的价值观。许多进步的思想家,都坚信科学对人类社会的进步具有巨大的价值。培根指出:"知识就是力量",肯定了科学知识对于推动人类社会发展的价值。斯宾诺莎强调一切科学及道德哲学、教育学对于达到最高的"人生圆满境界"的价值。在19世纪,欧洲发达国家的思想家、哲学家,从广义的和一般哲学意义上来理解价值概念,形成了政治、经济、文化、道德、美学、知识和宗教的价值观,从而产生了现代发达国家的价值哲学。

在现代发达国家的哲学中,价值哲学到20世纪初形成。刘易斯认为,愿望、目的、效用、善、正义、德行、道德判断、审美判断、美、真理等等,都同价值或应当是什么有关,因而可以建立起包括经济学、伦理学、法学、美学、认识论和神学等领域的价值在内的一般价值理论。他们把一般价值论叫作价值哲学。在价值哲学中主要是研究四个方面的问题:

一是关于价值的性质问题。有的人认为,价值是愿望的满足;有的人认为,价值就是快乐;有的人则认为,价值是引起兴趣的任何对象;还有的人认为,价值是以某种方式被享受或可享受的质,是纯理性的意志,有助于提高生活的任何经验,是第三本质的理解,是人格统一体的对照经验,是事物作为手段对实际达到的目的关系;等等。

二是关于价值分类问题。培根把价值分为道德、宗教、艺术、科学、经济、政治、法律和习惯等八个领域。刘易斯把价值分为五种形式:(1)对于某种目的的效用或有用性;(2)外在的或作为手段的价值;(3)固有的价值;(4)内在的价值;(5)参与的价值。

三是关于价值的标准问题,集中在六个方面:(1)在快乐的份额中寻求价值标准;(2)对于爱好、选择的根本洞察;(3)是一理性规范的系统;(4)是理性的全体和融贯;(5)生物学上的生存和调节;(6)神学中神的启示等来作为价值的标准。

四是关于价值与科学所研究事实的关系。人的灵魂价值经验与独立于人的实在的关系,即价值的所谓形而上学的性质,也是价值哲学研究的主要问题。现代西方国家价值哲学的流派很多,看法不一,但对我们研究价值问题也有一些可供借鉴之处。

三、唯物辩证论的价值观

马克思和恩格斯批判地吸收了黑格尔的价值思想,形成了马克思主义的价值观。

黑格尔在创立他的唯心的辩证论时,曾对价值问题予以很大的重视,在这方面有不少的阐述。黑格尔的伦理思想、美学思想,也是其价值论思想的体现。所以,价值论是黑格尔哲学体系的一个很重要的有机组成部分。

黑格尔的价值论涉及许多具体的价值问题,但是核心的东西是他把辩证论哲学贯穿在其关于价值问题的各种论述之中。黑格尔认为:一切价值都是辩证的。黑格尔谈到,价值本身是对立的。如善与恶、美与丑、黑暗与光明都是对立的或矛盾的东西。黑格尔又认为,价值是可以转化的。价值有自己的"度",超过了度,好的可以变成坏的,善的可以变成恶的。黑格尔还认为,价值观念是可变的。在一个时代认为是善的东西或者是德性,在另一个时代就未必这样认为。黑格尔还强调价值的相对性。例如对于"恶"通常都认为它是绝对坏的东西,但是他认为在一定条件下"恶"也可以推动历史的发展,因此就有相对性。黑格尔关于价值的这些思想是很深刻的。

马克思和恩格斯继承了黑格尔哲学价值论思想,同时又对它进行了唯物主义的革命的改造,形成了马克思主义哲学的价值论思想。首先,马克思强调价值是客观的。他说过,价值是人们所利用的并表现了对人的需要的关系的物的属性。确实,如果一个事物本身没有价值的话,那么它无论如何也不会被认为是有价值的。有些人看到事物的价值依人的利益或需要而有所不同或产生完全相反的看法的情形,便认为价值是主观的,完全依人的意志而定。马克思指出这种看法是不对的。这样,马克思就坚持了价值论的唯物主义观点。其次,马克思也谈到价值与人的利益和需要有密切的关系,谈到主体因素对价值评价的重大影响。他以音乐为例,说明不同需要的人或具有不同审美观的人,对音乐的感受有巨大的差别。再次,马克思强调了价值论的辩证性。他以资产阶级为例,说明资产阶级在历史上所起的作用,指出这种作用是矛盾的过程。这就是，一方面肯定资产阶级曾经起了非常革命的作用，另一方面也揭露了资产阶级是造成一个产生种种罪恶的社会。但是，马克思认为不合理的社会可以通过人的奋斗而转变为合理的社会，他关于资本主义和社会主义发展的学说，就反映了他对社会发展规律的认识，同时也揭示了价值的辩证转化性。此外，马克思对人的价值予以突出的重视。马克思关于人的解放、关于人的权利、自由、价值等论述，至今在世界上有着广泛的影响。所以，马克思对价值论的形成，奠定了唯物主义价值观的基础。

马克思主义价值观的一般本质在于以下几个方面：

1.价值是一种关系。它是现实的人同满足其某种需要的客体属性之间的一种关系。这种关系不能单纯归结为人的主观愿望，也不能单纯归结为客体的属性，而是主体的需要与客体的属性之间的相互作用的关系。

2.价值有其客观基础。价值同人的需要有关，但它不是由人的需要决定着，价值有其客观基础。这种客观基础就是各种物质的、精神的现象所固有的属性。价值不单纯是这种属性的反映，而是标志着这种属性对于个人、社会和集体的一定积极意义，即能满足人们的某种需要，成为人们的兴趣、目标所追求的对象。

3.价值是多方面的。人的需要是多方面的，各种系统物质和精神的现象的属性也是多方面的，因而可以满足人们各种不同的需要，具有不同的价值。就客体的属性满足的主体不同需要而言，价值又可分为物质的、经济的、科学的、道德的、美学的、法律的、政治的、文化的和历史的价值等等。

当代系统论对价值问题，也给予了重视。贝塔朗菲认为，系统哲学的三个组成部分之一就是价值论。他认为系统学第三部分是研究人与他的世界的关系的，在哲学术语中被认为价值。他强调系统论绝不是只见物不见人的理论，强调系统论绝不会使人变成机器的附庸或牺牲品，人的价值是会被否认的。但是，贝塔朗菲的论述极为简单，未能具体地展开他的上述思想。

四、系统哲学的价值观

1.系统哲学继承了马克思主义的唯物主义价值观,并在此基础上通过对系统论的价值问题的研究,形成自己的价值观。

价值是指系统的价值,即系统的物质和精神的价值,也就是物质、能量、信息的价值。所谓价值,就是指客体系统对于主体系统具有积极的意义,它能满足人、集体和社会的某种需要,成为主体的兴趣、意向和目的。也就是说,表示系统客体与主体所具有的积极的或消极的意义。人们所说的价值关系,就是系统的意义和关系。积极的意义和消极的意义,都是价值的关系,只是性质不同。积极意义的价值关系,称为正价值,即价值;消极意义的价值关系,则为负价值。因此,系统哲学所讲的价值,一般指正价值,是一种系统与系统间的功能关系,对系统主体有积极意义,并在人们的社会实践中体现出这种系统价值。因此我们首先强调价值是一个系统,是一个多元的价值体系。一切物质的东西、精神的、文化的东西都具有其价值,都处于一定的价值系统之中,并具有一定的价值位势,因而价值既是客观的,又是多样的和相互联系的,而不是主观的、单一的、彼此孤立的东西。例如,就社会的人而言,工人有价值,农民有价值,知识分子有价值,因而构成了人的价值的客观系统。又如,就精神产品而言,有理论,有艺术,有各种科学,也形成精神的价值系统。再如,从价值的结构来看,也是一个系统,如劳动价值、自然价值、社会价值、生态价值等。具体来说,在劳动价值中又有脑力劳动价值、体力劳动价值、二者相结合的劳动的价值、简单劳动的价值、复杂劳动的价值等。在自然价值中,有资源价值以及地球、大气、阳光、水源、风力、景观等价值。在社会价值中有潜在的价值、现实的价值、历史的价值等。所有这些就构成多种多样的价值系统。过去,人们只看到某些事物的价值或者看到事物的对立的价值,并研究它们的相互关系。现在看来这是片面的。例如,如果只看到劳动价值、经济价值,看不到自然生态的价值,就会影响到我们对经济工作的认识,影响到对生态环境的保护及生态环境的可持续。世界上一些国家利用旅游事业去发展自己经济的成功事例,告诉我们必须重视自然景观的价值。我国生态系统出现的一些问题,使人们认识到空气、水源、阳光等环保价值的重大意义。所以,系统地看待事物的价值,是系统哲学价值论的一个主要着眼点。

2.系统哲学重视人的主体利益和需要对生态价值带来的影响,承认价值不光是客观的东西,而且与主观有密切的联系,强调它们之间的关系是一个复杂的相互作用的过程,否则不能做到人类与生态的互相促进及可持续演化。马克思说,价值这个普遍的概念是从人们对待满足他们需要的外界物的关系中产生的。一切事物都有其价值,但是价值又随着人们的主观认识才能发现、才能实现、才能正确予以评价。人把自己的主观需要、利益深深地渗透到对一切事物的价值认识上。因此,从主客体中介系统关系去研究价值问题,是当代价值论研究的一个热点,也是系统哲学所要强调的一个重要方面,才能使主体—中介—客体的系统协调可持续发展。

3.系统哲学认为价值评价也是一个系统,并且在价值理论中具有极大的重要性。什么是有价值的? 什么是无价值的? 什么价值大? 什么价值小? 什么是负价值? 这都必须有一个客观的参照物。由于社会生活越来越复杂,由于历史发展的辩证性,因此这个参照物必须是多元的辩证的价值标准体系。如果简单化、一刀切,用一把尺度去衡量世界上的一切事物,那就势必导致片面化和思想僵化。多年来,我们对人、对干部、对群众、对事、对文艺作品、对科学理论、对企业、对世界、对历史、对社会,往往都是用单一的尺度去剪裁,导致了极为严重的后果。所以,提倡多样化的或多元的价值标准,是克服思想理论工作和社会生活单调、贫乏、僵化、没有活力的一剂良药。

系统哲学的价值观有自身的特点:一是用自组织涌现、层次转化、结构功能、整体优化和差异协同的基本规律来看待价值体系,它更注重系统整体的价值、系统优化的价值、系统涌现的价值和系统演化的价值。这是因为系统哲学的价值观是研究系统的一般价值体系。二是重视价值关系,主要体现在系统的结构层次所决定的系统的功能之间的积极意义。也就是价值的本源,在于系统的结构本质属性所决定的功能;这种主体—中介—客体之间功能的相互关系,以及表征价值的体系等,是我们对传统价值观的一个补充和发展。

目前讨论的系统价值观与经济学中的价值观不尽相同。马克思主义的经典作家们对经济学中的价值范畴作过深刻的科学分析。价值指的是凝结在商品中的一般的无差别的人类劳动或抽象的人类劳动,经济学中的这一价值概念与系统哲学价值概念有所不同,但与使用价值相近。马克思说:"使用价值表示物和人之间的自然关系,实际上是表示物为人而存在"。① 物的有用性使物成为使用价值。价值与使用价值称为"商品的二重性",而这种商品的二重性是由"劳动二重性"决定的,具体劳动创造使用价值,抽象劳动形成价值。马克思曾指出:"'价值'这个普遍的概念是从人们对待满足他们需要的外界物的关系中产生的。"②"它们最初无非是表示物对于人的使用价值,表示物的对人有用或使人愉快等等的属性"。③ 系统哲学中的价值概念要比经济学中的使用价值概括性更高,适用范围更大。下面就价值的属性进行阐述。

系统价值的属性,主要包括社会性、实践性和客观性。社会性是系统价值的本质属性,客观性是系统价值属性的基础属性,而实践性则是社会性与客观性的中间环节,是关键属性。三者间同是价值属性中不可分割的属性,它们在系统功能的相互作用中来体现价值。

1.系统价值的社会属性。它主要是指系统价值与人们受一定社会历史条件所制约的需要、利益、兴趣、愿望密切相关。在不同的社会中,人们的价值标准由于受社会的影响,不同社会的需要、利益、兴趣、愿望往往不同。因此,对利害、是非、善恶、美丑等往往有不同的评价标准。一般地说,一定时代的人们的价值标准,总是植根于人们当时的物质生活条件,社会生活条件必然受当时社会历史的制约,总要留下社会历史的印记。人们物质生活与

---

① 《马克思恩格斯全集》第 26 卷第 3 册,人民出版社 1974 年版,第 326 页。
② 《马克思恩格斯全集》第 19 卷,人民出版社 1963 年版,第 406 页。
③ 《马克思恩格斯全集》第 26 卷第 3 册,人民出版社 1974 年版,第 326 页。

人文社会条件变化和发展,人们的价值标准和所追求的价值及其构成迟早要相应发生变化。因此,价值是一个社会历史范畴。主体随社会的发展,需要也在发展,并显现出多样性;而客体也随社会的发展,进而深化,并显现出其属性的无限性。主体的需要与客体的属性随社会而不断发展,系统价值关系也在不断发展。因此,价值属性与社会关系范畴,表征着价值的社会性。一方面,价值离不开人与人的需要。客体的好坏,美丑真假,有用无用都是对人来讲的。那种脱离主体而讲客体就是价值,价值就是财富的观点是不科学的。价值不是纯自然属性,而是一种特殊的社会现象。另一方面,价值离不开客体。客体的属性是价值的物质承担者,客体对主体的作用是价值关系的客观基础。如果面包没有养分,就不会成为食品;水不能灌溉、发电、饮用,它就不能同人构成价值关系,获得“益”与“利”的评价。所以,价值离不开客体。综上所述,价值离不开客体,也离不开主体,同时也离不开中介系统,但不能归结为单纯的主体或客体。价值是主体与客体的统一,是一种社会关系,是一种互相作用的结构。

2.系统价值的客观性。这种客观性是指它的构成因素,如主体及其社会需要和客体及其属性、社会属性是客观的;系统事物对人和社会的意义是客观的。系统的价值意义不取决于人们的主观愿望。在这一点上,价值的意义是确定的、绝对的、客观的。实用主义不因资产阶级喜欢而对全人类都有价值;马克思主义也不因资产阶级反对而失去对无产阶级的意义。也就是说,一方面,价值不由人的需要来决定,但也离不开人的需要,离开了人的需要,价值判断就不能进行;另一方面,价值不由客体的属性来决定,但也离不开客体的属性,离开了客体的属性,价值就失去客观基础和源泉。所以,价值是人的需要与客体属性相符合的特别规定性。人的需要是客观的,客体的属性是客观的。需要与属性相符合也是客观的,因此说价值具有客观性。

3.系统价值的实践性。系统事物所固有的属性多种多样,可以在不同的方面对人有价值意义。但客体的属性,往往不会自动暴露出来,更不会自动地满足人。即使这些属性是直接地呈现在人们的感觉面前,而人们未能意识到它们对自身有用;即使意识到它们有用,而不掌握使用方法,它们也不会作为人们所追求的价值对象而存在。人和客体之间的价值关系,是在现实的人同客体的实际的相互作用过程中,即在社会实践中确立的。只有通过社会实践,人们才能发现客体及其属性对主体的实际意义,并自觉地建立起同客体之间现实的价值关系。只有实践活动,人类才能发现和掌握客体属性的使用方式,并与人的需要相结合,使价值得以实现。因此,实践性是理解和把握各种价值现象的交结点。

五、价值与真理的辩证关系

价值是以实践为基础的认知活动的基本内容之一。人的认知活动,一方面在于人们是否能正确地反映系统事物的本质特性及其规律,即真理性问题;另一方面,在于正确评论系统事物的利弊、善恶、美丑的问题,即价值问题。在实践中价值与真理包含在认识与实践活动之中。

价值与真理同属认知活动所追求的结果的两个方面。主客体是认识与实践活动的物质承担者,认知与实践又是认知活动的方式与过程,真理与价值则是实践与认识活动的目标与后果。

真理是(正)价值的内在结构,(正)价值是真理外在的人文表征。

所谓真理,是指人们对客观事物及其规律的正确反映,也是主观与客观相符合的表征,标志着通过实践与认知活动,实现主体向客体不断"接近"和不断地互相作用。真理具有客观性。真理是客观的,它具有不以认知主体的意识为转移的本质。由于系统的运动变化和人类实践活动的进步,真理也是一个不断发展的过程。列宁指出:"有没有客观真理?就是说,在人的表象中能否有不依赖于主体、不依赖于人、不依赖于人类的内容?"①这说明,真理的客观性是对真理的内容而言。真理是客观的,就是说"在人的表

---

① 《列宁专题文集 论辩证唯物主义和历史唯物主义》,人民出版社 2009 年版,第 28 页。

象中……的内容"是客观的。内容的客观性是不依赖于主体的意识,是对客观对象的正确反映。人们承认认知对象的客观实在,是正确反映一切客观存在的东西为前提,把真理看作是同客观对象相一致,相符合的认知,是人们在实践中获得的对客观对象的正确反映。真理具有具体性。列宁指出:"辩证法的基本原理是:没有抽象的真理,真理总是具体的"①。真理是具体的,有条件的,并处在一定的时空之中。真理具有价值性,这是指真理具有伟大的价值,是真理能满足主体需要的属性。真理对人类有用,就是说真理有价值。真理对系统本质规律反映越深刻,它的价值也就越大。真理具有认知的功能和实践的功能。

关于对价值与真理的辩证关系,我们从以下几个方面作一探讨。

1.价值与真理都是客观的。价值与真理都是客观的,但有所不同。价值的客观性,在于主体需要的客观性和满足需要的过程及条件是客观的。价值客体的存在和其属性在这里主要是作为价值的对象和前提而有意义,主体的需要和达到价值目标的潜在能力才是价值的本质。价值在主客体统一的关系中,更侧重于主体性。而真理的客观性,在于其内容具有不依赖于主体,力求排除任何主观成分的性质,更多地代表着客体一方,具有较强的客观性。真理与价值,各从一个侧面反映主客体之间的二重关系,即反映与被反映、利用与被利用、改造与被改造的相互关系。

2.价值与真理是人的自觉意识。价值与真理体现了人对于认知与改造世界的两个尺度——系统的客观尺度和人的内在尺度的自觉意识。马克思说道:"动物只是按照它所属的那个种的尺度和需要来构造,而人却懂得按照任何一个种的尺度来进行生产,并且懂得处处都把固有的尺度运用于对象;因此,人也按照美的规律来构造。"②外在尺度,是用来表示作为真理性的认识和其外部对象之间的关系的一种标准或标志。认知只有和它的对象相符合时,才能成为真理。而内部尺度,则认为真理是一个认知的复合体。

① 《列宁专题文集　论辩证唯物主义和历史唯物主义》,人民出版社 2009 年版,第337 页。

② 《马克思恩格斯文集》第 1 卷,人民出版社 2009 年版,第 163 页。

这种认知复合体有其自身的内部联系,它所以成为真理,有一个内部的标准,即内在尺度,那就是真理自身的系统性。真理是由概念、判断按照一定的结构方式而组成的系统。系统性是真理的内部规定性,在真理两个尺度的统一中,人们来把握真理。

3.价值和真理的统一性是实践的本质。实践是指人们有目的地探索和改造世界的社会物质活动。"他的行动的一切动力,都一定要通过他的头脑,一定要转变为他的意志的动机,才能使他行动起来"①。愿望本身就是一种价值意识。列宁指出,实践不仅是真理的确定者,而且是价值的确定者。他说:"必须把人的全部实践——作为真理的标准,也作为事物同人所需要它的那一点的联系的实际确定者——包括到事物的完整的'定义'中去。"②从这里可以看出,实践和认知活动具有这样的特性:一方面,系统主体根据自身需要去掌握和占有系统客体,使系统客体服从主体的利益和目的;另一方面,系统客体以特有的属性与规律作用于主体,满足主体的某种需要,这是主客体之间在实践过程中的价值关系。真理的价值就在于实践,在于实践的客观性和社会性。马克思把真理与价值高度地统一起来,以实践来实现人类的解放,即运用客观真理来改造旧世界,开创一个从必然王国到自由王国的新世界。

4.价值与真理在辩证关系中的统一。在认知和实践活动过程中,真理与价值既相互区别,又相互联系、相互渗透、相互作用和相互转化。价值与实践的辩证关系在以实践为基础的具体的历史的统一,具有不可分割的统一性。

一是真理与价值在区别基础上的统一。真理与价值相互渗透、相互包含和相互连接在一起。真理之中有价值,价值背后有真理。人们对真理的追求本身,就包含着价值的目的;真理是具体的、全面的。真理对于人类具有很高的价值:提供认知活动正确的结果,开辟认识深化的道路,是真理认

---

① 《马克思恩格斯文集》第4卷,人民出版社2009年版,第306页。
② 《列宁专题文集 论辩证唯物主义和历史唯物主义》,人民出版社2009年版,第314页。

识和社会实践的价值所在,是人类改造世界的指南和精神武器,实现一定价值是实践检验真理的必经途径。真理对真实性的把握是价值的基础和实现价值的保证,任何价值都以价值客体及其属性的真理存在,主客体之间以一定的真实关系为基础,才是真实的价值。凡是确有价值的必有真理;凡是失去真理的必定丧失价值。由此可见,真理与价值在互相区别基础上又是统一的。

二是真理与价值在实践中互相转化。真理具有价值,真理能导向人们的实践去追求价值目标,这是真理走向价值的表现。价值具有真理性,价值能导向人们的实践去追求真理,这是价值走向真理的表现。在真理与价值的相互过渡达到统一的过程中,社会实践是两者统一的动力。这里说明一点,真理与价值的统一性,是受实践水平和历史制约的,又是在实践中不断地突破限制走向更高层次的统一。这种运动发展过程,就是真理和价值从有限走向无限的过程。

三是真理与价值的标准在实践中回到统一。实践是检验真理的唯一标准,也是检验价值的唯一标准,是真理标准与价值标准的统一。马克思说:"人应该在实践中证明自己思维的真理性,即自己思维的现实性和力量,自己思维的此岸性。"①而且是真理与价值统一的标准。总之,真理与价值的统一表现为相互联系的全面关系和动态过程,在于它们的共同标准和统一结果之中。

真理与价值的统一具有非常重要的理论与实践的意义。首先,真理与价值导向认知论的发展。价值与真理是认知论的重要内容,它是认知与改造世界的伟大工具。认知论不仅回答价值问题,而本身就有很高的价值。面对实际,研究价值理论,是实践向认知论提出的要求,也是系统哲学认知论自身发展的迫切要求。其次,价值问题是理论联系实际的具体评价的尺度。对于加速把科技成果尽快转化为生产力,具有重要的导向作用。价值问题是把认知转化为实践具有飞跃的意义的。再次,价值导向实践的深化。

---

① 《马克思恩格斯文集》第 1 卷,人民出版社 2009 年版,第 500 页。

建设中国特色的社会主义,包含着把社会主义的普遍真理同中国实际相结合,同时也包含着认知中国国情的问题和为实现中国人民崇高的价值理想和奋斗目标的伟大过程。为了使中国人民把握自身奋斗目标的巨大价值作用,就有一个加强宣传和教育的过程,使人民有一个统一的真理与价值认知,才能自觉地围绕奋斗目标把改革顺利进行下去。

六、人的价值问题

系统哲学认为人的价值问题是一个十分重要的问题,需要给予高度的重视。人的问题很复杂,其中关键的问题是人的价值问题。它涉及人的生存、发展、教育、智慧、素质、能力等一系列问题。一个社会能否发展和进步,与能否发挥人的价值,关系极大。而人的价值又与人才、智力有关。因此,人的价值研究将涉及人的培养、教育、使用,涉及人的自由、民主、权利、幸福、贡献,涉及人道主义、伦理、道德、人才、管理、心理、社会等一系列的学科。这样,就要求我们把人的问题特别是人的价值问题,作为一个系统去看待,才能给予深刻的认识,并科学地指导我们的有关工作和活动。

1.人的价值。所谓人的价值,是指一个人及其集团的价值取决于他们对整个社会的物质需要和精神需要,能在多大程度上作出贡献。贡献是人的价值的实质和核心,享受是实现个人的社会价值的条件和手段。人的价值实质上是现实社会价值在个人身上的表现。

目前社会上有部分人对人的价值有些糊涂的认识。有的认为人的价值是个人意志和个人观念,有的则认为人的价值就是自私自利、个人主义,还有的认为人的价值就是需要者、消费者、享受者,更有甚者认为人的价值是孤立的个人的封闭式的自我满足。这些说法都是不完整的,因为人的本质是他的社会属性,离开了社会,离开了集体,人就不称其为人。马克思说道:"人的本质……是一切社会关系的总和。"①论述人的价值不能脱离社会和

———————————

① 《马克思恩格斯文集》第 1 卷,人民出版社 2009 年版,第 505 页。

集体,只有把个人与集体相联系,人的价值才能显示出来。系统哲学认为,人的价值要以社会为前提把个人与集体辩证地统一起来,才有现实意义。否则,把个人抽象化、绝对化,就会导致个人主义;同样,把集体(社会)抽象化、绝对化,也会导致以集体为名,压制个人为实,导致集权和官僚主义。讲述个人价值,必须坚持系统整体性、结构性、层次性和开放性。

人的价值本质及其最终目标,取决于在社会实践活动过程中的艰苦奋斗,为事业、为人民、为他人和为社会的贡献;人的价值是在社会中实现的,也必然要得到社会的承认。我们讲的奋斗、勇敢、贡献是指人的积极的价值;相反,官僚、特权、巧取豪夺、投机钻营等是消极的价值。这里我们讲的人的价值是指积极的人的价值。讲尊重人的价值,就是在社会集体、公正平等的原则下,实际上就是尊重人创造价值的自由。

2.人的价值的评价问题。人的价值评价标准是客观的。马克思说:"我们的需要和享受是由社会产生的;因此,我们在衡量需要和享受时是以社会为尺度,而不是以满足它们的物品为尺度的。"①人对社会的贡献大小不是凭个人的主观臆断,而是以社会的客观尺度去衡量和评价的。一个正确的评价,是看个人或集体,包括阶层、政党、民族对人类及其社会的物质与文化需要的贡献,作为尺度来评价人的价值或对人进行评价。相反,就是歪曲的评价。不看人的贡献,而只片面地强调出身、政治面貌、社会职务、资历、学历、性别、年龄等方面来进行评价,这是一种片面的价值观。

价值的标准是以时间和地点的变化而改变,即价值的标准是有条件的,是相对和绝对的统一。文明人认为是善的,野蛮人不认为是善;某个时代认为是善的,另一个时代认为不善。善恶的规定性是根据人的实践活动的深化而发展。对价值的标准,尼采有这样一段论述:"凡是增强我们人类力量的东西,力量意志,力量本身,都是善;凡是来自柔弱的东西都是恶。幸福是一切力量增长的阻力被克服的感觉。"②当然尼采的价值观有其主观的方

① 《马克思恩格斯文集》第1卷,人民出版社1961年版,第729页。
② 尼采:《尼采文集·权力意志卷》,青海人民出版社1995年版,第292页。

面。他还说:"当我们谈论价值,我们是在生命鼓舞之下,在生命的光学之下谈论的;生命本身迫使我们建立价值;当我们建立价值,生命本身通过我们评价。"①尼采在这里提出了生命本身就是价值的标准,这话有他的局限性。但可以肯定价值对生命才是最有决定意义的东西,即人的价值。

马克思主义一直把生产力的发展、社会的需要、先进阶级和劳动人民的需要,都看作是事物的社会意义价值评价的客观标准。毛泽东明确指出:"中国一切政党的政策及其实践在中国人民中所表现的作用的好坏、大小,归根到底,看它对于中国人民的生产力的发展是否有帮助及其帮助之大小,看它是束缚生产力的,还是解放生产力的。"②列宁也说过,生产力的发展乃是"社会进步的最高标准"。人的价值与对人的评价问题,必须了解他的一切方面、一切联系和中介,不能一好百好、一坏百坏,以偏概全。

树立新的人的价值观念,是时代对我们的要求。有史以来人们都把战争看成不可避免的和天经地义的,很多人把战争看作是表现人类优秀品质的天地:大无畏、勇敢、牺牲等。而在今天,越来越多的人认识到:大无畏、勇敢、牺牲的革命精神也能在和平环境中表现出来,其价值不低于在战争中所表现的精神。邓小平提出的"一国两制"的设想,就是和平发展的思想,就是一种系统的思维,而不是"东风压倒西风"或"西风压倒东风"的二极思维。邓小平以一个政治家的气魄勇于在政治上展开对话,这比用武力解决问题要强得多。在现实国际生活中,各民族、各国家的命运联系得更加紧密,各国人民产生的文化价值、精神价值、物质价值都有浓厚的国际化色彩。

3.努力实现人的价值。追求价值不仅是人们活动的一种目的、一种意向,而且是人们积极从事各种活动的最终动因。人的价值是体现在为社会作出实在有益的贡献。实现人的价值首先是取决于自己的努力、自己的奋斗,最后还需要得到社会的承认。社会要尊重人的价值,就必须创造必要的条件,使全社会形成一种尊重知识、尊重人的良好社会风气。社会主义的现

---

① 洪谦主编:《西方现代资产阶级哲学论著选辑》,商务印书馆 1982 年版,第 15 页。
② 《毛泽东选集》第三卷,人民出版社 1991 年版,第 1079 页。

代化建设,尤其是改革开放的潮流和形势,为人们创造更大的价值提供了较优越的条件。我们应当立足现实,不怨天尤人,珍爱自己,关心他人,贡献社会,脚踏实地为中华的振兴,为祖国的繁荣,努力奋进;勇于创造人生价值,用有限的生命创造和实现人的最大价值。

以上分别论述了系统哲学的认识论、方法论和价值论。从系统哲学作为一种理论来看,它们都是其不可缺少的有机组成部分,也是其丰富内容在各方面的揭示。充分认识系统哲学的这些具体理论,才能发挥其重要功能,有力地推动时代的进程。

第七章　系统哲学与当代实践

第一节　系统哲学与社会的科学发展

科学发展观,第一要义是发展,核心是以人为本,基本要求是全面协调可持续,根本方法是统筹兼顾。作为"开放、发展的科学体系"以及在"后改革开放时期"构建社会主义和谐社会、重视民生、共享改革发展成果的指导纲领,它是对党的三代中央领导集体关于发展的重要思想的继承和发展,是马克思主义关于发展的世界观和方法论的集中体现,是同马克思列宁主义、毛泽东思想、邓小平理论和"三个代表"重要思想既一脉相承又与时俱进的科学理论,是我国经济社会发展的重要指导方针,是发展中国特色社会主义必须坚持和贯彻的重大战略思想。

科学发展观秉承了马列主义唯物辩证法和系统科学的思想,它在回顾总结人类发展和本国发展的历程,提出了"以人为本"和"全面发展"的发展观,即人与自然、人与社会、人与环境资源、人与自身的统筹和谐发展。它崇尚人的个性丰富发展的生活方式,不把人当作发展的手段,不违背发展的伦理本质。它摒弃了旧的、以物为本的、狭隘的、追求经济利益的粗放模式,高度重视"民生"的改善。它开创式地引入了系统哲学的观点,用"全面、协调和可持续"的系统思维指导各项工作。它从以往只注重矛盾普遍性和必然性的认识,过渡到承认并允许差异并存。它认为,差异经过因势利导可以朝着良性势态发展,它善于总结历史、分析现状并展望未来,用一种理性的、科学而又符合伦理的思路,去指导共建"和谐社会",去实现各项事业协同并进的"大一统"。

一、科学发展观中所蕴含的系统哲学思想

系统哲学认为,物质世界是以系统的形式存在的。系统就是相互联系、相互作用的若干要素或部分结合在一起并具有特定功能、达到同一目的的有机整体。众所周知,传统的唯物辩证法认为"矛盾"是事物发展、前进的动因,并强调矛盾的同一性和斗争性,一定程度上认同了矛盾的普适性。而"系统哲学是在马克思主义哲学与自然辩证法基础上,结合现代科学的研究成果和新的理论成就,以客观系统物质世界作为研究对象的一门哲学的科学"。系统哲学基于辩证法,但用一种更全面、包容的态度看待事物,它以"和谐"为主旨,承认差异的存在及其多样性,但认为差异不一定势必发展成为难以调和的矛盾,而是在一定条件下可以共存并朝着良性发展,亦实现"系统中的要素达到有序则可以促进整体优化"的一种态势。从以上我们对系统哲学的分析中可以清楚地看到,"科学发展观"蕴含着丰富的系统哲学思想。具体来说,可以归结为以下几个方面。

(一)"科学发展观"符合系统哲学中的层次转化原理

系统是分层次的,表现为不同的等级的子系统,并以时间和空间两个维度交互联系。"系统本身层次是构成上一层次系统的子系统,又是构成下一层次子系统的母系统","系统的层次相对而存在,并在相互作用下层次间相互转化"。层次转化规律肯定了系统物质世界是以层次的形式运动发展,"科学发展观"是用一种层次演进的方式"构建和谐社会"。我们可以看到,社会的第一个层次是国民经济建设。只有满足了人民的基本物质生活,才可能进一步满足其他层次的需求。第二个层次是政治制度,作为上层建筑它为经济发展提供制度保障。第三层次是文化建设,是社会有机体的"智力和精神支持系统",它受一个时代的经济和政治影响,反过来作用于经济和政治,并推动其发展。作为整个社会有机体的自然环境与前面三者又构成一个大系统,为"经济、政治、文化"协调发展提供良好的自然环境和资源。生态系统促进了人自身的发展与自然环境相和谐,并客观地印证了

"可持续发展"的重要性。符合系统哲学的"科学发展观"强调人类自身发展对环境、生态的影响;强调"永续发展"、"人的发展"是整个社会发展的核心;强调人与自然环境的和谐与健全;强调社会经济、政治全方位的共进。"科学发展观"是用系统的思维把握社会发展,用系统的眼光看待社会发展中的矛盾,用系统的方法解决发展中出现的问题。

（二）"科学发展观"符合差异协同和整体优化原理

诺贝尔奖得主普里高津从微观物质世界的自组织现象总结出耗散结构规律,得出著名的"非平衡是有序之源"的论断。太原理工大学杨桂通教授也认为,"由于系统内在诸要素之间的相互作用、相互联系之间,受初始条件的影响和稳定的外部条件的规定,系统有一个必然的确定的发展变化过程",这个过程就是从一个远离平衡态,从无序到有序、从不平衡到平衡的涌现过程,它势必达到整体优化。人类社会也遵循系统"差异协同和整体优化的原理"。由于国情特殊的原因,我国东部沿海省份与中西部地区、广大城乡之间的发展存在差异,这种差异是一种暂时的无序状态,它具备向有序状态发展的必然性:实现这种有序状态,即"科学发展观"所倡导的"共同富裕"和"和谐社会",就要增强系统的"开放性"和"流动性",使系统内部子系统间、系统与外部环境间进行物质、信息、能量的交换,使系统的"熵"降低,最终达到新的均衡和有序。"科学发展观"这一大的系统,它所诠释的"全面协调可持续的发展"包括社会主义经济体制、政治体制、科教文化、卫生医疗、社会保障、环境保护等子系统间全方位的协同发展。我国政府优先发展东部沿海地区从而形成若干"增长极",并以之映射带动内地经济发展,如落实"西部大开发"、"振兴东北老工业基地"、"西气东输"、"南水北调"等跨区域发展、建设项目无疑是增进系统间开放性和流动性的重大举措。此外我国由改革开放以来奉行的对外开放、广泛开展国际交流与合作,引入外资和先进生产管理技术经验,发展进出口加工业与国际贸易等成功经验也表现为系统与外界的交流——它是中国履行加入世界贸易组织后对世界的承诺,在应对"全球化"浪潮中所带来的挑战的同时,汲取经验、把握机会,为国民经济这一大系统最终走向"和谐"发展努力奋斗。

二、系统哲学与和谐社会

(一)和谐社会是古今中外人类追求的共同理想

建立"国泰民安"、"政通人和"、"安居乐业"的和谐社会,是自古以来人类的向往和追求,在古今中外文明中,关于和谐社会有着丰富的思想及实践成果。

在西方思想史上,最早明确提出"和谐"概念的是古希腊思想家毕达哥拉斯。毕达哥拉斯学派从"数"的神秘论出发,认为世界的统一就是万物之间数量关系的和谐比例,秩序万物都是通过对立面的和谐而产生的,"整个的天就是一个和谐",和谐是普遍的、绝对的。赫拉克利特认为和谐即对立面的统一,对立统一是宇宙的普遍现象,"互相排斥的东西结合在一起,不同的音调造成最美的和谐"。柏拉图在"理想国"中提出若社会各个等级各行其是,社会就有了和谐正义,还提出"公正即和谐"。亚里士多德把"和谐"看成是整体的统一性和完美性,主张把和谐范畴应用到现实的一切领域。作为西方近代最早提出"和谐社会"概念的法国空想社会主义者傅立叶,于1803年出版了《全世界和谐》一书,认为在社会体系内应当有和谐的秩序,所以必须彻底消除资本主义的残酷和不公,在社会利益与个人利益一致的基础上建立起社会各阶级的融合,提出未来的理想社会制度是"和谐制度"。英国欧文把对和谐社会的追求付诸行动,到美洲试图建立一种人与自然、工作和生活真正和谐的社会。德国空想社会主义者魏特林在《和谐与自由的保证》一书中称资本主义为"病态社会"、社会主义为"和谐与自由"的社会,还指出新社会的"和谐"是"全体和谐"。马克思、恩格斯在《共产党宣言》中提出"自由人联合体"的未来和谐社会模式——"每个人的自由发展是一切人的自由发展的条件",第一次向全世界宣告了共产主义社会的伟大理想。

在中国思想史上,两千五百年前伟大的思想家孔子有感于当时社会世风日下、诸侯割据的现实,提出"和为贵"的社会理想,人与人之间应注重诚信、平等对待。墨子以"治天下"为任，主张在社会生活中贯彻"兼相爱"的原则，使人与人、国与国、人与社会和睦相处，共同发展。战国末期的荀子说："义以分则和，和则一，一则多力，多力则强，强则胜物。""和"即和谐、适合的意思。可见，社会和谐是荀子重要的政治价值观。孟子提出"天时不如地利，地利不如人和"。他以"人和"为中心价值观，提出系统的"仁政"型社会和谐理论。这一社会和谐理论以经济和谐为基础，以道德和谐为核心，以上下和谐为主干，以善政善教为两翼。太平天国领袖洪秀全是中国历史上唯一细致描绘未来和谐理想社会的农民革命领袖，提出要建立"务使天下共享"的社会。康有为在《大同书》中提出要建立一个"人人相亲，人人平等，天下为公"的理想社会。孙中山在民族存亡的关头确立了"天下为公"、"世界大同"的社会理想。孙中山通过实践民族主义、民权主义、民生主义，对和谐社会进行探索，力图构建一个政治上实行全民政治地位平等，经济上实行物产归公、人民均富，思想上提倡以博爱为核心的新道德的均衡协调发展的和谐社会。

中国共产党在社会主义革命和实践过程中，同样有丰富的和谐社会思想和实践。毛泽东科学把握运用辩证思维中的和谐思维，在对敌斗争中讲求策略，做到有理、有利、有节，注意化敌为友，构建发展统一战线的和谐社会。邓小平在改革开放和社会主义建设实践中，倡导和谐思维、强调要善于从对立中把握统一，提出计划与市场都是手段、"一国两制"等思想，并指导我们的改革开放和现代化建设事业取得了瞩目的成就。

进入新的历史时期，中国共产党从全面建设小康社会、开创中国特色社会主义事业新局面的全局出发，提出了构建社会主义和谐社会的战略构想，这既是对马克思主义和谐社会理论的继承与发展，也是中国改革开放成功经验的深厚积淀。

和谐社会的构想令人振奋，但真正达到和谐社会的目标却是一个艰难漫长的过程，需要我们在行动上作长期艰苦的努力。但行动的基础、先导是须有正确的思路理念和方法，须对和谐社会有正确的解读。因此，在建设社会主义和谐社会过程中，我们首先要全方位、多视角解读和谐社会，以促进这一构想早日实现。

（二）社会主义和谐社会的内涵

党的十六大以来,中国共产党人把提高构建社会主义和谐社会的能力作为加强党的执政能力建设的重要内容。十六大报告明确指出,我们要在21世纪头二十年,集中力量,全面建设惠及十几亿人口的更高水平的小康社会,使经济更加发展、民主更加健全、科教更加进步、文化更加繁荣、社会更加和谐、人民生活更加殷实。2005年,中央领导在中共中央举办的省部级主要领导干部提高构建社会主义和谐社会能力专题研讨班上的讲话中指出,我们所要建设的社会主义和谐社会,应该是民主法治、公平正义、诚信友爱、充满活力、安定有序、人与自然和谐相处的社会。上述论述科学解释了社会主义和谐社会的本质特征和深刻内涵。从系统哲学角度看,社会是一个复杂的巨系统,社会和谐意味着社会各组成部分的协调发展。具体可以从以下五个方面去理解:

人自身的和谐。人是社会发展的主体,人自身的和谐是社会和谐发展的根本前提,实现人自身的和谐,是要实现人的自由全面发展。人的多方面的和谐,包含个人的生理与心理的和谐、人的情感与智力的和谐、人的物质要求与精神满足的和谐等。在现代社会,随着科学技术的普及和推广,对人的素质和能力的要求越来越高,相应地,人的生活节奏加快,身心压力加大,而文化的多元化发展又使人的思想信念和价值追求出现了盲从。因此努力实现人自身和谐应成为社会主义和谐社会的主要内容和迫切要求。

人与人之间以及人与社会的和谐。这既包括个人与个人、群体与群体之间的关系,也包括个人与群体之间的关系。人与人之间的关系,本质上是一种利益关系。所以,妥善协调和正确处理人们之间的各种利益关系,是实现人与人之间关系和谐的关键。同时,人与人之间的关系是人与社会之间关系的具体体现。人是社会的主体,各种社会关系是人与人在其社会实践过程中发生和建立起来的。但是,社会关系一旦被建立起来并被固定化、制度化,就会规范和影响人与人之间的关系。因此,人的发展与社会的发展是相互作用、相互制约的。而人和社会的和谐发展也就成为人们追求的理想和目标。

人与自然之间的和谐。人类的生存与发展离不开自然,人本身是自然界的产物,自然环境孕育了人类,自然环境是人类赖以生存和发展的基本条件。同时,人类的活动也影响着自然环境的变化,这种变化反过来又影响和制约着人类的生存和发展。人对自然的合理利用,可以创造一个持续发展的环境;反之,滥用自然,破坏自然,则会遭到自然界的惩罚和报复。人与自然的关系将直接关系到人类社会以及人自身的和谐发展。因此,协调人与自然的关系,解决环境能源、生态问题理应成为构建社会主义和谐社会的根本内容。

社会内部系统诸要素的和谐。国家是涵盖经济、政治、文化等许多相互联系、相互依赖、相互影响、相互制约的要素的有机整体。和谐社会必须是经济、政治、文化等各要素之间协调发展的社会。它包含有两个方面:一是经济关系、政治关系和思想关系之间的和谐,即要通过生产关系适应生产力、政治和观念的上层建筑适应经济基础的发展要求和需要,实现全社会的经济、政治和思想的协调发展,物质文明、政治文明和精神文明的共同进步;二是国内各地区、各行业、各阶层之间的和谐。社会主义和谐社会就是要实现社会各地区、各行业、各阶层都享有平等的发展机会,把收入差距控制在合理的范围,在共同利益基础上实现全面协调可持续发展。

整个国家与外部世界的和谐。和谐社会的构建必须有和谐的国际环境,当今世界没有哪个问题是纯国内问题。面临全球自然环境的变化、资源枯竭、人口数量暴增,饥饿、疾病、恐怖暴力及战争的威胁等诸多问题,世界各国必须加强合作,创造一种稳定、有效而且有益于地球健康及其文明增长的人性化环境。同时,经济全球化已使各民族国家之间的联系更加广泛、更加深刻、更加全面,任何一个民族国家同国际社会的相互协调、相互融洽日趋加深且不可避免,由经济合作、政治交流、文化交融等构成的全球和谐,已是新全球化伦理观的理想状态和主流思想。因此,创造和谐的国际环境理应成为构建社会主义和谐社会的应有之义。

（三）社会主义和谐社会的系统哲学解读

系统哲学认为，和谐发展是事物系统运行的一般规律，事物系统之所以能够存在和进化，就是因为它具有和谐的性质，某系统若遇到不利于和谐因素的干扰时，则在原有构型的基础上千方百计地加以抵消这些干扰因素的影响力；若抵消不了，则通过改变自身的构型来达到方方面面的和谐，从而进化和进步。若用系统和谐发展规律看待世界，就如美国系统哲学家拉兹洛所说的那样："自然界是在动态中保持着和谐……人有选择自己前进道路的自由。不过，这种自由要受到同世界的动态结构和谐相处这个限度的约束"。马克思著名的"唯物史观经典论述"中就蕴含着"社会系统和谐发展规律"的基本内容。

当生产关系严重不适合生产力状况、上层建筑严重不适合经济基础状况，即完全失去社会"基本和谐"时，社会就不能发展，而发展的必然性仍要贯彻下去，于是扫除发展道路上的障碍的社会革命势在必行，社会面临的只能是变革与反变革冲突的局面；革命为社会发展开辟道路，促使社会发生质变，但其本身不是发展。革命成功了，唯有使生产关系适合生产力状况、上层建筑适合经济基础状况，即实现社会"基本和谐"时，社会生产力才能得到发展，随之人们的政治生活、精神生活以至于整个社会生活都得到进步，呈现出社会和谐发展的局面。

社会系统的运行发展，离不开人的自觉能动作用。社会主义和谐社会的构建是一个体现人的主体力量能动发挥的自觉活动过程。要构建社会主义和谐社会，首先必须发挥我们的主观能动性来科学解读和谐社会。系统哲学是人类的思维范式随着实践和认识活动发展到今天的一个重要结晶，运用系统哲学来解读和谐社会，有助于我们更深入地认识和把握和谐社会，从而构建社会主义和谐社会。

1. 和谐社会是一个整体性优化的社会。

每一事物都是一个系统，每一系统都是由一定数量的子系统或要素所组成。这些要素按一定的结构层次相互联系、相互制约，组成一个有机整体。系统的这个特点，决定系统的要素间会产生"牵一发而动全身"、"一着不慎,全盘皆输"的状况;决定任何一个系统的存在与发展,都必然是一个追求系统整体全面优化的过程,如果只注重系统中构成要素的片面发展,就会造成系统整体在发展中失衡、震荡,并最终导致整个系统的崩溃。由此可见,追求系统的整体全面协调发展既是系统整体,也是系统构成要素运动的目标趋向。

社会系统的生存发展也不例外。我们所要构建的和谐社会,也是一个整体性的社会,和谐社会的整体与部分、整体与环境之间也存在着相互联系、相互制约的关系。和谐社会系统内部诸要素之间虽然发展的条件不一样,面临的机遇不一样,导致发展的程度存在着区别;但是,立足于社会系统整体的全面发展始终是和谐社会追求的价值目标,和谐社会是一个整体优化的社会。

2.和谐社会是一个对外开放的社会。

系统哲学认为,任何系统都要与外部环境进行物质、能量和信息的交换,以增加自身系统的负熵值,抑制熵的增长,从而得以生存发展。要实现这种交换,必然要求系统具有开放性,特别是对于高级复杂的社会系统而言,这种开放性更具有生存论的特殊意义。

和谐社会作为一个系统事物,应是一个与外部环境进行物质、能量和信息交换的开放性的社会。这种开放性具有两种基本向度:第一,系统与系统之间的开放。即我国社会的系统与世界其他国家社会系统之间相互开放,在与其他国家不断进行物质和信息交换中,实现社会的生存和发展。第二,系统内部的相对开放。社会系统本身是由若干个子系统或要素所组成,各个子系统或要素之间,包括经济、政治、文化系统之间,各个社会组织之间,都应该彼此开放,以实现资源的共享、信息的交换。

3.和谐社会是一个动态性的社会。

系统的开放性特征使系统每时每刻都处于物质、能量和信息的交换与流动之中,使得系统处于动态之中,正是这种动态性保证了系统的生命力。社会这个系统也应该是一个动态性的,它的动态性既表现在社会系统与环境、系统内部各组成部分之间处在物质、能量和信息的不断交换之中,更表现在社会系统本身也处在不断发展变化之中,和谐社会也不例外,和谐社会是一个动态性的社会。和谐社会的动态性突出地表现为和谐社会的不断发展、不断完善。和谐社会虽然是一个更高等级、更高层次的社会,但和谐是相对的,和谐社会中也会存在着不和谐的因素,需要进一步地发展和完善,和谐社会也将继续遵循"发展是硬道理"的思想,坚持用发展的办法来解决前进中的一切问题,从而使和谐社会更加和谐。

4.和谐社会是一个有序性的社会。

任何系统的生存发展,从某种意义上说都是有序与无序的统一,有序是通过状态变换来实现的。社会系统也不例外,这也是社会系统的一般特征。但是,社会系统的发展本质上是一个体现人类理想意志的发展过程,社会作为人类内在本质力量对象化的活动过程,"其生存发展必然烙上人类自身生存发展的理想向度及其目的意志"。对于社会中的人来说,追求社会安定有序的发展,是其理想和价值取向,追求有序是人类社会发展的价值目标之一。从这种意义上讲,有序发展是人类社会系统生存发展的本质特性。社会系统是有等级差异的。根据社会系统等级差异的原则,和谐社会是一个更高等级、更高层次的和谐社会,是各种社会利益和各类社会资源既相互制衡又交相促进的高协同社会,是民主法治、公平正义、诚信友爱、充满活力、安定有序、人与自然和谐发展的社会。在和谐社会这个社会系统中,外在的制度性约束机制健全,内在的道德性约束力量雄厚,社会系统之间、系统内部诸要素之间都按照一定的规则相互关联,整个社会呈现出一个高度有序性的和谐状态。

(四)从系统哲学视野出发构建和谐社会

社会主义和谐社会的构建要求我们不能仅停留在解读和谐社会阶段,更重要的是去促进和谐社会的构建。解读只是前提,构建才是目的。和谐社会的构建,是一项系统工程,需要全体社会成员尤其是领导干部的共同努力。而这种努力的效果如何,取决于许多因素,其中很重要的一点是人们具有科学的思维方式。"构建社会主义和谐社会离不开系统思维",我们要以系统思维作指导,把社会主义社会打造成一个整体发展的社会、一个开放性的社会、一个动态性的社会、一个有序性的社会,最终达到和谐的目标。

1.以整体性为导向来构建社会主义和谐社会。

在系统哲学的视角下,社会主义和谐社会是一个整体发展的社会;因此,我们必须以整体性为导向,构建一个整体全面发展的社会主义和谐社会。

一方面,我们要努力实现社会系统与自然系统的整体全面发展。自然系统是社会系统存在的环境,社会系统的存在与发展离不开自然系统,因此,我们在促进社会系统发展的同时也必须兼顾自然系统的发展。在构建社会主义和谐社会过程中,我们要以科学发展观为指导,走可持续发展道路,切实处理好人与自然的关系。我们不仅要加强环保宣传与教育,提高人们的环保意识,以避免重蹈覆辙,还要加快治理长江、黄河、内蒙草原等已被污染破坏的部分,以避免环境的继续恶化,特别是对大气与水的治理。

另一方面,我们要努力实现社会系统内部各组成部分的整体全面发展。社会系统整体由经济、政治、文化等子系统构成,要构建和谐社会,必须要运用一定的手段和方法促进经济、政治、文化等子系统的全面发展,既要实现经济的现代化,还要实现政治的现代化及文化的现代化。同时,在社会系统组成部分的发展中,各子系统构成要素的发展也不容忽视。如在经济系统中,要促进整个社会经济的发展,就必须要解决好三大产业的全面发展问题,要处理好城乡发展、区域发展问题,处理好公平与效率、先富与共富的关系问题等等。忽视了任何一个方面,都会影响经济整体的发展水平。

物的发展归根到底是为了人的发展,人是社会的主体。因此,在社会主义和谐社会的构建过程中,还必须坚持以人为本的思想,全面提高人的身体素质、心理素质、文化素质、道德素质,真正促进人的全面发展。

2.以开放性为导向来构建社会主义和谐社会。

社会主义和谐社会与所有系统一样,处于开放性的状态;因此,我们必须以开放性为导向,构建一个开放性的社会主义和谐社会。

一是要实现国内社会系统与国际系统的相互开放。当今世界是开放的世界,任何一个国家都不可能脱离世界体系来实现自己的发展,经济全球化在世界范围内造成了一种包括发达国家和发展中国家在内的你中有我,我中有你的错综复杂的局面。党中央在十六届五中全会的公报中提出:"愿意同世界各国开展互利合作,共同致力于建设一个持久和平、共同繁荣的和谐世界。"我国要构建社会主义和谐社会,实现社会的全面发展,就必须继续坚持对外开放的方针,坚持"走出去和引进来相结合"的发展道路,努力做世界公民,以达到社会主义经济、政治、文化、社会的全面协调发展。

二是要实现国内社会整体系统内部的相互开放。这个相互开放既包括经济、政治、文化等子系统之间的相互开放,以实现信息公开、资源共享,实现共同发展;又包括各子系统内部组成部分之间的相互开放。以我国社会经济系统为例,我们要发展开放型的经济,就必须要构建统一开放的市场体系,打破地区封锁和行业垄断,通过正当的市场竞争来实现资源的合理配置,从而推动社会主义和谐社会的构建。

3.以动态性为导向来构建社会主义和谐社会。

社会主义和谐社会的动态性是事物系统的一个基本属性;因此,我们必须以动态性为导向,构建一个不断进步发展的社会主义和谐社会。在社会主义和谐社会构建的过程中,我们必须继续坚持"发展是硬道理"的思想。当前,面对我国政治、经济、文化、社会等领域存在的一系列不和谐现象,面对与时代发展要求不相适应的地方,我们必须采用发展的办法和手段来改变不和谐的现状,以不断地推进社会主义社会政治、经济、文化的发展,不断地提高人们的生活水平,不断地增强我国的综合国力,提高我国的国际地位。

同时,社会主义和谐社会目标的实现离不开创新。创新是一个民族进步的灵魂,也是一个社会保持其生机与活力的源泉所在。我们在社会主义和谐社会构建的过程中,还要在实践中大胆探索、勇于创新,要力求在科学技术发展方面、社会管理进步方面、管理决策机制方面、社会内稳机制、预警机制、矛盾疏导机制等方面,都能不断地创新,在创新中推进中国特色社会主义社会的发展,在创新中实现社会主义和谐社会的目标。

4.以有序性为导向来构建社会主义和谐社会。

事物系统的有序性要求我们在构建社会主义和谐社会中,必须创造条件让社会主义社会系统的各个组成部分按照一定的规则相互联系,从而组成一个有序的系统,实现社会的有序和谐状态。

从当前我国的情况看,我们必须从四个方面入手来构建社会主义和谐社会:

一是要加强法治建设。要切实履行依法治国的基本方略,做到"有法可依、有法必依、执法必严、违法必究"。让法律在社会治理中充分发挥作用,为社会主义社会的有序运行提供有效保障。

二是要加强道德建设。法律是保障社会有序运行的一种强制性的手段,社会的有序运行除了需要有强制性的治理手段以外,还需要借助道德手段。要加强公民的职业道德、家庭美德、社会公德建设,提高人们的道德素质,运用道德的内在力量来规范人们的行为,为实现社会主义社会的有序运行保驾护航。

三是要建立健全社会预警体系。在人类社会的发展过程中,各种突发事件对人类的生存和环境往往会造成预料不到的灾难性后果和危害,影响社会的正常治理,不利于和谐社会的构建。中国共产党的十六届四中全会通过的《中共中央关于加强党的执政能力建设的决定》中,明确提出了要建立健全社会预警体系,提高保障公共安全和处置突发事件的能力。我们在社会主义和谐社会的构建中,要按照《中共中央关于加强党的执政能力建设的决定》精神来建立健全社会预警体系,以避免再出现以往面对突发社会事件毫无准备的混乱状态,保障社会正常有序的运行,促进社会主义和谐社会的构建。

四是要解决好人民的切身利益问题。社会的有序运行归根结底是靠人民来推动。因此,我们要发挥人民群众在构建有序性的社会主义社会过程中的积极作用,最关键的是要切实解决好人民群众的切身利益问题。比如,农民的负担问题、下岗职工的再就业问题、大学生的就业问题等等。这些问题解决好了,会直接推进社会的有序发展,并最终达到社会主义和谐社会构建的目标。

5.以差异协同性原则为导向构建社会主义和谐社会。

社会是由多种要素组成的,而社会要素之间不可能是整齐划一、绝对相同、完全一致的,不同要素之间既相互区别又相互联系,由此构成一个复杂的系统整体。构建社会主义和谐社会就是要在差异协同性原则引导下正确而又合理地处理各种矛盾与差异。

承认差异是构建和谐社会的前提。和谐社会不是一个单一的、均质的社会,个性与差异恰恰是和谐的前提。十里不同风,百里不共雷。一种声音谈不上动听,一种味道称不上佳肴,一种颜色构不成绚丽。社会更是这样,没有差异就无所谓和谐。只有承认不同,才能使不同事物相生相济。今天随着改革开放的不断深入,不同的利益群体、不同的价值观念、不同的行为方式等诸多"不同"相继出现,这是社会进步的标志。承认不同、差异、多样是社会和谐的前提;否认不同,消灭差异,同化多样,难以达到真正的和谐。因此,和谐社会需要差异,但同时和谐社会也因差异导致社会的不和谐。如果差异超出社会可承受的范围,就会将社会推向失衡、失序、失控的可怕方向,进而造成社会断裂与崩溃。因此,我们在构建和谐社会时,不仅要认识到差异的相对性和暂时性,还要认识到它的博弈性,要将社会差异视为一种可变异和转换的力量,努力将差异保持在一定的度内。

6.统筹兼顾,协同各种利益关系,构建社会主义和谐社会。

所谓统筹兼顾,即是在工作指导上要统一筹划,同时照顾几个方面,平衡各个发展环节,协调各方面利益,兼顾各个方面的发展,调动一切积极因素,优化配置一切资源。

首先,统筹好全面发展与重点突破。统筹协调不等于各项工作平分秋色、一线平推,而是坚持"统筹论"与"重点论"的统一。在推动发展过程中,既坚持全面统筹,又突出重点,抓住重点,跟踪不放,做到主次配合,协调一致,有先有后,有轻有重,有缓有急,保证全局工作的整体效果。对此我们要坚持以人为本,树立全面、协调、可持续的发展观,促进经济、社会和人的全面发展。还要统筹城乡发展、统筹区域发展、统筹经济社会发展、统筹人与自然和谐发展、统筹国内发展和对外开放。从而实现我国物质文明、政治文明、精神文明、生态文明四位一体的协调整体发展的目标。

其次，统筹好长远工作与当前工作。在构建和谐社会中，我们既要集中力量抓当前克难攻坚工作，又要狠抓事关国家长远发展的工作，既要立足国情，抓好"短、平、快"的项目，又要狠抓一批关联度大、产业链长、牵引力强的重大项目。在保持经济发展的同时，协调好经济增长和社会进步的关系，走可持续发展道路，大力发展科、教、文、卫等各项社会事业，实现经济社会协调发展。

最后，统筹好整体利益与局部利益。全局对局部有决定性影响作用，同时，全局由局部构成，没有局部便没有全局。对此我们要树立大局观念，善于把握大局方向，做到站在全局谋划局部，站在系统把握环节，站在未来看待现在，积极抓住和解决关系全局的重大问题，确保整体协调发展。在构建和谐社会时，绝不是以牺牲沿海发达地区应有的发展速度来求得沿海和内地发展的绝对均衡或整体划一状态，而是要推进西部大开发，振兴东北老工业基地，促进中部地区崛起，鼓励东部地区率先发展，形成分工合理，特色明显，优势互补的区域产业结构，推动各地区共同发展，实现社会的全面发展。

总之，社会主义和谐社会的建设是一项艰巨庞大的系统工程。我们要运用科学的思维方式，透过系统思维的视野，深入解读和把握和谐社会的精髓，以社会主义社会系统的整体性、开放性、动态性、有序性为导向，借世界之力量、举全国人民之力，踏踏实实做好每一项工作，创造我国社会主义和谐社会的美好明天。

第二节 系统哲学与中国的改革开放

一、中国的改革是一项复杂的系统工程

党的十八大报告中指出，全面建成小康社会，必须以更大的政治勇气和智慧，不失时机深化重要领域改革，坚决破除一切妨碍科学发展的思想观念

和体制机制弊端,构建系统完备、科学规范、运行有效的制度体系,使各方面制度更加成熟更加定型。

与此同时,报告也提出了各个领域的改革目标。在经济领域,要加快完善社会主义市场经济体制,完善公有制为主体、多种所有制经济共同发展的基本经济制度,完善按劳分配为主体、多种分配方式并存的分配制度,完善宏观调控体系,更大程度更广范围发挥市场在资源配置中的决定性作用,完善开放型经济体系,推动经济更有效率、更加公平、更可持续发展。政治领域,加快推进社会主义民主政治制度化、规范化、程序化,从各层次各领域扩大公民有序政治参与,实现国家各项工作法治化。在文化领域,加快完善文化管理体制和文化生产经营机制,基本建立现代文化市场体系,健全国有文化资产管理体制,形成有利于创新创造的文化发展环境。在社会领域,加快形成科学有效的社会管理体制,完善社会保障体系,健全基层公共服务和社会管理网络,建立确保社会既充满活力又和谐有序的体制机制。在生态环境领域,加快建立生态文明制度,健全国土空间开发、资源节约、生态环境保护的体制机制,推动形成人与自然和谐发展现代化建设新格局。

党的十八大所确立的改革的目标,是向全党发出的前进号令,告诉全党不要懈怠、不要停顿,要一如既往、坚定不移地推进改革开放。为了完成改革的目标,需要从理论上提高认识,在实践中积极推进。从系统哲学的视野来看,中国的改革就是一个复杂的系统工程,包含着诸多要素。具体包括四大系统,即经济系统、政治系统、文化系统、社会系统。

(一)经济子系统

在改革大系统中处于基础地位,是基础元素。这是因为,物质资料生产活动是人类最基本和重要的活动,是人类社会存在与发展的前提。无论在什么社会,一定程度的经济发展都是必不可少的先决条件,更是社会主义和谐社会的先决条件。如果没有雄厚强大的经济实力,和谐社会系统中的其他要素必然会因失去强大依托而趋于衰减。邓小平等一批老革命家针对中国长期忽视生产力发展的沉痛教训,在"文化大革命"结束后,果断地率领全党实现了工作重点的转移,"以经济建设为中心"成为我们党和国家工作的重心。邓小平多次讲:"贫穷不是社会主义","发展太慢也不是社会主义","发展才是硬道理"。这里的"发展"虽也有政治、文化、社会等发展的含义在内,但首要和主要指的却是经济的发展、物质文明的进步。中央领导在省部级主要领导干部提高构建社会主义和谐社会能力专题研讨班上的讲话中也指出:"保持经济持续快速协调健康发展,创造更丰富的社会物质财富,使国家的整体实力不断增强,使人民群众的生活水平不断提高,是构建社会主义和谐社会的物质基础"。因此发展经济理应成为社会主义和谐社会的重要支撑。

（二）政治子系统

在中国改革的大系统中处于核心地位,是核心元素。民主是当今世界人类社会共同的价值追求,是现代国家社会和谐的重要内容。民主政治在改革系统布局中占有重要的战略地位。没有民主就没有社会主义,就没有社会主义的现代化。发展社会主义民主政治,保证人民依法行使民主权利,使人民群众各方面的积极性、主动性、创造性更好地发挥出来,促进党和人民群众以及执政党和参政党、中央和地方、各阶层之间、各民族之间等各方面关系的和谐,是构建社会主义和谐社会的重要保证。把民主看作是社会主义的本质特征,提到社会主义现代化建设的目标和任务的高度,是社会主义的题中应有之义。一个和谐的社会,必定是一个政治民主化的社会。

（三）文化子系统

在中国改革大系统中也必不可少,是补充元素。一个成熟文明的和谐社会必定是一个文化发达、道德进步的社会。对于一个进步文明的和谐社会来讲,良好的社会风气和成熟发达的精神文明是其重要的构成要件。在一定程度上讲,一个社会是否和谐,一个国家能否实现长治久安,很大程度上取决于全体社会成员的思想道德素质。从时代形势看,文化作为软实力已构成了国家综合实力的重要组成部分;从一个国家的内部关系看,文化要素发挥着精神动力、智力支持、思想保证的作用,为社会整体发展提供方向导引和价值支持。建设社会主义和谐社会就是要切实加强社会主义先进文化建设,不断增强人们的精神力量,不断丰富人们的精神世界。

（四）社会子系统

社会系统长期以来没有受到人们的关注,随着改革开放的深入,社会利益分化、社会结构变迁、价值多元、矛盾复杂、风险加大,社会整合和社会控制的任务非常繁重。改革计划经济体制下形成的社会体制以及构建新型的社会体制成为一种迫切要求。随着构建社会主义和谐社会理念的提出,党和政府更加重视社会发展和社会公正,更加重视社会体制的改革和建设。社会体制主要包括教育体制、就业体制、收入分配体制、社会保障体制、医疗卫生体制和社会管理体制,社会体制的改革以改善民生为重点,目标是努力使全体人民学有所教、劳有所得、病有所医、老有所养、住有所居,推动建设和谐社会。社会体制这些方面的改革、建设和发展,都有利于社会的低收入和贫困群体平等地享受到教育、医疗、住房、就业等各种权利,更多地享受到发展的实惠,共享全社会经济发展的成果。

二、中国的改革是系统结构的改革

"结构是系统的构成要素之间相互联系和关系的总和,它构成了系统内部相对稳定的组织形式、联系方式或秩序"。结构不同,整体性能也就不同,合理的结构会促进系统的发展,不合理的结构会延缓甚至阻碍系统的发展;系统的结构性要求我们优化结构,以实现系统的最佳功能。"功能是标志系统与环境相互关系的范畴,是系统在与外部环境相互作用过程中对外部环境施加影响和作用的功效",在系统中如果没有结构把各个要素、各个组成部分充分而完整地整合在一起,那么这些零散的要素和组成部分的功能就不能有效地发挥。

同时,功能也不是消极被动的,在一定条件下又反作用于结构,引起结构的变化。一方面功能的优化能促使结构进化,另一方面功能的退化也能引起结构的退化。因此,我们可以看出只有进行结构调整和重组才能达到功能的优化,而功能的不断优化又能促进结构的进化和整个系统的演化发展。改革的关键点是系统结构的调整。

从系统论的角度来看,任何系统都是由多个要素构成,系统的结构就是这些要素相互影响、相互作用的方式,一个系统的功能如何,不是取决于要素的多少,而是取决于要素的结构,也就是说是系统的结构决定系统的功能,只有选择合理的结构,才能使系统的功能优化。那么中国改革作为一项系统工程,必然遵循着系统的结构性原则,所以改革的关键点应该是一个调结构问题,也就是一个经济结构、政治结构、社会结构等的调整问题。其原因有三点:

其一,中国的经济结构是倾斜的。经济结构的倾斜表现在投资与消费的需求结构倾斜于投资;在投入上倾斜于依靠物质资源投入而不是知识资源的投入;除此以外,经济结构的倾斜还表现在产业结构的倾斜和城乡结构与区域结构的倾斜,正因为这些结构的倾斜,导致了我们的经济结构的不平衡、不协调和不可持续。

其二,经济结构的倾斜源于政治结构的倾斜。经济结构的倾斜虽然有经济系统自身的原因,但从更大的视野来看,这种倾斜的根源还是政治结构的倾斜。比如,投资与消费结构的倾斜,是源于权力结构对资源的控制;投入向物质资源倾斜是源于权力结构决定了投资主体的偏好;产业结构的倾斜与需求结构相关,这也直接受制于权力结构;而城乡结构、区域结构的倾斜也存在着类似的逻辑,它虽然不能排除历史的因素,但显然与政策结构(投入分配政策)、制度结构(户籍制度)具有相关性。所以说,从深层次来讲经济结构的倾斜与政治结构的倾斜有一定的相关性。

其三,政治结构的倾斜的核心是权力结构的倾斜。按照马克思唯物史观结构方法分析,中国传统的社会结构是社会层级结构,所谓社会层级结构,本义是指在传统政治国家领域中依据权力至上与权力大小而形成的权力级别阶梯和权力层级结构,后被延伸为在经济、社会和文化领域根据人和人之间的权力大小、地位高低、身份有别而建立的层级关系结构。这种传统的社会层级结构之核心是权力层级结构。这种权力结构的特点是:以权力为核心,而且政治权力大于经济权力、大于社会权力,因而总体上属于"金字塔式的"权力层级结构,一切资源容易向上聚集;一切指令容易向下贯彻,自上而下传达上层指令相对通畅,而自下而上反映基层意见会相对遇到阻力。显然,这种传统的社会层级结构注重的是权力层级以及地位层级、身份层级和关系层级。这种社会层级结构是产生当今中国社会许多问题,尤其是政治领域中结构倾斜的"根";因此,我们说政治领域结构倾斜的核心是政府主导的权力结构问题。这种权力结构是政府主导,权力至上,自上而下,逐级管制。权力向政府倾斜,而经济领域(企业)、社会领域(公民和社会组织)则权力甚微。

总体而言,中国的发展首先是经济的发展,而经济的发展必须要解决深层次经济结构的倾斜问题,而要解决经济结构倾斜问题必须深化政治结构尤其是权力结构的改革,给经济领域的企业和社会领域的公民和组织更多的权力,最终就是一个权力结构的调整制衡问题。

三、中国的改革推进必须注重协调性

从系统哲学的角度来讲,系统中诸要素是相互影响、相互作用的,系统中任何要素的变化都会影响到其他要素的变化。如果把中国改革这个大系统的五个子系统——经济系统、政治系统、文化系统、社会系统、生态系统理解为五个要素的话,那么这五个领域的改革就必须要注重协调性。特别是随着中国特色社会主义事业五位一体总体布局的形成,使改革的关联性、综合性、配套性显著增强,每一项改革都会对其他改革产生重要影响,每一项改革都需要其他改革协同配合才能进行。

党的十八大报告中指出:"以经济建设为中心是兴国之要,发展仍是解决我国所有问题的关键。只有推动经济持续健康发展,才能筑牢国家繁荣富强、人民幸福安康、社会和谐稳定的物质基础。必须坚持发展是硬道理的战略思想,决不能有丝毫动摇。"[1]

---

[1] 胡锦涛:《坚定不移沿着中国特色社会主义道路前进 为全面建成小康社会而奋斗——在中国共产党第十八次全国代表大会上的报告》,人民出版社2012年版,第16—17页。

报告强调的思想是,经济的发展是战略重点,而经济的发展需要经济领域改革的深化。从系统要素的相关性来讲,经济领域的改革必须置于经济、政治、文化、社会、生态环境等整体改革中才能实现,因为就其实质来讲,经济领域的问题恰恰与政治领域、社会领域、文化领域、生态领域的问题深刻地联系在一起。如果从战略层面上给经济发展开一个方子,就需要全面协调经济、政治、文化、社会、生态环境诸要素,充分考虑各方面的有利条件和可能出现的困难,更加注重增强改革措施的协调性。要统筹好经济体制改革的各个方面和其他体制方面的改革,协调好改革涉及的各项工作,形成共同推进改革的整体合力,努力实现经济体制改革与政治体制改革、文化体制改革、社会体制改革的相互衔接,同时把生态文明建设融入上述各项改革的全过程,这样经济社会才能够持续发展,改革才能向前推进。

四、中国的改革要放在全球大视野中推进

系统哲学认为,社会系统都应该是开放的系统,都与外界有着物质能量和信息的交换,中国的改革作为一项系统工程,必须要与全球大视野联系起来。常言道,天下大势,浩浩荡荡,顺之者昌,逆之者亡。中国的改革应顺应天下大势,也就是要与世界发展趋势相适应。世界变革的趋势是什么?经济层面的主导趋势是创新。新产业不断涌现,从信息产业到生物产业,再到今天的新能源产业,不断带动世界经济向前发展,党的十八大报告中提出的"科技创新是提高社会生产力和综合国力的战略支撑,必须摆在国家发展全局的核心位置"[1]。正是顺应世界经济发展的主导趋势。经济、政治、文化、社会、生态环境的横向层面的主导趋势是整体化、综合化。创新不仅是经济层面的,也是政治、文化、社会和生态环境层面的,实现创新,不仅要着眼于经济层面的变革,还必须着眼于政治、文化、社会和生态环境层面的变

---

[1] 胡锦涛:《坚定不移沿着中国特色社会主义道路前进 为全面建成小康社会而奋斗——在中国共产党第十八次全国代表大会上的报告》,人民出版社2012年版,第21页。

革。从这个意义上来讲,以经济结构战略性调整为重点,实行经济、政治、文化、社会、生态环境等方面的整体结构优化调整,则是面对天下大势的一种必然选择。

参考文献

[1]《马克思恩格斯文集》,人民出版社 2009 年版。

[2]《马克思恩格斯选集》,人民出版社 1995 年版。

[3]恩格斯:《自然辩证法》,人民出版社 1971 年版。

[4]贝塔朗菲:《一般系统论》,清华大学出版社 1987 年版。

[5]拉兹洛:《从系统论的观点看世界》,中国社会科学出版社 1985 年版。

[6]维纳:《控制论》,科学出版社 1963 年版。

[7]普里戈金:《从存在到演化》,上海科学技术出版社 1986 年版。

[8]普里戈金、斯唐热:《从混沌到有序》,上海译文出版社 1987 年版。

[9]维纳:《人有人的用处》,商务印书馆 1989 年版。

[10]拉兹洛:《系统哲学引论》,商务印书馆 1989 年版。

[11]哈肯:《协同学》,上海译文出版社 2001 年版。

[12]尼科里斯、普里戈金:《探索复杂性》,四川教育出版社 1986 年版。

[13]拉兹洛:《进化——广义综合理论》,社会科学文献出版社 1988 年版。

[14]普里戈金:《确定性的终结》,上海科技教育出版社 1998 年版。

[15]尼科利斯、普里戈金:《非平衡系统的自组织》,科学出版社 1986 年版。

[16]艾根、舒斯特尔:《超循环论》,上海译文出版社 1990 年版。

[17]香农:《通信的数学理论》,求是出版社 1989 年版。

[18]托姆:《突变论》,上海辞书出版社 1989 年版。

[19]佩特根等:《混沌与分形》,国防工业出版社 2010 年版。

[20]詹奇:《自组织的宇宙观》,中国社会科学出版社 1992 年版。

[21]霍兰:《涌现——从混沌到有序》,上海世纪出版集团 2008 年版。

[22]雷舍尔:《复杂性,一种哲学概观》,上海世纪出版集团 2008 年版。

[23]钱学森等:《论系统工程》,湖南科学技术出版社 1988 年版。

[24]乌杰:《系统哲学》,人民出版社 2013 年版。

[25]乌杰:《和谐社会与系统范式》,社会科学文献出版社 2006 年版。

[26]乌杰:《马列主义系统思想》,人民出版社 1991 年版。

[27]乌杰:《系统哲学之数学原理》,人民出版社 2013 年版。

［28］张华夏:《物质系统论》,浙江人民出版社 1987 年版。

［29］颜泽贤:《复杂系统演化论》,人民出版社 1993 年版。

［30］许国志主编:《系统科学》,上海科技教育出版社 2000 年版。

［31］苗东升:《系统科学精要》,中国人民大学出版社 2006 年版。

［32］张彦、林德宏:《系统自组织概论》,南京大学出版社 1990 年版。

［33］闵家胤:《进化的多元论》,中国社会科学出版社 1999 年版。

［34］高隆昌:《系统学原理》,科学出版社 2005 年版。

［35］黄金南等:《系统哲学》,东方出版社 1992 年版。

［36］金观涛:《系统的哲学》,新星出版社 2005 年版。

［37］吴彤:《复杂性的科学哲学探究》,内蒙古人民出版社 2008 年版。

［38］黄小寒:《世界视野中的系统哲学》,商务印书馆 2006 年版。

［39］马清健:《系统与辩证法》,求是出版社 1989 年版。

［40］杨小明主编:《大道无言——系统辩证学解读》,山西科学技术出版社 2004 年版。

［41］范冬萍:《复杂系统突现论——复杂性科学与哲学的视野》,人民出版社 2011 年版。

［42］周曼殊:《改革、开放与复杂系统》,国防科技大学出版社 1991 年版。

［43］谭跃进等:《系统学原理》,国防科技大学出版社 1996 年版。

责任编辑：李之美

图书在版编目（CIP）数据

乌杰系统科学文集：全八卷/乌杰 著. —北京：人民出版社，2021.12

ISBN 978－7－01－024025－1

Ⅰ.①乌…　Ⅱ.①乌…　Ⅲ.①系统科学-文集　Ⅳ.①N94-53

中国版本图书馆 CIP 数据核字（2021）第 241242 号

乌杰系统科学文集

WUJIE XITONG KEXUE WENJI

（全八卷）

乌 杰 著

人民出版社 出版发行

（100706　北京市东城区隆福寺街 99 号）

北京中科印刷有限公司印刷　新华书店经销

2021 年 12 月第 1 版　2021 年 12 月北京第 1 次印刷

开本：710 毫米×1000 毫米 1/16　印张：129.75

字数：2000 千字

ISBN 978－7－01－024025－1　定价：820.00 元（全八卷）

邮购地址 100706　北京市东城区隆福寺街 99 号

人民东方图书销售中心　电话 （010）65250042　65289539